堰塞坝灾害链防治系列丛书

丛书主编　石振明

石振明

彭　铭

沈丹祎

吴　彬　著

堰塞坝
危险性快速评估
与应急处置

Rapid Hazard
Assessment and
Emergency Disposal
of Landslide Dam

同济大学 出版社
TONGJI UNIVERSITY PRESS

内 容 提 要

本书基于堰塞坝稳定性、溃决参数的定义,系统阐述了堰塞坝危险性快速评估与应急处置的理论、方法和技术。全书详细介绍了坝体几何特征、材料特性和结构特征对堰塞坝稳定性及溃决特性的影响,提出了堰塞坝危险性快速定量评估模型,建立了堰塞坝溃决洪水演进分析模型,系统分析了不同应急处置技术的减灾效果。最后通过红石岩和白格两个典型堰塞坝开展案例分析,介绍堰塞坝危险性快速评估和应急处置的具体工程应用。本书成果可应用于全球范围内突发堰塞坝短时间内的稳定性、寿命、溃坝参数快速预测和大流域范围溃坝洪水高效模拟,同时也为堰塞坝的应急处置提供重要参考。

本书可作为相关技术人员在地质灾害风险防控领域的参考资料,为堰塞坝灾害应急管理部门提供决策依据,为堰塞坝资源化利用和开发提供技术支撑。

图书在版编目(CIP)数据

堰塞坝危险性快速评估与应急处置 / 石振明等著
. —上海:同济大学出版社,2023.12
(堰塞坝灾害链防治系列丛书 / 石振明主编)
ISBN 978-7-5765-0792-8

Ⅰ. ①堰… Ⅱ. ①石… Ⅲ. ①堰塞湖-风险评价②堰塞湖-风险管理 Ⅳ. ①P941.78

中国国家版本馆 CIP 数据核字(2023)第 029536 号

堰塞坝危险性快速评估与应急处置
石振明 彭 铭 沈丹祎 吴 彬 著
责任编辑 宋 立 **责任校对** 徐逢乔 **封面设计** 张 微

出版发行	同济大学出版社 www. tongjipress. com. cn
	(地址:上海市四平路 1239 号 邮编:200092 电话:021-65985622)
经 销	全国各地新华书店
排 版	南京文脉图文设计制作有限公司
印 刷	上海安枫印务有限公司
开 本	787mm×1092mm 1/16
印 张	19.25
字 数	396 000
版 次	2023 年 12 月第 1 版
印 次	2023 年 12 月第 1 次印刷
书 号	ISBN 978-7-5765-0792-8
定 价	188.00 元

序

2008 年,四川唐家山堰塞坝溃决洪水迫使 30 万名群众紧急疏散,经济损失超 10 亿元。无独有偶,2018 年,西藏白格堰塞坝溃决洪水迫使 10 万名群众撤离,造成经济损失达 150 亿元。频发极端气象灾害和活跃地质构造运动导致我国堰塞坝灾害常有发生,并造成大量生命财产损失。当前,我国正在积极推进"一带一路"倡议,落实地质灾害防治"十四五"规划中滇西川等地滑坡灾害链重点防治目标。同时,川藏铁路、西南梯级水电等在建、待建的重大工程和山区城镇扩建、重建都面临着穿越或邻近堰塞坝灾害影响区域。开展堰塞坝危险性快速评估及应急处置研究,意义重大。

同济大学石振明教授自 2008 年以来一直从事堰塞坝灾害研究,率先提出了"堰塞坝全寿命过程对全流域影响的大尺度时空演化"概念,并致力于解决堰塞坝致灾危险性快速评估难题,为堰塞坝灾害防灾减灾科技进步做出了重要贡献。自 2015 年以来,石振明教授带领团队获得 7 项包括重点项目在内的国家自然科学基金项目资助。他们以这些项目为依托,开展了大量的实地调研、试验、模拟和分析计算,系统揭示了堰塞坝形成—失稳溃决—洪水演进的全过程机理,建立了堰塞坝成坝特征—稳定性—寿命—溃决洪水危险性快速定量评估方法体系。研究成果不但有助于指导堰塞坝灾害应急处置,提高以堰塞坝为中心的灾害链应对能力,同时在促进山区城镇规划建设和可持续发展等方面具有重要价值。

本书作为石振明教授研究成果"堰塞坝灾害链防治系列丛书"四部曲中的第二部,是堰塞坝稳定性分析成果的升华和应用,也是堰塞坝全寿命过程定量风险评估的重要基础。面对堰塞坝堵江成坝突发、存在寿命短、溃坝洪水大、影响范围广、信息获取难的特点,本书通过大数据统计分析、多尺度模型试验和典型性案例分析等多种手段相结合的方式,系统回答了堰塞坝应急抢险面临的五大问题:堰塞坝成坝特征如何? 是否会发生溃决? 多久发生溃决? 溃决流量多大? 对下游的影响范围多广? 总结起来,本书有如下 4 个方面的特色与创新:

(1) 少参数条件堰塞坝形态和结构快速预测模型。系统考虑了崩滑体特征、运动路径和河谷形状三大类影响因素可快速获取参数,首次构建坝体形态和结构特征快速预测模型。

(2) 突发型堰塞坝寿命快速评估模型。将堰塞坝寿命划分为汇水、过流和溃决三个阶段,首次建立全参数和简化参数条件下的三阶段寿命快速评估模型。

(3) 宽级配堰塞坝溃决参数快速定量评估模型。建立了侵蚀参数快速计算公式和宽级配材料坝体溃口发展快速计算公式,提出少参数条件溃决参数快速定量评估方法。

（4）大流域堰塞坝溃决洪水演进及物质运移快速模拟方法。构建了大流域河道主支流模型,耦合溃决参数定量评估方法,率先实现突发型堰塞坝溃决洪水演进及物质运移的快速定量模拟。

我与石振明教授相识已 20 多年,一直关注着他的科学研究发展。他带领的同济大学地质灾害研究团队是一支踏实认真、充满活力和富有开拓创新精神的团队,是一支活跃在我国工程地质防灾减灾领域的优秀团队。我为他们取得的成绩感到高兴,并期待这支团队能够继续发光发热,为我国堰塞坝地质灾害研究、为地质灾害领域绿色防灾减灾做出更大的贡献。

以此为序,祝贺石振明教授团队研究成果专著出版。

唐辉明

2023 年 4 月于武汉

前言

　　堰塞坝是由崩滑流等斜坡失稳体快速堆积而成的天然坝体,由于缺乏人工泄洪防渗措施,堰塞坝极易在较短时间内失稳,进而可能产生巨型溃坝洪水,淹没下游大范围区域、冲毁大量房屋建筑、严重威胁人民群众生命财产安全。更为致命的是,堰塞坝形成突然、溃决迅速,传统方法来不及快速准确评估其危险性、发出预警疏散指令,导致下游居民猝不及防,可能酿成重大溺亡灾难。例如,1786 年四川省泸定—康定发生 7.7 级地震形成一个堰塞坝,溃决后 10 万余人死亡和失踪;1933 年四川叠溪发生 7.5 级地震形成多个梯级堰塞坝,连续溃决后造成 2 500 多人死亡;2009 年台风"莫拉克"造成的暴雨引发台湾省小林村堰塞坝形成,并在 40 分钟后发生坝体溃决,导致下游近 500 名村民遇难。

　　堰塞坝的突发突溃性和巨大危险性,决定了我们必须在灾害发生后极短时间内做出准确评估和科学决策。由于堰塞坝大多形成于深山峡谷,且外因(地震、降雨等)和内因(地质结构、岩土体性质等)具有高度复杂性和不确定性,导致坝体形态非规则、坝体结构非均匀、坝体材料宽级配、特征参数难获取,在很大程度上限制了精细化计算方法的实际效果。因此,如何在有限时间内,基于少量方便可得的特征参数快速定量评估堰塞坝危险性,并给应急处置提供科学指导,是亟待解决的关键问题。

　　研究团队通过 14 年持续努力,积累了包括重点项目——堰塞坝全寿命过程对全流域影响的时空演化分析与风险管控(批准号:41731283)在内的 7 项国家自然科学基金项目等大量研究工作,并在此基础上撰写"堰塞坝灾害链防治系列丛书"专著四部。本书为四部中的第二部,系统阐述了堰塞坝危险性快速评估与应急处置的理论、方法和技术,分别介绍堰塞坝信息快速获取,成坝特征、稳定性及寿命的快速预测,溃坝参数、溃坝洪水和物质运移的快速评估,以及堰塞坝泄流槽优化设计、水位调控和应急处置技术。本书提出的方法可以应用于全球范围内突发堰塞坝短时间内的稳定性、寿命、溃坝参数快速预测和大流域范围溃坝洪水高效模拟,同时也为堰塞坝的应急处置提供重要参考。同时,本书的研究工作为系列丛书第一部《堰塞坝稳定性分析》中研究工作的延续,为第三部《堰塞坝全寿命过程定量风险评估》提供快速高效的灾情分析,并为第四部科普作品《走近堰塞坝》中堰塞坝灾害防治提供重要知识准备。

　　全书由石振明、彭铭统稿并定稿。本书各章执笔分工如下:前言由石振明、彭铭执笔;第 1、2 章由石振明、沈丹祎、彭铭执笔;第 3 章由石振明、周圆媛、吴彬执笔;第 4—7 章由石振明、沈丹祎、彭铭执笔;第 8 章由石振明、沈丹祎、秦浩执笔;第 9 章由石振明、郑鸿超、彭铭执笔;

第 10 章由彭铭、王开放、沈丹祎执笔；第 11 章由石振明、周圆媛、彭铭、熊曦执笔；第 12 章由石振明、沈丹祎、彭铭、杨江涛执笔。另外，马晨议参与了专著的整理校核工作。

在本书即将付梓之际，诚挚感谢国家自然科学基金委重点基金、面上基金和青年基金的资助，感谢地质灾害防治与地质环境保护国家重点实验室的支持。在研究过程中，始终得到中国水利水电科学研究院陈祖煜院士、中国科学院水利部成都山地灾害与环境研究所崔鹏院士、长安大学彭建兵院士、中国地质调查局环境监测院殷跃平院士、成都理工大学黄润秋教授和许强教授、中国科学院武汉岩土力学研究所汪稔研究员、中国地质大学（武汉）唐辉明教授和胡新丽教授、南京大学施斌教授等多方面的指导和帮助。众多兄弟单位的领导和技术人员在现场调查与资料共享方面给予了大力支持。感谢同济大学地质工程专业给我们的研究提供了实验平台和工作条件。感谢研究团队的沈明荣教授、陈建峰教授、李博教授、张清照副教授和俞松波高工对研究工作的辛勤付出。借此机会，特向对本项研究提供帮助、支持和指导的所有领导、专家和同仁表示衷心的感谢！

由于我们认识有限，很多方面还有待进一步研究探讨，疏漏和不足之处在所难免。衷心希望得到相关专业的专家学者、工程技术人员、灾害管理人员和广大读者的批评指教。

编者

2022 年 12 月 15 日

于同济大学校园

目录

第1章
堰塞坝危险性快速评估概述

堰塞坝灾害链是一种在全球范围内频繁发生的地质灾害链,我国更是重灾区,在编者研究团队统计的全球 1 757 个案例中,发生在我国境内的高达 792 例,占比 45.1%[①]。历史上,堰塞坝曾给我国造成大量生命财产损失,如 1786 年四川泸定—康定发生的 7.7 级地震诱发巨型堰塞坝,堰塞坝溃决造成 10 万余人的死亡和失踪;1933 年四川叠溪发生 7.5 级地震形成 4 个梯级堰塞坝,连续溃决后造成 2 500 多人死亡(刘宁 等,2013)。21 世纪以来,地质构造运动活跃,极端气象灾害频发,堰塞坝的发生频率呈上升趋势且影响范围呈扩大趋势。如 2000 年西藏易贡堰塞坝溃坝洪水让下游 500 km 处的印度有 30 万人无家可归;2008 年汶川地震诱发的唐家山堰塞坝溃决洪水迫使 30 万人紧急疏散;2009 年台风"莫拉克"造成的暴雨诱发台湾小林村堰塞坝(图 1-1),其在形成后 40 min 发生溃决,形成巨大溃坝泥石流吞没了整个小林村,造成多人遇难;2018 年白格堰塞坝溃决洪水给下游 700 km 处的云南丽江造成 4 亿元经济损失。

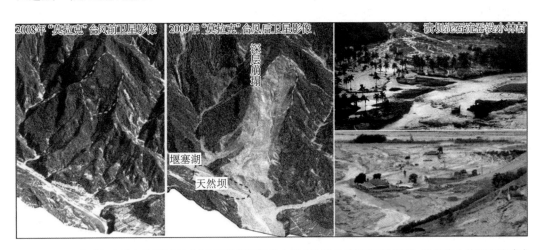

图 1-1　2009 年我国台湾高雄因"莫拉克"台风强降雨触发大型山体滑坡堵江形成堰塞湖,溃坝产生的泥石流造成下游小林村多人丧生

---

① 本书后续分析在 1 737 个案例的基础上编写。

造成堰塞坝灾难性后果的主要原因有堵江成坝突发、堰塞坝存在寿命短、溃坝洪水大、影响范围广、信息获取难，同时也给堰塞坝的危险性评估和应急风险防控带来巨大困难。

（1）堵江成坝突发。由于斜坡失稳体内因（结构和材料力学性质等）和外因（地震、降雨等）具有高度不确定性，导致大部分堰塞坝的形成具有突发性和难预测性。如 1933 年四川叠溪地震诱发的 4 个梯级堰塞坝，在形成后 14 d 才被知晓其存在，但直至 45 d 后堰塞坝完全溃决仍不清楚其基本参数。2008 年的唐家山堰塞坝在形成后 3 d 才被直升机意外发现。

（2）存在寿命短。堰塞坝由斜坡失稳体快速堆积而成，坝体结构松散、材料高度欠固结，且缺乏泄洪和防渗措施，导致堰塞坝寿命极短。据 Peng 和 Zhang（2012）的统计数据，约三分之一的堰塞坝存在寿命不超过 1 d，一半的堰塞坝不超过 1 周，三分之二的堰塞坝不超过 1 个月，从而导致堰塞坝危险性评估和应急防控的有效时间极短，难以开展详细的地质勘测。

（3）溃坝洪水大。堰塞坝材料孔隙率大、胶结不良，极易发生渗流潜蚀和漫顶冲刷。渗流潜蚀将降低坝体土体抗冲刷能力，漫顶冲刷则导致溃口拓深、水深增大，结合侧坡失稳拓宽溃口，将进一步增加溃坝流量和水流冲刷能力，使得溃坝过程循环迭代，可能产生巨型洪水。如 2000 年易贡堰塞坝和 2009 年台湾小林村堰塞坝的溃坝峰值流量分别达到 124 000 m^3/s 和 78 000 m^3/s，为所在河流万年一遇洪水的数十倍。

（4）影响范围广。堰塞坝的影响范围包含坝体在内的上下游的大片流域。坝址附近存在滑坡体高速冲击堵江，对所在区域造成毁灭性破坏；上游因汇水造成大面积淹没；下游遭受溃坝洪水冲击造成洪灾。如 2008 年的唐家山滑坡造成 70 人死亡，高达 74 m 水深的汇水使上游璇坪镇沦为水下"龙宫"，而溃坝洪水威胁至下游 85 km 处的绵阳市区。2018 年的白格堰塞坝让金沙江下游 700 km 处的丽江遭受重大破坏。

（5）信息获取难。堰塞坝往往形成于人迹罕至的高深谷，交通不便，人员、物资等难以在溃坝前短时间内就位，因此很难及时获取堰塞坝的特征数据。相比几何形态参数，堰塞坝的坝体结构和材料物理力学性质的获取则更加困难，难以作为堰塞坝危险性的准确评估和科学决策支撑。如 2018 年雅鲁藏布江的加纳堰塞坝自形成到溃决全过程，只能基于卫星像片图的坝体形态初步估计，缺乏地质条件和坝体材料等重要信息。

堰塞坝的突发性和短寿命导致有效响应时间短，给堰塞坝灾害的危险性评估设定了刚性时间边界；体量巨大的溃坝洪水和广阔的影响范围导致洪水破坏力强、致灾风险大；而信息获取难导致资料缺乏，很大程度上限制了常规计算方法的实际效果。因此，如何提高突发堰塞坝多源信息的获取效率和质量，结合堰塞坝成坝特征，提出稳定性、寿命、溃坝参数和洪水演进快速定量危险性评估方法，并开展堰塞坝应急防控，是亟待解决的关键科学问题和技术难题。

国内外学者对堰塞坝堵江成坝、稳定性和溃坝等多方面展开研究并取得大量成果。Costa 和 Schuster（1988）基于形态特征将堰塞坝分为六类，并系统总结了堰塞坝形成条件及寿命、溃决的影响因素。柴贺军等(2000)基于中国堵江堰塞坝案例和前人研究成果,详细介绍了堰塞坝堵江判别、堰塞坝诱因及灾害影响,并提出现有研究需进一步开展堵江危险度的分析与评价。Korup(2002)从地貌水文方面探讨了堰塞坝的形成、溃决和对地貌影响等方面的研究成果以及不足,认为堰塞坝寿命短暂且多形成于山区河谷地带,是导致现有研究无法全面了解堰塞坝形成、稳定性和溃决机理的主要原因。年廷凯等(2018)详细阐述了堰塞坝形成条件、稳定性分析、溃坝机制及灾害链效应的国内外研究现状,提出了考虑坝长、坝宽及堰塞湖库容的稳定性评价方法。Fan 等(2020)在前人研究的基础上,系统分析了堰塞坝稳定性与成坝滑坡类型的关系,评价了文献所提出的各类地貌稳定性指标的适用性和局限性,并基于具体案例总结了短期、中期和长期堰塞坝对地貌的影响。朱兴华(2020)、彭铭等(2020)、段文刚等(2021)分别从堰塞坝的溃坝模式、溃坝过程、溃坝机理、溃决试验及数值模拟等方面对已有研究成果进行了详细归纳总结。Zheng 等(2021)总结了诱因、坝体材料和地貌特征与堰塞坝稳定性的关系,并分析了余震、涌浪等外界因素对稳定性的影响。因堰塞坝的突发性、寿命短、溃决致灾严重等特征,在潜在崩滑流区域需要快速判定成坝可能性,并在较短时间内对堰塞坝形成后的稳定性、寿命、溃决参数等进行有效预测和评估,然而现有研究中尚缺少关于堰塞坝成坝、稳定性、寿命及溃决洪水的快速评估的系统阐述。

本章系统梳理并汇总了对堰塞坝成坝、稳定性、寿命和溃决洪水等方面进行快速评估的相关研究成果,并对堰塞坝灾害的后续研究内容进行展望,以期为堰塞坝灾害的快速评估研究及应急处置提供参考。

1.1　堰塞坝成坝的快速评估

1.1.1　堰塞坝成坝的定义与分类

堰塞坝大多形成于高山峡谷且河流挟沙能力有限的区域(Costa 和 Schuster,1988)。Stefanelli 等(2016)定义了形成堰塞坝的条件,认为当山体滑坡完全堵塞河道形成天然堤坝并在上游蓄水形成湖泊即成堰塞坝;而若滑坡虽然到达河床,水流发生了改变,但河床断面只发生部分减少,河道部分堵塞则未形成堰塞坝。Fan 等(2020)认为堰塞坝是滑坡与地形相互作用的结果,当堆积体在河道形成一道"屏障",将水阻挡在"正常"水位以上即形成了堰塞坝。

Swanson(1985)提出了考虑堰塞坝与河谷地貌的关系进行堰塞坝分类的概念。Costa 和 Shuster(1988)在其基础上,强调堆积体与河谷的地貌关系,根据单一河谷与堆积体分布、尺寸、类型的关系,将堰塞坝分为六类。柴贺军等(1996)基于中国滑坡堵江案例,依据滑坡体与河谷关系,提出了四类堰塞坝完全堵江类型。Hermanns 等(2011)在 Costa 和 Shuster 提出的分类基础上,考虑了更复杂的坝体形态、河谷关系与多条河流的情况,将堰塞坝分为五大类 19 小类。Fan 等(2020)总结了 Costa 和 Shuster 以及 Hermanns 等(2011)的分类方法,认为 Hermanns 等(2011)的部分分类有助于确定史前堰塞坝事件。

1.1.2 堰塞坝成坝的影响因素分析

堰塞坝的形成受诸多因素影响,且作用条件复杂,国内外学者分别对滑坡、泥石流和崩塌的成坝影响因素展开了大量研究。

在滑坡成坝影响因素方面,20 世纪 70 年代,美国地质调查局就对本国滑坡堵江情况开展了调查工作。Swanson 等(1985)认为滑坡体运动的平均速度和河道宽度是决定是否堵江的主要因素。Costa 和 Schuster(1988)收集分析了全世界 184 例滑坡堵江案例,发现堰塞坝的形成受到三个条件影响:峡谷陡峭的山区地带、有河流经过和充足的物源条件。Schuster(1989)列出了四类影响堰塞坝形成的因素:地震烈度(峰值加速度、强震持续时间)、高陡边坡地形、岩性和风化性质以及土壤含水量和地下水含量。柴贺军等(1996)分析了滑坡完全堵江的地形地貌和河床水动力条件,认为深切河谷、陡峻斜坡、单位时间入江土石方量大于河流流量是滑坡堵江不可缺少的条件。庞林祥等(2016)总结分析了滑坡型堰塞坝的形成条件,发现滑坡型堰塞坝主要形成于坡度为 30°~45°、水深较浅、河床较窄的斜坡地带。此外,Dunning 等(2006)、Wu 等(2014)、樊晓一(2014)和陈理(2020)基于具体滑坡堵江成坝案例的现场调研,分析了滑坡型堰塞坝形成区域的地形地貌条件、物质来源和水文条件。

在泥石流成坝影响因素方面,周必凡等(1991)从理论角度分析了泥石流堵江案例,分析了泥石流堵江成坝的最小规模、泥石流沟床条件和主河流量。吴积善等(2005)基于西藏东南部泥石流堰塞坝现场调查,发现支沟泥石流(规模、性质和固体粒径)、主河水流(流量、比降和宽度)和交汇区地形(交汇夹角和坡度)三个方面是泥石流成坝与否的主要影响因素。张金山等(2007)基于岷江上游典型的堵江和非堵江泥石流沟的实地调查和专家问卷法,认为泥石流规模、泥石流沟床比降、泥石流流量、泥石流颗粒级配、泥石流黏度与重度、堆积区主河宽度、入汇处主河流量和比降等影响泥石流成坝的主要因素。陈德明(2000)、郭志学等(2004)通过水槽试验研究了泥石流堵江规律,发现泥石流与水流的密度、泥石流与水流的流量、泥石流与水流的平均流速以及交汇角是影响泥石流堵江成坝的主要因素。

在崩塌成坝影响因素方面,庞林祥等(2018)研究认为崩塌成坝影响因素包括地形条件、岩土体运动条件和水流冲刷条件三类,在坡面倾角 30°以上有表土层,岸坡倾角大于临界倾角,且水流挟沙能力和冲刷能力较弱的条件更易形成堰塞坝。匡尚富(1994)基于试验研究及理论分析认为崩塌堵江成坝需具备四个条件:发生坡面崩塌;崩塌体能到达河床及对岸;到达河床的岩土体不因河流来水形成泥石流被带走;水流的挟沙及冲刷能力较小,不能瞬时冲失崩塌岩土体。

已有研究从方量、运移距离和水力条件等方面分析了滑坡、泥石流、崩塌三种类型堵江成坝的具体影响因素。各类因素既具有独立的作用，又相互关联，这使得堰塞坝的成因机理复杂，很难基于已有的机理分析成果提出简明的参数指标以快速判别堰塞坝成坝可能性。

1.1.3　堰塞坝成坝的快速判别分析

目前，对于堰塞坝成坝预测，主要基于不同地区历史堰塞坝案例的统计分析，提出考虑滑坡、泥石流运移参数和水文参数等不同影响因素的多参数成坝判别指标，相关判别指标及指标因子含义如表 1-1 所示。

表 1-1　堰塞坝成坝判别指标公式

判别指标	判别条件		案例来源	参考文献
	成坝	未成坝		
$ACR = v/W_V$	$ACR>100$		日本	Swanson et al., 1986
$ACR = \log(W_V/v)$	$ACR<4.26$	$ACR>6.88$	意大利	Stefanelli et al., 2016
$MOI = \log(V_L/W_V)$	$MOI>4.6$	$MOI<3$ $MOI<3.08$	意大利，秘鲁	Stefanelli et al., 2016；Tacconi et al., 2018
$DMI = \dfrac{2\rho_L v^2 V_L}{\rho_w g h^2 W_V W_L}$	$DMI>1$	$DMI<1$	意大利	Dal et al., 2014
$DCI = \dfrac{v W_L H_L D_{30}}{Q_P W_V}$	$DCI>0.002$		意大利	Ermini et al., 2003
$R = \dfrac{P Q_n J_n}{K_z Q_z J_z}$	$R\geqslant10$	$R\leqslant5$	中国	张金山 等,2008
$C_M = \ln\left(\dfrac{Q_M V_M}{Q_B V_B}\right) - 1.189(1-\cos\theta)^2 - 3.677\gamma < -12.132$ $C_F = \ln\left(\dfrac{Q_M}{Q_B}\right) - 0.883(1-\cos\theta)^2 - 2.587\gamma < -8.572$	—	—	试验	崔鹏 等,2006

注：v—滑坡体滑动速度；W_V—河谷宽度；ρ_L—滑坡体材料密度；V_L—滑坡体积；ρ_w—水密度；g—重力加速度；h—水位；W_L—滑坡体宽度；H_L—滑坡体高度；D_{30}—累积粒径分布；Q_P—重现期为 5 年的水流量；Q_M、Q_B—主支槽单宽流量；V_M—主槽水流表面最大流速；V_B—支槽泥石流表面最大流速；γ_B、γ_M—支槽泥石流和主槽水流的密度；θ—主支槽夹角；P—泥石流暴发概率；B_z—主河宽度；Q_n—泥石流流量；Q_z—主河流量；J_n—泥石流沟床比降；J_z—主河比降。

Swanson 等（1986）基于日本堰塞坝案例数据库，提出考虑滑坡体滑动速度（v，m/a）与河谷宽度的堰塞坝成坝评价指标（Annual Constriction Ratio，ACR）：$ACR = v/W_V$，并基于日本堰塞坝案例分析，得到当 $ACR>100$ 时，即可形成堰塞坝。

Tacconi 等（2016）在 Swanson 等的研究基础上，结合意大利堰塞坝案例，重新定义指标 ACR 的计算方法为 $ACR = \log(W_V/v)$，指标中将滑坡体滑动速度单位由 m/a 改为 m/s，并基于意大利堰塞坝案例分析，提出当 $ACR<4.26$ 时滑坡进入河道将会形成堰塞坝，而当 $ACR>6.88$ 时则不会形成堰塞坝。

Tacconi 等（2016）研究了堰塞坝成坝条件与滑坡体积和河谷宽度的关系，提出了堵塞指数（Morphological Obstruction Index，MOI），$MOI = \log(V_L/W_V)$，并基于意大利案例分析，得到当 $MOI>4.6$ 时，形成堰塞坝，当 $MOI<3$ 时，未形成堰塞坝。2018 年，Tacconi 等进一步基于秘鲁堰塞坝案例成坝分析，发现针对该地区堰塞坝案例，当 $MOI<3.08$ 时，就表示未形成堰塞坝。

Dal Sasso 等（2014）综合考虑了滑坡形态参数、滑坡材料参数和水文参数对成坝的影响，基于意大利堰塞坝案例，提出了堵江的动量公式（Dimensionless Morpho-Invasion Index，DMI），$DMI = (2 \cdot \rho_L \cdot v^2 \cdot V_L)/(\rho_w \cdot g \cdot h^2 \cdot W_V \cdot W_L)$。当 $DMI>1$ 时，即代表形成了堰塞坝。

Ermini（2003）进一步考虑了滑坡体材料的抗冲刷特性，提出了通过无量纲指标（Dimensionless Constriction Index，DCI）判断成坝与否，$DCI = (v \cdot W_L \cdot H_L \cdot D_{30})/(Q_P \cdot W_V)$。当 $DCI>0.002$，即代表形成了堰塞坝。

王珊珊和童立强（2016）获取了我国喜马拉雅山地区堵江滑坡和非堵江滑坡的相关资料，分析了坡高、宽深比、剖面面积、凹度、不对称系数和河宽指数与滑坡体堵江的关系，基于逻辑回归建立了研究区域内的滑坡体堵江概率预测模型，当概率 $P>0.5$ 时，认为滑坡体堵江易发。

张金山等（2008）基于岷江上游泥石流成坝特征和已有研究成果，综合考虑泥石流暴发频率、堆积区主河宽度、泥石流流量和泥石流沟比降等因素，提出了堵河程度 R：$R = (P \cdot Q_n \cdot J_n)/(K_z \cdot Q_z \cdot J_z)$。当 $R \geqslant 10$ 时，易于形成堰塞坝。

崔鹏等（2006）在试验基础上，考虑主支单宽临界流量比、动量比、泥石流密度、入汇角等因素影响，通过多因素回归分析，建立了考虑流速、流量、入汇角和密度的动量和流量成坝判别指标（C_M，C_F）：

$$C_M = \ln\left(\frac{Q_M V_M}{Q_B V_B}\right) - 1.189(1-\cos\theta)^2 - 3.677\gamma \tag{1-1}$$

$$C_F = \ln\left(\frac{Q_M}{Q_B}\right) - 0.883(1-\cos\theta)^2 - 2.587\gamma \tag{1-2}$$

并指出当泥石流与主河的流速、流量、入汇角和密度满足关系式时，很有可能形成堰塞坝。

已有研究提出的考虑不同影响因素的半经验半理论的多参数判别指标,为堰塞坝成坝快速判别提供了大量指导。但是,由于所提出的判别指标往往基于某一地区案例或在试验条件下建立,导致其适用具有一定的局限性。后续研究还需要开展以下工作:①促进世界范围内堰塞坝成坝案例数据库的完善与共享;②开展崩滑流运移及堵江机理研究;③提出成坝后坝体形态和结构参数的快速预测模型。

1.2　堰塞坝稳定性的快速分析

堰塞坝的形成预测回答了是否堵江成坝的问题。而堰塞坝一旦形成,由于坝体材料分布不均且结构松散,在上游来水条件下可能会发生溃决破坏。因此,需要对其稳定性进行快速评估,为堰塞坝是否需要处置、如何处置以及是否可以进行资源再开发利用提供指导。目前,国内外学者针对堰塞坝稳定性的快速评估主要从稳定性的定义、影响因素和评估模型三个方面展开。

1.2.1　稳定性的定义

堰塞坝的稳定性是一个动态变化过程。除了本书作者在《堰塞坝稳定性分析》中提出的定义外,Casagli 和 Ermini(2003)研究认为当堰塞坝没有发生溃决,且存在堰塞湖,则堰塞坝是稳定的;而当堰塞坝遭受侵蚀或崩塌,发生溃决释放了蓄积的库容,则堰塞坝是不稳定的。Korup(2004)提出当形成的堰塞湖存在时间超过 10 年即可认为是稳定的。Stefanelli 等(2016)认为堰塞坝形成后堰塞湖逐渐被泥沙淤满,或堰塞坝发生过流但没有发生灾难性溃坝洪水都可以认为是稳定的。Fan 等(2020)认为堰塞坝的稳定性是一个瞬时定义,如果堰塞湖在分析的时候仍然存在或者因泥沙淤积被填满,都可以认为堰塞坝是稳定的。

1.2.2　稳定性的影响因素

由于堰塞坝成因复杂,形成区域地形地貌和水土相互作用各不相同,导致堰塞坝的稳定性影响因素作用机理复杂。已有的影响因素研究主要基于真实堰塞坝案例调研和历史堰塞坝案例统计分析。

在堰塞坝案例稳定性调研方面,Cruden 等(1993)、刘汉东(2013)基于舟曲泥石流堰塞坝和 Saddle 河堰塞坝的野外调查,研究了堰塞坝材料性质、坝体含水量和降雨等对堰塞坝稳定性的影响,发现随着坝体材料抗侵蚀能力增加、含水量降低,坝体稳定性增加,而突发降雨事件会导致堰塞坝稳定性显著降低。Canuti 等(1900)、Casagli 和 Ermini(1999)基于亚平宁山脉北部堰塞坝的野外调查,揭示了堰塞坝稳定性受地貌因素控制,认为堰塞坝坝体体积控制着坝体自重,是主要的稳定因素,流域特征控制着河流流量和水流功率,间接影响了坝体形状,是主要的不稳定因素。石振明等(2015)基于红石河堰塞坝的调研和数值分析,认为堰塞坝坝体内高渗透区域的存在,会导致坝体的渗透量增加,诱发坝体的局部渗透破坏;且高渗透区域越长、渗透性越高、位置越靠近坝体下游坡脚,堰塞坝的渗流稳定性越差。

在堰塞坝案例统计分析方面,Costa 和 Schuster(1988)基于收集的堰塞坝案例,认为堰塞坝稳定性主要受堆积物的体积、尺寸、形状、种类、渗流速度、集水区物质沉积速度以及入库流量等因素的影响。柴贺军等(2001)运用河流推移理论分析了堰塞坝的稳定性,指出坝体物质组成越粗越不均匀,颗粒起动被冲刷带走所需的水流速度越大。当水流一定时,坝体的粒度组成控制着漫坝洪水对土体的搬运和侵蚀,进而影响坝体稳定性。晏鄂川(2003)研究了我国的崩塌堵江事件,认为天然堰塞坝的稳定性与堰塞湖的入库流量、堰塞坝几何特征、坝体物质组成和结构特征等因素密切相关。年廷凯等(2018)基于全球 1 328 例堰塞坝案例,分析发现相比于地震诱发的堰塞坝,降雨诱发的堰塞坝更易发生失稳;由于堰塞坝的坝长、坝宽远大于坝高,使堰塞坝更易发生漫顶冲刷破坏;坝体材料的非均匀性和物质组成直接影响堰塞坝的抗冲刷稳定性。Zheng 等(2021)基于所收集的 1 578 个堰塞坝案例,研究发现泥石流型堰塞坝和降雨诱发型堰塞坝的稳定性相对较差;随着坝高和库容的增加,稳定性先下降后上升;随着坝体体积和坝体材料的增加,稳定性逐渐增大;随着汇水面积的增加,稳定性逐渐下降。此外,单熠博等(2020)也基于堰塞坝案例数据库研究,提出了堰塞坝稳定性受内因(坝体形态特征、物质组成以及结构特征)和外因(地震、降雨、上游江河汇水速率等)的影响。

综上所述,堰塞坝的稳定性不仅受所在区域地理及地质条件的影响,还与堰塞坝的材料、结构特性及堵塞的河道的水动力条件有关。但是,堰塞坝大多形成于山区地带,且往往突发突溃,在实际工程中很难在第一时间到现场快速准确获取详细的坝体材料结构等参数。因此,基于少量可快速获取的参数进行堰塞坝的稳定性分析是非常重要的。

1.2.3　稳定性的快速评估模型

堰塞坝稳定性快速评估主要基于统计分析方法,建立堰塞坝稳定性与堰塞坝几何形态特征(图 1-2)、坝体材料特征、坝体结构特征、水文特征等因素的多参数评估模型(表 1-2)。

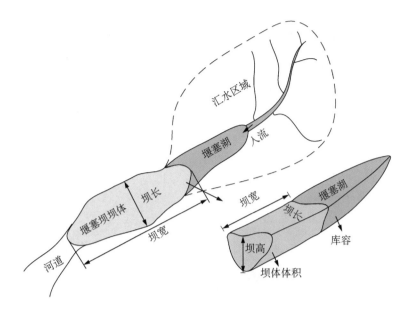

图 1-2　堰塞坝几何形态示意图(Shen et al., 2020)

表 1-2　堰塞坝稳定性快速评估模型

判别指标	稳定性			案例来源	参考文献
	稳定	不确定	不稳定		
$BI = \log(V_d/A_c)$	>5	$4<BI<5$	$3<BI<4$	意大利	Canuti et al., 1900
$II = \log(V_d/V_l)$	>0	—	<0	意大利	Casagli et al., 1999
$DBI = \log\left(\dfrac{A_c H_d}{V_d}\right)$	<2.75	$2.75<DBI<3.08$	>3.08	全球	Ermini et al., 2003
$I_s = \log(H_d^3/V_l)$	>0	$-3<DBI<0$	<-3	新西兰	Korup, 2004
$I_a = \log(H_d^2/A_c)$	>3	—	<3		
$I_r = \log(H_d/H_r)$	>-1	—	<-1		
$HDSI = \log\left(\dfrac{V_d}{A_c S_u}\right)$	>7.44	$5.74<HDSI<7.44$	<5.74	意大利	Tacconi et al., 2016,2018
	>8.07	$5.26<HDSI<8.07$	<5.26	秘鲁	

判别指标	稳定性			案例来源	参考文献
	稳定	不确定	不稳定		
$L_s(PHWL) = -2.55\log(P) - 3.641\log(H_d) + 2.99\log(L_d) + 2.731\log(W_d) - 3.87$ $L_s(AHWL) = -2.22\log(A_c) - 3.761\log(H_d) + 3.171\log(L_d) + 2.851\log(W_d) + 5.93$ $L_s(AHV) = -4.481\log(A_c) - 9.311\log(H_d) + 6.111\log(V_d) + 6.39$	>0	—	—	日本	Dong et al., 2011
$K = \alpha_n \dfrac{\log\left(\dfrac{T \cdot C \cdot \rho}{A_c}\right)}{M \cdot DBI}$	—	—	—	—	刘宁 等,2013

注:V_d—坝体体积;V_l—库容;A_c—汇水面积;H_d—坝高;H_r—堵塞点到上游顶高差;W_d—坝宽;L_d—坝长;S—河道坡度;T—不均匀系数[$T = (d_{75}/d_{25})^{0.5}$];$P$—入库峰值流量;$\alpha_n$—综合修正系数;$S_u$—不均匀系数;$C$—坝体结构;$DBI$—无量纲堆积指标;$M$—潜在发生二次滑坡的概率;$\rho$—坝体密度。

Canuti 等(1900)基于亚平宁山脉北部收集的堰塞坝案例,提出了考虑堰塞坝体积和汇水面积的堆积指标(Blockage Index, BI):$BI = \log(V_d/A_c)$。当 $3<BI<4$ 时,为不稳定堰塞坝;当 $BI>5$ 时,为稳定堰塞坝。

Casagli 和 Ermini(1999)基于意大利地区的堰塞坝案例,将堰塞湖库容引入稳定性评价指标,提出了蓄水指标(Impoundment Index, II):$II = \log(V_d/V_l)$。当 $II>0$ 时,为稳定堰塞坝。

Ermini 和 Casagli(2003)根据全球 84 个堰塞坝案例,考虑坝高的影响,提出了无量纲堆积指标(Dimensionless Blockage Index, DBI):$DBI = \log[(A_c \cdot H_d)/V_d]$。当 $DBI<2.75$ 时,堰塞坝处于稳定状态;当 $DBI>3.08$ 时,堰塞坝处于不稳定状态;当 $2.75<DBI<3.08$ 时,堰塞坝的稳定性处于不确定状态。该方法得到了世界各国学者的广泛应用。

Zheng 等(2021)在 DBI 的基础上,重点考虑了坝体材料中值粒径 D_{50} 的作用,提出当 $DBI>3.6$ 时,堰塞坝都处于不稳定状态。当 $1.5<DBI<3.5$ 时,又可以划分为 3 个区域:

① 当 $\log(D_{50})<1$ 时,坝体处于不稳定状态;

② 当 $1<\log(D_{50})<2.1$ 时,坝体的稳定性具有不确定性;

③ 当 $\log(D_{50})>2.1$ 时,坝体处于稳定状态。

Korup(2004)采用 I_b、I_i 和 DBI 指标分析了新西兰堰塞坝案例,发现这 3 个指标并不能有效评估该地区堰塞坝的稳定性,并基于该地区 232 例堰塞坝案例重新提出了 3 个无量纲指数[I_s(Backstow Index), I_a(Basin Index), I_r(Relief Index)]:$I_s = \log(H_d^3/V_l)$,$I_a = \log(H_d^2/A_c)$,$I_r = \log(H_d/H_r)$。当 $I_s<-3$ 时,堰塞坝不稳定,当 $I_s>0$ 时,堰塞坝稳定;当

$I_a > 3$ 时堰塞坝稳定；当 $I_r > -1$ 时，堰塞坝稳定。

Tacconi 等(2016)基于意大利 300 个堰塞坝案例，提出了考虑坝体形态特征和河道水文参数的水力形态学指标(Hydromorphic Dam Stability Index, HSDI)：$HSDI = \log[V_d/(A_b \cdot S)]$，当 $HDSI > 7.44$ 时，堰塞坝处于稳定状态；当 $5.74 < HDSI < 7.44$ 时，堰塞坝的稳定性处于不确定状态；当 $HDSI < 5.74$ 时，堰塞坝处于不稳定状态。此后，Tacconi 等(2018)进一步基于秘鲁堰塞坝案例，提出：当 $HDSI > 8.07$ 时，堰塞坝处于稳定状态；当 $5.26 < HDSI < 8.07$ 时，堰塞坝的稳定性处于不确定状态；当 $HDSI < 5.26$ 时，堰塞坝处于不稳定状态。

Dong 等(2011)基于日本 43 例堰塞坝案例，采用逻辑回归的方法建立了考虑坝体形态特征、水文参数等多个指标的稳定性判别方法，3 个指标均当 $L_s > 0$，即代表堰塞坝处于稳定状态。年廷凯等(2018)、叶华林(2018)也分别考虑了坝体形态参数与稳定性的关系，采用逻辑回归模型建立了堰塞坝稳定性预测模型。

刘宁等(2013)基于已有研究成果，进一步考虑了坝体级配、坝体结构、几何形态以及流域特征对稳定性的影响，提出了综合稳定性评价指标 K：$K = \alpha \dfrac{\log\left(\dfrac{T \cdot C \cdot \rho}{A_c}\right)}{M \cdot DBI}$ 由于该指标参数复杂，故很难在堰塞坝形成后快速获取。

钟启明和单熠博(2019)通过收集世界各地具有实测参数的 421 例堰塞坝案例，对比分析了国内外常用的堰塞坝稳定性快速评价指标的预测效果，发现 DBI 和 L_s(AHV)绝对准确率分别约为 61.92% 和 71.85%，而 I_s 和 $HDSI$ 的绝对准确率仅分别为 12.63% 和 23.03%。

现有的基于坝体形态参数、特征粒径、水文参数等少量因素提出的快速评估模型为稳定性快速评价及应急抢险工作提供了有力指导。但是，由于坝体材料与结构参数等基础参数获取手段的限制，现有模型的准确率还有待提高。在堰塞坝基础信息快速获取技术，气候、地震等外因对稳定性的影响分析等方面，仍有待后续研究深入开展。

1.3 堰塞坝寿命的快速预测

当堰塞坝存在失稳风险，往往需要采取应急处置措施降低灾害影响。堰塞坝形成后多久会失稳(寿命)在很大程度上决定了实际工程中可以采取的应急处置措施(Peng et al., 2014)。现有研究主要从堰塞坝寿命的定义、影响因素和快速评估方法三个方面展开。

1.3.1 寿命的定义

Costa 和 Schuster(1988)率先提出了堰塞坝寿命的概念，认为堰塞坝的寿命是指堰塞坝从形成到溃决的整个过程的历时,具有极大的离散型,持续时间可以从几分钟到几千年不等(图 1-3)。该定义得到了堰塞坝研究领域的广泛认可和应用(Korup,2002;Weidinger 等,2011;Miller 等,2018;Fan 等,2020)。本书第 5 章将进一步结合堰塞坝形成—汇水—溃决全过程进行寿命的阶段划分和定义。

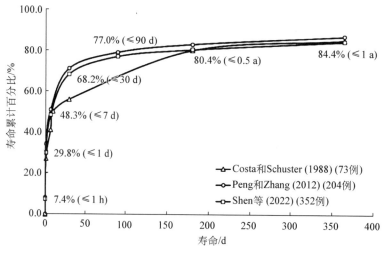

图 1-3　堰塞坝的寿命

国内外研究中对于堰塞坝寿命的定义基本达成共识,掌握寿命的定义将有助于开展堰塞坝寿命特征的分析研究,从而进一步掌握堰塞坝特性。

1.3.2　寿命的影响因素

掌握堰塞坝寿命的影响因素、建立影响因素与寿命的关系,是进一步评估堰塞坝寿命的关键内容。国内外学者主要从具体堰塞坝案例研究和世界范围内堰塞坝案例数据库统计分析两个方面开展对堰塞坝寿命影响因素的研究。

在堰塞坝案例寿命调查方面,Nash 等(2008)研究发现降雨事件和坝体材料尺寸是影响 Ram Creek 堰塞坝寿命的主要因素。Penna 等(2013)研究发现,气候条件控制着 Los Erizos 堰塞坝和 Barrancas 堰塞坝的入流率,进而影响这 2 个堰塞坝的寿命。Kumar 等(2019)认为 Urni 堰塞坝的寿命取决于堰塞坝的几何尺寸、材料组成和汇水面积。Gorum 等(2011)通过野外调查发现,汶川地震诱发的堰塞坝的寿命受坝体组成材料和沉积构造的影响。Miller 等(2018)指出,考虑区域条件是评价加拿大境内 7 个堰塞坝寿命的必要条件。Shroder(2010)研究认为,影响南亚高海拔地区堰塞坝寿命主要因素包括巨型石块的存在(直径大于 15～30 m)、出入流平衡、不透水黏土填充物和气候因素。Weidinger(2011)基于喜马拉雅山和秦岭区域堰塞坝案例,分析指出堰塞坝的寿命可能受到崩滑体运动类型、崩解等级、颗粒材料分布、次生胶结作用、汇水面积、气候条件和堰塞湖的沉积速率等因素的影响。

在堰塞坝案例寿命统计分析方面,Costa 和 Schuster(1988)基于 184 例堰塞坝的分析研究,认为堰塞坝的寿命主要受到堰塞湖入库流量、坝体几何形态与尺寸以及坝体材料岩土体特性三个方面的影响。年廷凯等(2018)基于 280 例堰塞坝案例分析,发现堰塞坝的寿命与诱发因素和堰塞坝成因密切相关,泥石流型堰塞坝的寿命通常比由崩塌和滑坡造成的堰塞坝寿命短。赖柏蓉(2013)基于前人研究成果,结合其所建立的日本地区 65 例堰塞坝案例数据库,详细分析了诱因、坝体材料、坝体几何形态、水文参数等与堰塞坝寿命的关系,发现堰塞坝寿命并不仅仅受单一因素影响,而是多个因素相互作用的结果。

与堰塞坝稳定性影响因素相似,堰塞坝寿命也是多因素相互作用的结果。目前的研究尚未完全厘清影响堰塞坝寿命的水土相互作用机理,较难从理论分析角度快速预测堰塞坝的寿命。

1.3.3　寿命的快速评估模型

在已有研究中,堰塞坝寿命快速评估模型主要基于现有堰塞坝案例的统计分析而建立(表 1-3)。

表 1-3　堰塞坝寿命快速评估模型

判别指标	案例来源	备注	参考文献
上边界方程:$Y = 10^{0.076\,3(\log V_d)^{2.535\,3}}$ 下边界方程:$Y = 10^{0.009\,2(\log V_d)^{3.246\,3}}$ 平均寿命方程:$Y = 10^{0.041\,7(\log V_d)^{2.685\,7}}$	日本	基于坝体体积的寿命预测	中国台湾"经济部水利署"水利规划实验所(2004)
$Y = 77.911(V_l/Q_p)^{0.947\,9}$	全球	基于漫顶溢流时间估算寿命	
$Y = -0.847\log(Q_p) + 0.487\log(H_d) + 2.215\log(L_d) + 1.727\log(W_d) - 2.556$	日本	34 例案例	童煜翔,2008
$Y = -0.438\log(A_c) + 0.678\log(H_d) + 2.039\log(L_d) + 1.973\log(W_d) - 2.001$			
$Y = -0.722\log(A_c) - 0.438\log(H_s) + 1.468\log(H_d) + 1.016\log(W_d) + 0.116\log(V_d) + 1.764C_1 + 0.629C_2 - 1.059C_3 + 0.536C_4 + 6.615$	日本	65 例案例	赖柏蓉,2013
$Y = -0.274\log(A_c) + 0.173\log(W_d) + 0.864\log(V_d) + 0.322$	日本	21 例同汇水区同诱因案例	

（续表）

判别指标	案例来源	备注	参考文献
$Y = \left(\dfrac{H_d}{H_r}\right)^{0.083} \cdot \left(\dfrac{W_d}{H_d}\right)^{0.076} \cdot \left(\dfrac{L_d}{H_d}\right)^{0.054} \cdot \left(\dfrac{V_d^{\frac{1}{3}}}{H_d}\right)^{2.161} \cdot$ $\left(\dfrac{V_l^{\frac{1}{3}}}{H_d}\right)^{-2.533} \cdot \left(\dfrac{Q_{in}T}{V_l}\right)^{-0.650} \cdot e^{\alpha} e^{\beta}$		全阶段	
$Y_{in} = \left(\dfrac{H_d}{H_r}\right)^{-3.253} \cdot \left(\dfrac{W_d}{H_d}\right)^{1.568} \cdot \left(\dfrac{L_d}{H_d}\right)^{-1.438} \cdot \left(\dfrac{V_d^{\frac{1}{3}}}{H_d}\right)^{0.799} \cdot$ $\left(\dfrac{V_l^{\frac{1}{3}}}{H_d}\right)^{-2.168} \cdot \left(\dfrac{Q_{in}T}{V_l}\right)^{-1.640} \cdot e^{\alpha_1} e^{\beta_1}$		汇水阶段	
$Y_{of} = \left(\dfrac{H_d}{H_r}\right)^{1.312} \cdot \left(\dfrac{W_d}{H_d}\right)^{0.671} \cdot \left(\dfrac{L_d}{H_d}\right)^{1.432} \cdot \left(\dfrac{V_d^{\frac{1}{3}}}{H_d}\right)^{0.877} \cdot$ $\left(\dfrac{V_l^{\frac{1}{3}}}{H_d}\right)^{-2.251} \cdot \left(\dfrac{Q_{in}T}{V_l}\right)^{-0.762} \cdot e^{\alpha_2} e^{\beta_2}$	全球	过流阶段	Shen et al., 2020
$Y_{br} = \left(\dfrac{H_d}{H_r}\right)^{0.718} \cdot \left(\dfrac{W_d}{H_d}\right)^{-0.067} \cdot \left(\dfrac{L_d}{H_d}\right)^{-0.526} \cdot \left(\dfrac{V_d^{\frac{1}{3}}}{H_d}\right)^{1.231} \cdot$ $\left(\dfrac{V_l^{\frac{1}{3}}}{H_d}\right)^{0.437} \cdot \left(\dfrac{Q_{in}T}{V_l}\right)^{-0.166} \cdot e^{\alpha_3} e^{\beta_3}$		溃决阶段	

注：V_d—坝体体积；H_d—坝高；H_r—堵塞点到上游顶高差；W_d—坝宽；L_d—坝长；V_l—库容；A_c—汇水面积；Q_p—峰值流量；Q_{in}—年平均入库流量；C_1—地震和滑坡诱发；C_2—降雨和土石流诱发；C_3—地震和土石流诱发；C_4—地震和岩屑崩滑诱发；α—坝体材料；β—诱因。

中国台湾"经济部水利署"水利规划实验所(2004)基于收集到的世界范围内的堰塞坝案例，提出三种评估堰塞坝寿命的方式：基于坝体体积的预测寿命模型；基于漫顶溢流时间估算寿命；基于堰塞坝长高比的寿命预测模型。但由于评估模型中考虑因素较少，因此预测精度有限。

童煜翔(2008)基于日本 34 例堰塞坝案例，采用逻辑回归方法分别提出了考虑汇水面积、峰值流量坝长、坝高和坝宽等因素的两个寿命预测模型，模型的确定系数 R^2 分别为 0.603 和 0.529。

赖柏蓉(2013)在童煜翔的基础上，基于日本 65 例堰塞坝案例，采用逻辑回归方法建立了不同因素组合下的堰塞坝寿命预测模型，并对比了模型的确定性系数，发现考虑汇水面积、堰塞坝诱因的寿命预测模型准确性更高，R^2 可以达到 0.706。

上述堰塞坝寿命评估模型为少参数条件下寿命的快速评估提供了研究思路，但由于具有寿命记录的堰塞坝案例数量有限，模型的预测精度有待进一步提高。后续的研究可以着重从以下两个方面开展：①结合入库流量计算汇水阶段时长；②建立考虑水土物质相互作用机理的过流和溃决阶段寿命计算方法。

1.4　堰塞坝溃决特性的快速分析

堰塞坝的寿命预测解决了何时会发生溃坝的问题。堰塞坝一旦发生溃决,堰塞湖中的蓄水将快速下泄,洪水冲击下游,引起巨大洪灾,因此,堰塞坝的溃决特性是学者们关注的重点。本节主要从溃决影响因素和溃口洪水两方面总结已有研究工作。

1.4.1　溃决影响因素

堰塞坝的溃决主要包括漫顶溢流、管涌和坝坡失稳三种类型(图 1-4)。Costa 和 Schuter (1988)研究表明,50%以上的堰塞坝发生漫顶溢流破坏。Peng 和 Zhang(2012)基于 144 例已知破坏模式堰塞坝案例的统计分析发现,漫顶溢流破坏堰塞坝占比为 91%,渗漏管涌破坏占比为 8%,而坝坡失稳占比仅 1%。石振明等(2014)分别基于 59 例国内堰塞坝案例和 124 例国外堰塞坝案例,统计分析其溃决模式发现,国内堰塞坝漫顶溢流占 98%,坝坡失稳占 2%;国外堰塞坝漫顶溢流占 89%,管涌占 10%,坝坡失稳占 1%。这些研究再次证实了历史案例中绝大部分堰塞坝都发生漫顶溃决破坏,较少发生管涌和坝坡失稳破坏。下面将分别介绍三种溃坝类型的影响因素。

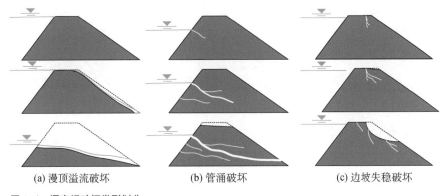

(a) 漫顶溢流破坏　　　　(b) 管涌破坏　　　　(c) 边坡失稳破坏

图 1-4　堰塞坝破坏类型划分

1. 漫顶溢流溃决影响因素

在漫顶溢流溃决影响因素方面,研究者主要从坝体几何特征、坝体材料特征、水文条件对溃决溃口形态和溃决流量的影响等方面展开。

在坝体几何特征影响方面,徐富刚等(2015)对比不同坝高与坝坡条件下堰塞坝漫顶溃坝破坏过程,发现坝体越高,溃坝时溃口呈窄深型,水流下泄速度越大,溃坝危害性越大;坝坡越缓,稳定性越好,侵蚀速率的峰值越小,溃口呈浅宽型。刘磊等(2013)对坝体坡度、坝顶宽、坝顶高对漫顶溃坝过程的影响进行研究,发现坝顶高度与峰值流量成正比,减小坝坡度和增加坝顶宽度可以有效降低洪峰流量并延长峰现时间。

在坝体材料特征影响方面,Pathak 等(2003)、张大伟等(2012)、张婧等(2010)、付建康等(2018)基于不同坝体材料溃坝模型试验,研究了坝体材料(颗粒级配、D_{50} 等)对漫顶溃坝过程及溃决峰值流量的影响,发现颗粒粒径会影响溃坝开始时间和溃坝整体时长,D_{50} 在很大程度上影响了峰值流量,而颗粒级配的变化会影响堰塞坝的溃决破坏模式。赵天龙(2016)通过堰塞坝漫顶溃坝的离心模型试验,发现坝体内存在大粒径颗粒时可在一定程度上阻止冲刷溃决,并导致残留坝高。邓明枫等(2011)、赵高文等(2018)基于模型试验研究了坝体密实度对于溃口形态及溃决峰值流量的影响,发现随着密实度增加,最终溃口的宽度逐渐变窄,且峰值流量减小但持续时间增长。蒋先刚等(2020)、刘杰等(2019)基于模型试验研究了初始含水率对溃坝的影响,发现随着含水量的增加,溃决峰值流量增加,溃决时间缩短,残余坝高下降。

在河道特征影响方面,Xu 等(2013)、张健楠等(2014)、杨阳等(2015)分别开展了不同入库流量条件下堰塞坝漫顶溢流溃决模型试验,发现入库流量与峰值流量、溃决流量过程曲线以及溃决时间存在相关关系。Yan 和 Cao(2009)基于侵蚀河床和刚性河床的堰塞湖溃决实验,同样发现了相比于河道底面铺设一层较厚的土石混合材料作为河床沉积物的侵蚀河床,河道底面无土石材料的刚性河床上的堰塞坝更易发生漫顶溢流破坏。蒋先刚等(2019)、刘邦晓等(2020)分别开展了不同河床坡度的溃坝试验,发现河床坡度在一定程度上直接影响了溃决历时、溃决峰值流量和溃口发展过程。

此外,还有学者综合考虑了多个因素对溃坝的影响,如柴贺军等(2001)依据野外实测资料,探讨了坝体物质组成、上下游边坡坡度、湖水渗流等对堰塞坝溃决的影响。Chen 等(2015)利用水槽试验模拟地震和降雨引起的堰塞坝溃坝,系统研究了坝体几何形状(三角形和梯形)、材料特性(含水率)和河床条件对溃坝的影响,发现三角形坝缩短了溃坝时洪峰值产生的时间,坝体材料具备低渗透特性的堰塞坝和刚性河床上的堰塞坝更易发生漫顶溢流破坏。

2. 渗透管涌溃决影响因素

堰塞坝的管涌现象主要发生在坝体内部,目前的研究大多基于模型试验或数值获取管涌的形成和发展影响因素。Sherard(1979)研究发现对于一般天然分选性差的坝体,当 $D_{15}/D_{85} > 5$ 时,堰塞湖水会通过坝体渗漏而发生管涌破坏现象。Gregoretti 等(2010)的试验研究表明管涌破坏的产生以及管涌通道的发展与河道入水流量、堰塞坝的材料颗粒级配、坝形及河床坡度有密切联系。Awal 等(2011)通过预埋粗颗粒组成的管涌通道,模拟了不同初始管涌通道位置、不同上游水位、不同上游水量以及不同坝体下游坡度情况下的管涌通道演化全过程。Chang 和 Zhang(2013)通过试验研究了级配良好和级配间断的土中不同细粒含量(粒径<0.063 mm)对于管涌的影响及判别标准。Okeke 和 Wang(2014,2016),Wang 等(2018)开展了坝体材料对堰塞坝管涌破坏影响的试验研究,认为堰塞坝的坝体材料密度越大,坝体越均匀,堰塞坝形成管涌的可能性越低。Shi 等(2018)采用 CFD-DEM 模型定量研究了不同坝体材料的渗流特性,发现细颗粒材料更易发生流土破坏,而粗颗粒材料更易发生管涌破坏。

3. 坝坡失稳溃决影响因素

已有溃坝案例显示，极少数的堰塞坝仅由坝坡失稳导致溃决（Peng et al.，2012；Shi et al.，2014）。朱兴华等（2020）研究表明由于坝坡失稳导致堰塞坝溃决的现场实测资料几近为零，且物理模型试验也很难重现坝坡失稳的破坏过程，这是堰塞坝坝坡失稳溃决影响研究较少的主要原因。现有的坝坡失稳研究主要基于土石坝开展，如徐镇凯等（2018）研究了库水位骤降对土石坝坝坡失稳的影响。尽管文献记载中仅有极少的堰塞坝完全由坝坡失稳引发溃决，但在实际堰塞坝溃决过程中，重力作用下斜坡的存在会使其更容易被冲刷。

已有研究对不同模式溃坝影响因素进行了较为深入的研究。尽管大部分堰塞坝最终以漫顶溢流方式溃决，但是管涌和坝坡失稳无处不在，坝体内部管涌会逐步改变坝体内部结构和材料含水率，同时渗流力的存在还会在一定程度上增加侧坡失稳的可能性。由此可见，堰塞坝的溃坝通常是内部侵蚀、漫顶冲刷和坝坡失稳耦合作用的结果，溃决机理极其复杂，很难精确获取溃口发展过程和溃坝洪水。

1.4.2　溃坝洪水快速评估模型

由于具有溃决参数记录的历史堰塞坝案例有限，目前很多计算溃口流量及溃口尺寸的快速评估模型是基于土石坝建立的。以下将从经验模型和物理模型两个方面介绍现有的快速评估研究成果。

1. 经验模型

经验模型通常忽略溃口发展过程，根据溃坝案例统计分析估算峰值流量、溃决时间和溃口尺寸等参数。

在基于人工土石坝案例研究方面，很多学者基于人工坝溃坝案例，建立了溃决峰值流量、溃决时间与坝高、坝长、坝宽、库容等坝体几何形态参数和水文参数的统计学关系（USBR，1988）。Macdonald 和 Langridge-Macdonald（1984）、USBR（1988）研究认为，其根据人工土石坝溃坝案例所建立的溃决时间和峰值流量估算公式在一定情况下可以应用于堰塞坝峰值流量估算。然而，Peng 和 Zhang（2012）通过堰塞坝和人工坝的对比分析，认为基于人工土石坝获得的经验模型会高估堰塞坝溃决峰值流量和溃口尺寸，低估溃决时间。

在基于堰塞坝案例研究方面，Costa 和 Schuster（1988）基于 12 例堰塞坝案例，建立了溃决峰值流量与势能的关系。Walder 和 O'Connor（1997）基于 18 例堰塞坝案例，提出了考虑水位下降和释放库容的峰值流量估算公式。Peng 和 Zhang（2012）基于全世界 52 例具有详细溃决参数的堰塞坝案例，建立了堰塞坝溃决峰值流量、溃口尺寸和溃决时长的逻辑回归模型。石振明等（2014）基于 41 例具有详细溃决信息的案例建立了坝体溃决参数（峰值流量、溃口尺寸、溃决时长）的快速评估模型（表 1-4）。

表 1-4　堰塞坝溃决参数快速评估模型

评估公式	案例数量		R^2	参考文献
	真实	虚拟		
$Q_p = 0.0158(PE)^{0.60}$	12		0.81	Costa et al.，1988
$Q_p = V_f^b$	18		0.73	Walder et al.，1997
$Q_p = ad^b$	18		0.53	
$Q_p = a(dV_f)^b$	18		0.76	
$\dfrac{Q_p}{g^{1/2}H_d^{5/2}} = \left(\dfrac{H_d}{H_r}\right)^{-1.417} \cdot \left(\dfrac{H_d}{W_d}\right)^{-0.265} \cdot \left(\dfrac{V_d^{\frac{1}{3}}}{H_d}\right)^{-0.471} \cdot \left(\dfrac{V_l^{\frac{1}{3}}}{H_d}\right)^{1.569} \cdot e^{\alpha_e}$	45	—	0.946	Peng et al.，2012
$\dfrac{H_b}{H_{rh}} = \left(\dfrac{H_d}{H_r}\right)^{0.882} \cdot \left(\dfrac{H_d}{W_d}\right)^{-0.041} \cdot \left(\dfrac{V_d^{\frac{1}{3}}}{H_d}\right)^{-0.099} \cdot \left(\dfrac{V_l^{\frac{1}{3}}}{H_d}\right)^{0.139} \cdot e^{\alpha_e}$	21		0.871	
$\dfrac{W_t}{H_{rh}} = \left(\dfrac{H_d}{H_{rh}}\right)^{0.752} \cdot \left(\dfrac{H_d}{W_d}\right)^{0.315} \cdot \left(\dfrac{V_d^{\frac{1}{3}}}{H_d}\right)^{-0.243} \cdot \left(\dfrac{V_l^{\frac{1}{3}}}{H_d}\right)^{0.682} \cdot e^{\alpha_e}$	13		0.855	
$\dfrac{W_b}{H_d} = 0.004\left(\dfrac{H_d}{H_{rh}}\right) + 0.050\left(\dfrac{H_d}{W_d}\right) - 0.044\left(\dfrac{V_d^{\frac{1}{3}}}{H_d}\right) + 0.088\left(\dfrac{V_l^{\frac{1}{3}}}{H_d}\right)^{0.682} + \alpha_e$	10		0.841	
$\dfrac{T_b}{T_r} = \left(\dfrac{H_d}{H_{rh}}\right)^{0.262} \cdot \left(\dfrac{H_d}{W_d}\right)^{-0.024} \cdot \left(\dfrac{V_d^{\frac{1}{3}}}{H_d}\right)^{-0.103} \cdot \left(\dfrac{V_l^{\frac{1}{3}}}{H_d}\right)^{0.705} \cdot e^{\alpha_e}$	14		0.624	
$Q_p = 3.130 H_d^{0.120} \cdot W_d^{0.302} \cdot V_d^{-0.106} \cdot V_l^{0.453} \cdot e^{\alpha_e}$	24		0.930	石振明 等，2014
$H_b = H_d^{0.840} \cdot W_d^{-0.169} \cdot V_d^{0.089} \cdot V_l^{0.040} \cdot e^{\alpha_e}$	23		0.896	
$W_t = 1.593 H_d + 85.249\left(\dfrac{H_d}{W_d}\right) - 3.438\left(\dfrac{V_d^{\frac{1}{3}}}{H_d}\right) + 15.963\left(\dfrac{V_l^{\frac{1}{3}}}{H_d}\right) + \alpha_e$	11		0.941	
$W_b = -0.006 H_d^2 - 0.047\left(\dfrac{H_d^2}{W_d}\right) + 0.017 V_d^{\frac{1}{3}} + 0.047 V_l^{\frac{1}{3}} + \alpha_e H_d$	15		0.847	
$T_b = H_d^{0.275} \cdot W_d^{-1.224} \cdot V_d^{0.439} \cdot V_l^{0.232} \cdot e^{\alpha_e}$	12		0.936	

注：Q_p—峰值流量；PE—势能（J）；g—重力加速度；V_l—库容；V_f—释放库容；V_d—坝体体积；H_d—坝高；H_r—堵塞点到上游顶高差；d—水位下降高度；H_{rh}—单位高度；H_b—溃口深度；L_d—坝长；W_d—坝宽；W_t—溃口顶宽；W_b—溃口底宽；T_b—溃决时间；T_r—单位时间；α_e—坝体侵蚀度；a、b—回归系数。

经验模型的方法可以为堰塞坝的溃决参数快速评估提供指导,但人工土石坝与堰塞坝在坝体几何形态、材料、结构、溃口发展过程等方面存在显著差异,采用人工土石坝经验模型计算堰塞坝溃决参数的可行性还有待商榷。此外,经验模型仅能获取最终的溃决峰值流量、溃口尺寸等,无法得到溃决流量的变化过程。

2. 物理模型

物理模型方法是指考虑溃口物理发展过程,依据水量平衡方程、堰流方程以及泥沙输移过程所建立的溃决参数计算模型。

基于人工土石坝所建立的物理模型相对较多,如 Cristofano 土石坝模型(Cristofano,1965)、BREACH 模型(Fread,1988)、DAMBRK 模型(Fread,1988)、BRDAM 模型(Brown 和Rogers,1988)、BEED 模型(Singh,1988)、DLBreach 模型(Wu et al.,2013)等。这些模型大多基于流体质量守恒与泥沙运移理论,简化溃坝过程,在假定溃口形状为三角形、梯形、矩形或抛物线形的条件下建立。

由于堰塞坝与人工土石坝在坝体形态、材料、结构等方面显著不同,二者的溃口发展和溃决过程存在差异。Chang 和 Zhang(2010)基于宽顶堰公式和土壤侵蚀方程,提出了 DABA 物理计算模型,该模型假定了溃口发展的三个阶段,且考虑坝体土层侵蚀特性随深度的变化。Chen 等(2014)基于野外实测资料提出了 DB-IWHR 模型,该模型采用宽顶堰公式计算流量,采用双曲线模型计算冲刷过程,采用圆弧滑动面分析法计算溃口的横向扩展。Zhong 等(2020)基于溃坝模型试验和唐家山堰塞坝现场调查,基于土壤侵蚀方程和宽顶堰公式提出了堰塞坝溃坝计算模型,该模型考虑了坝顶、下游边坡和侧坡的溃决破坏过程。

物理模型可以有效获取坝体溃决演变过程和溃决流量水文过程曲线,在溃坝快速评估中具有重要的价值。但是由于模型计算所需参数(如坝体材料侵蚀参数、库容曲线等)的限制以及模型假定的溃口发展与真实溃口发展差异等原因,导致物理模型的计算结果具有一定的不确定性。今后研究应重点从以下三方面开展:①研究典型级配材料的冲刷特性;②分析溃坝过程与坝体材料、坝体结构的关系;③开展真实堰塞坝案例野外调研及野外大型溃坝模型试验。

1.5　溃坝洪水演进快速评估模型

洪水演进分析的主要目的在于确定下游重要区域的流量、流速和水深等相关参数,为安全预警的制定提供必要的依据。目前关于洪水演进的计算方法主要为水文学方法和水力学方法。

水文学方法通过实测资料反算出数学模型中的参数,用于洪水演进预报,如马斯京根法。马斯京根法(刘宁 等,2014)则假定河段槽蓄量与出入库流量之间为线性关系,从而进行河道洪水演算。该方法是目前应用较为广泛的河道洪水预报模型,但在流域下游,受下游水位的顶托,水流并不是自由出流,假定关系存在不合理性。

水力学方法主要采用水动力学的方法对河道非恒定流进行分析,得到河道洪水数学模型,求解洪水演进过程。目前快速评估最常用的方法即通过近似求解圣维南方程(Saint-Venant)和 N-S 方程(Navier-Stokes),比较常用的包括洪峰展平法和线性河道法。其中,洪峰展平法是将洪水波概化为三角形,并假定河道为棱柱体河槽,忽略动力方程惯性项,是圣维南的一种近似简化解法,如克-曼公式和李斯特万公式均可以计算下游河道各处峰值流量(刘宁等,2013)。谢任之(张云成,2016)基于河床断面指数法,利用概化过程提出了综合洪水演进计算公式,该公式可以计算下游河道洪水峰值流量和水深。线性河道法则是通过假定整个河段上水深为线性变化,溃坝波以立波形式向下传递,波速增大,进而获取下游各位置最大水深及相应流量(表 1-5)。

表 1-5　溃坝洪水沿河道演进的评估方法

名称	公式	适用条件	参考文献
马斯京根法	$(Q_{io}+Q_{it})\dfrac{\Delta t}{2}-(Q_1+Q_2)\dfrac{\Delta t}{2}=V_2-V_1$ $V_0=k_s[XQ_{if}+(1-X)Q]$	天然河道常规洪水波,但流域下游的水流并非自由出流	刘宁 等,2013
蓄量演算法	$\overline{Q_{if}}+\left(\dfrac{V_1}{\Delta t}+\dfrac{Q_1}{2}\right)-Q_1=\left(\dfrac{V_2}{\Delta t}+\dfrac{Q_2}{2}\right)$ $f(H)=\left(\dfrac{V_0}{\Delta t}+\dfrac{Q}{2}\right)$	河道惯性作用和回水影响较小,常规洪水波	范玉,2005
特征河长法	$Q_2=\overline{Q_{if}}(1-e^{-\Delta t/t_p})+Q_1e^{-\Delta t/t_p}$	天然河道的简单洪水波	范玉,2005
滞后演算法	$Q_2=\left[Q_{io}+Q_{it}-Q_1\left(1-\dfrac{2k_s}{\Delta t}\right)\right]\left(1+\dfrac{2k_s}{\Delta t}\right)$	大流域及长距离河道的常规洪水波	冯民权 等,2002
克-曼公式	$Q_{pL}=Q_p\left[1+\dfrac{2(nQ_p)^2}{V_0^2 J^2}L\right]^{-0.5}$	天然河道的常规洪水波	刘宁 等,2013
李斯特万公式	$Q_{pL}=\dfrac{V_0}{\dfrac{V_0}{Q_p}+\dfrac{L}{a_1 u}}$	天然河道的常规洪水波	李炜,2006
谢任之公式	$Q_{pL}=Q_p\left[1+\dfrac{(2-r)\lambda(nQ_p)^{2-r}}{V_0^2 J^{2-0.5r}}L\right]^{-1/(2-r)}$ $H_{dL}=H_0+(H_{dm}-H_0)\left[1+\dfrac{4a_s^2(2m+1)(H_{dm}-H_0)}{m(m+1)^2 V_0^2 J^2}L\right]^{-1/(2m+1)}$	河道形状、纵坡率以及糙率变化较小,且洪水波较简单	张云成,2016

注:a_1—经验系数;a_s—河道断面系数;H_0—河道初始水深;H_{dL}—距坝址距离为 L 处的洪水深度;H_{dm}—坝址处最大水深;J—河床纵坡;L—距坝址的距离;n—曼宁系数;Q—河段出流量;Q_1,Q_2—1 时段和 2 时段的出流量;Q_{if}—入库流量;Q_{io},Q_{it}—1 时段和 2 时段的入库流量;$\overline{Q_{if}}$—上游断面入库流量的时段平均值;Q_{pL}—距坝址距离为 L 处的峰值流量;$r=0.33/(m+0.67)$,m—河床断面指数;t—时间间隔;t_p—特征河长的传播时间;u—河道断面最大平均流速;V_0—河段蓄水量;V_1,V_2—1 时段和 2 时段的河段蓄水量;X,k_s—河段洪水调蓄及传播参数;λ—流量系数。

此外,随着计算机技术的进步,对圣维南方程组都可进行一维、二维、三维数值差分求解,数值求解的方法包括有限差分法、有限分析法、有限体积法等,如基于 Preissmann 四点隐式有限差分法求解连续方程和运动方程的 HEC-RAS 软件(HEC,2016),采用 Abbott 六点隐式差分求解圣维南方程组的 MIKE 系列软件,基于交替方向隐式法求解的 Delft 3D 软件等(Jannis 和 Arjen,2016)。但由于这类软件往往需要较为详尽的河道资料,建模所需时间较长,应用于快速评估尚有一定难度。

在溃坝洪水演进快速评估中,由于时间和现场条件的限制,信息参数往往较少,现有的水文学和部分水力学方法可以在一定条件下快速估算溃决洪水结果,具有重要的实用价值。但是,也正是由于计算参数的限制,此类模型的计算精度有限,预测的溃决洪水流量具有很大的不确定性。在后续研究中,可通过预先建立流域河道模型,结合堰塞坝信息资料,采用数值计算方法进行洪水演进分析。

1.6　下游河道物质运移快速评估模型

堰塞坝若以突然溃决的方式结束,坝体和高含水率的湖相沉积堤为溃决洪水提供充足的物质来源,在坝体下游若干公里之内导致河道淤积抬升、填充,形成持续时间较短的辫状河道,河流侵蚀下切后发育洪积台地(图 1-5)。例如,Missoula 古冰坝溃决洪水的洪峰流量达 1.7×10^7 m³/s,洪水沉积物分布广阔,厚度可达百米(Carling,2013)。2000 年易贡滑坡方量达 3.0×10^8 m³,完全堵塞易贡藏布,钻探资料显示扎木弄沟的堆积扇沉积物至少厚 150 m (Shang et al.,2000)。因此,需要对堰塞坝溃坝后下游河道物质运移开展快速评估研究,为应急救援提供参考依据。现有研究主要从现场监测、模型试验和数值模拟三个方面展开。

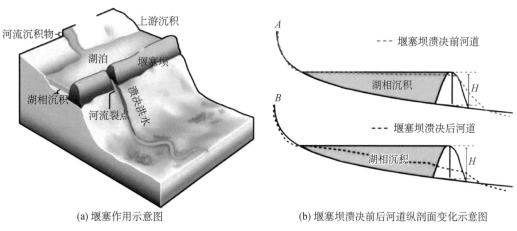

(a) 堰塞作用示意图　　　　　　　　(b) 堰塞坝溃决前后河道纵剖面变化示意图

图 1-5　堰塞坝影响河流地貌示意图(周丽琴 等,2019)

在现场监测分析方面,Kourp 等(2006)统计了喜马拉雅山、天山和阿尔卑斯山的 10 多处堵江案例,发现堰塞坝与河道沉积和河流裂点的发育具有很好的相关性,表明堰塞坝对河流地貌发育具有重要影响。同时,在南美的安第斯山,发现了滑坡堰塞和强烈的坡面侵蚀共同作用导致的河谷充填现象。Ouimet 等(2007)通过对长期滑坡坝平均数量和平均高度的控制量化,认为以大滑坡为纽带,坡面侵蚀与河道切割二者存在动态耦合,河流的快速侵蚀下切为发生大型山体滑坡创造了必要条件;反过来,滑坡堆积物长时间覆盖河床,又会减慢或阻止河流进一步侵蚀下切。

在模型试验方面,刘磊等(2015)提出了均质坝溃坝模型,该模型采用了张红武所建立的悬移质和推移质输沙率公式。Wu(2013)建立了考虑均质及心墙堤坝溃决的数学模型,并且考虑了漫顶和管涌两种溃决模式,其中引起溃口垂向冲刷的输沙率计算采用非平衡推移质输沙率计算模式。Carrivick 等(2011)通过水槽试验研究表明,溃坝洪水的特征和影响与床面可动性及床沙粒径有关:与定床相比,动床的洪水波传播速度更慢、衰减更快;床沙粒径越大,水深和泥沙沉降速率的峰值越大、峰值出现得越早;淤积体积沿程呈指数衰减;悬移质峰值与流速峰值同时,而推移质峰值与水深峰值同步,二者皆滞后于流量峰值。Qian 等(2018)总结了以往瞬时溃坝动床水槽试验,认为其主要针对非黏性沙($D_{50}>0.05$ mm),且河床变形幅度较小(均在厘米级),进而在狭颈水槽中开展了更大尺度的试验研究,发现紧接坝址的下游河床发生大幅的冲刷,而冲刷坑的下游则发生了显著的淤积;当河床为非均匀沙时,还将出现特殊的床面形态;坝址下游小范围内出现了显著的河床粗化,而更下游的河道则呈现粗—细—粗的床沙粒径纵向变化规律。

在数值模拟方面,Zhang 等(2001)提出河床变形数值模拟的关键是水流和泥沙输移的精确计算,并建立了非均匀沙二维数值模型,模拟了溃坝洪水导致的河床变形过程。Liang 等(2002)提出了一种结合浅水、输沙、河床变形和溃坝扩展方程的综合模型,通过对典型溃堤过程的水力预测,成功地模拟了溃坝过程。Wu 等(2007)建立一维动床溃坝水流过程数值模型,模拟溃坝水流引起的推移质和悬移质泥沙的输移过程,研究溃坝洪水演进及诱发的水沙运动。傅旭东等(2010)根据唐家山堰塞坝的实际情况,针对水动力条件复杂、水土耦合作用强烈的溃决过程,基于颗粒流的方法来描述强非恒定流下的泥沙选择性输移和河床面形态变化,再现了唐家山堰塞坝溃决洪水流量过程线、溃口发展和下切过程溃坝过程中挟沙水流冲蚀规律。溃坝过程是强非恒定、非平衡水沙运动过程,重力也在其中扮演了重要的角色,这与目前的泥沙冲刷理论成果建立的条件差距很大。相比于传统的线性或指数公式,双曲型冲刷公式显示出其优越性,但其背后的物理基础尚未明晰。

适量泥沙可能增加水中的营养物质,而高含沙水流对大多数水生生物可能都具灾难性影响。堰塞坝对于山区河流生态系统可能具有较大的正面作用,而堰塞坝溃决则可能使之毁于一旦。已有研究初步明确了溃坝下游河道中可能出现沿程及横向变化的冲淤特征及泥沙分选,也揭示了堰塞坝溃决过程所产生的巨量泥沙,对下游水生态环境的冲击。在后续研究中,针对不同降雨条件下堰塞坝溃坝洪水对河道的冲刷、河床泥沙淤积以及洪水自身含沙率变化的影响仍需进一步开展工作。

1.7　后续研究重点关注内容

堰塞坝危险性的快速评估是建立在五个问题的基础上的,即是否会形成堰塞坝、形成后是否稳定、多久会发生溃坝、溃决洪水大小以及下游河道物质运移。已有研究表明,堰塞坝的形成、稳定性、寿命、溃决洪水及河道物质运移受到地形条件、固体物源条件、水源条件、坝体几何形态、坝体结构与材料、河道水动力条件等诸多因素的影响。基于历史堰塞坝案例所建立的统计分析模型和基于溃坝物理过程所建立的物理模型为堰塞坝危险性快速评估及应急抢险救灾工作提供了指导。但是由于基础数据获取手段有限、水土物质相互作用机理未完全明晰,现有模型的预测精度有待提高。后续研究应着重考虑以下六个方面。

（1）开展堰塞坝坝体材料、结构等基础数据的快速获取方法研究。堰塞坝的稳定性、寿命和溃决参数都与坝体材料和结构特征密不可分,当前研究大多通过估算或筛分试验获取表层坝体材料的颗粒级配,而无法快速获取坝体内部材料的分布特征。通过物探手段获取坝体材料和结构特征,或建立崩滑流体材料与坝体材料的分布关系,为堰塞坝危险性快速定量评估提供详细基础参数,提高预测模型精度,是未来重要的研究内容。

（2）开展考虑崩滑流发生和运移机理的堵江快速判别研究。崩滑流成坝具有一定物源、地形和水源条件要求,已有研究主要关注崩滑流堆积堵江过程,而对于崩滑流发生和运移过程中的水土物质相互作用缺乏了解。进一步开展不同外因(地震、降雨等)条件下崩滑流发生及运移过程大型模型试验,建立考虑关键影响因素和水土物质相互作用的成坝快速判别模型,可以为堰塞坝形成预测提供新思路。

（3）开展堰塞坝溃决程度快速评估研究。由于坝体材料的非均质性,实际工程中堰塞坝往往很难一溃到底,残余坝体的存在可能会导致二次溃坝,增大堰塞坝灾害的影响。当前研究中尚缺乏明确的溃决程度定义与预测方法。基于堰塞坝案例现场调研和模型试验,从能量转换与耗散角度提出溃坝程度定义,并建立快速评估模型预测残余堰塞坝危险性,是亟待解决的重要内容。

（4）开展流域尺度堰塞坝溃决洪水演进快速评估及水库调蓄减灾研究。目前,主要建立堰塞坝所在河道的模型来分析溃坝洪水演进及对下游影响,但在实际情况中,地震或降雨可能导致在同一流域的不同主、支流形成多个堰塞坝,上游溃坝洪水可能影响下游多条主、支流。通过提前建立全国存在堵江可能性的流域河道地理信息模型,耦合溃坝洪水模型计算结果,可以为堰塞坝溃坝洪水快速评估及水库调蓄减灾提供新方法。

（5）开展不同降雨条件下堰塞坝溃坝洪水对河道的冲刷、河床泥沙淤积影响研究。目前,主要通过现场调查、室内试验和基于泥沙冲刷理论的数值模拟对河道洪水演进过程中的泥沙冲淤进行研究,但在实际情况中,降雨条件会在很大程度上影响溃坝过程及河道泥沙冲淤,现有的研究成果还无法完全解释这一过程。通过现场调查结合考虑不同工况的数值分析,可以为堰塞坝溃坝洪水对下游河道的环境影响提供支撑。

(6)开展堰塞坝应急处置技术研究。目前堰塞坝的抢险救灾缺乏完全成熟的技术体系。随着山区城镇开发、重大工程建设和人口密度增加,堰塞坝引起的社会风险逐渐增大。系统研究不同应急处置技术的适用性和经济性,不断完善排险救灾技术规程,建立适用不同区域地质条件、水文条件和坝体特征的应急处置技术体系,可以为堰塞坝排险减灾提供依据。

参考文献

柴贺军,刘汉超,张倬元,1996.滑坡堵江的基本条件[J].地质灾害与环境保护,7(1):41-46.

柴贺军,刘汉超,张倬元,2000.中国堵江滑坡发育分布特征[J].山地学报,(S1):51-54.

柴贺军,刘汉超,张倬元,等,2001.天然土石坝稳定性初步研究[J].地质科技情报,20(1):77-81.

陈德明,2000.泥石流与主河水流交汇机理及其河床响应特征[D].北京:中国水利水电科学研究院.

陈理,2020.通麦堆积体稳定性分析及堵江预测[J].四川建筑,40(3):111-113.

崔鹏,何易平,陈杰,2006.泥石流输沙及其对山区河道的影响[J].山地学报,(5):539-549.

单熠博,陈生水,钟启明,2020.堰塞体稳定性快速评价方法研究[J].岩石力学与工程学报,39(9):1847-1859.

邓明枫,陈宁生,邓虎,等,2011.堰塞坝漫顶溃决过程与机理试验研究[J].成都理工大学学报(自然科学版),38(3):359-365.

段文刚,黄卫,魏红艳,等,2021.堰塞坝溃决模拟研究综述与展望[J].长江科学院院报,38(1):51-58.

樊晓一,黄润秋,乔建平,等,2014.未受河流阻止的滑坡水平运动距离与滑坡堵江判别[J].水文地质工程地质,41(1):128-133.

范玉,2005.河道、滞洪区一二维洪水演进数学模型的研究与应用[D].天津:天津大学.

冯民权,周孝德,王克平,2002.蓄滞洪区洪水模拟研究综述[J].西北水力发电,18(1):5-8+23.

付建康,罗刚,胡卸文,2018.滑坡堰塞坝越顶溢流破坏的物理模型实验[J].吉林大学学报(地球科学版),48(1):203-212.

傅旭东,刘帆,马宏博,等,2010.基于物理模型的唐家山堰塞湖溃决过程模拟[J].清华大学学报(自然科学版),(12):1910-1914.

郭志学,曹叔尤,刘兴年,等,2004.泥石流堵江影响因素试验研究[J].水利学报,(11):39-45.

蒋先刚,吴雷,2019.不同底床坡度下的堰塞坝溃决过程研究[J].岩石力学与工程学报,38(S1):3008-3014.

蒋先刚,吴雷,2020.不同初始含水量条件下的堰塞坝溃决机理[J].吉林大学学报(地球科学版),50(1):185-193.

匡尚富,1994.斜面崩塌引起的天然坝形成机理和形状预测[J].泥沙研究,(3):50-59.

赖柏蓉,2013.影响堰塞湖天然坝寿命之因子探讨[D].台湾:国立中央大学.

李炜,2006.水力学计算手册[M].北京:中国水利水电出版社.

刘邦晓,朱兴华,郭剑,等,2020.不同沟床坡度堰塞坝溃口下切过程试验研究[J].长江科学院院报,37(12):59-66.

刘汉东,李小超,刘顺,等,2013.舟曲特大山洪泥石流堰塞坝稳定性分析[J].人民黄河,35(8):116-119.

刘杰,颜婷,周传兴,等,2019.初始含水率及人工干预对堰塞坝溃决影响试验研究[J].重庆交通大学学报(自然科学版),38(3):60-67.

刘磊,张红武,钟德钰,等,2015.堰塞坝漫顶溃决计算方法研究[J].水利学报,46(4):379-5386.

刘磊,钟德钰,张红武,等,2013.堰塞坝漫顶溃决试验分析与模型模拟[J].清华大学学报(自然科学版),53(4): 583-588.

刘宁,程尊兰,崔鹏,等,2013.堰塞湖及其风险控制[M].北京:科学出版社.

年廷凯,吴昊,陈光齐,等,2018.堰塞坝稳定性评价方法及灾害链效应研究进展[J].岩石力学与工程学报,37 (8):1796-1812.

年廷凯,吴昊,陈光齐,等,2018.堰塞坝稳定性评价方法及灾害链效应研究进展[J].岩石力学与工程学报,37 (8):1796-1812.

庞林祥,崔明,2018.崩塌型堰塞坝形成条件与过程研究[J].水利水电快报,39(6):1-4.

庞林祥,莫大源,李爱华,2016.滑坡型堰塞坝的形成条件与过程分析[J].人民长江,47(11):94-97.

彭铭,王开放,张公鼎,等,2020.堰塞坝溃坝模型实验研究综述[J].工程地质学报,28(5):1007-1015.

石振明,马小龙,彭铭,等,2014.基于大型数据库的堰塞坝特征统计分析与溃决参数快速评估模型[J].岩石力 学与工程学报,33(9):1780-1790.

石振明,熊曦,彭铭,等,2015.存在高渗透区域的堰塞坝渗流稳定性分析:以红石河堰塞坝为例[J].水利学报, 46(10):1162-1171.

童煜翔,2008.山崩引致之堰塞湖天然坝稳定性之定量分析[D].台湾:国立中央大学.

吴积善,程尊兰,耿学勇,2005.西藏东南部泥石流堵塞坝的形成机理[J].山地学报,(4):4399-4405.

徐富刚,杨兴国,周家文,2015.堰塞坝漫顶破坏溃口演变机制试验研究[J].重庆交通大学学报(自然科学版), 34(6):79-83.

徐镇凯,蔡磊,魏博文,等,2018.考虑渗流时滞及参数不确定性的土坝坝坡失稳概率分析[J].水力发电,44(6): 62-66+70.

晏鄂川,张倬远,刘汉超,等,2003.中国崩塌堵江事件及其环境效应研究[J].地球学报,24(S):205-209.

杨阳,曹叔尤,2015.堰塞坝漫顶溃决与演变水槽试验指标初探[J].四川大学学报(工程科学版),47(2):1-7.

张大伟,权锦,何晓燕,等,2012.堰塞坝漫顶溃决试验及相关数学模型研究[J].水利学报,43(8):979-986.

张健楠,余斌,张惠惠,2014.堰塞坝溃决特征和机理的试验研究[J].人民黄河,36(10):48-51.

张金山,沈兴菊,谢洪,2007.泥石流堵河影响因素研究——以岷江上游为例[J].灾害学,(2):82-86.

张婧,曹叔尤,杨奉广,等,2010.堰塞坝泄流冲刷试验研究[J].四川大学学报(工程科学版),42(5):191-196.

张云成,2016.支沟堰塞湖溃决引发主河洪水演进分析[D].成都:西南交通大学.

赵高文,姜元俊,乔建平,等,2018.不同密实条件的滑坡堰塞坝漫顶溃决实验[J].岩石力学与工程学报,37(6): 1496-1505.

中国台湾"经济部水利署"水利规划实验所,2004.堰塞湖引致灾害防治对策之研究总报告[R].台湾:"经济部水 利署"水利规划实验所.

钟启明,单熠博,2019.堰塞坝稳定性快速评价方法对比[J].人民长江,50(4):20-24.

周必凡,胡平华,游勇,等,1991.蒋家沟泥石流表面流速公式试验研究[J].山地研究,(03):171-178.

朱兴华,刘邦晓,郭剑,等,2020.堰塞坝溃坝研究综述[J].科学技术与工程,20(21):8440-8451.

AWAL R, NAKAGAWA H, FUJITA M, et al, 2011. Experimental study on piping failure of natural dam[J]. Journal of Japan Society of Civil Engineers, 54(B): 539-547.

BROWN R J, ROGERS D C, 1981. BRDAM users manual[M]. US Department of the Interior, Water and Power Resources Service.

CANUTI P, CASAGLI N, ERMINI L, 1999. Inventory of landslide dams in the Northern Apennine as a model for induced flood hazard forecasting//[M]Andah. Managing hydro-geological disasters in a vulnerable environment for sustainable development. CNR-GNDCI-UNESCO, Perugia, CNR-GNDCI: 189-202.

CARLING P A, 2013. Freshwater megaflood sedimentation: What can we learn about generic processes[J]. Earth-Science Reviews, 125: 87-113.

CARRIVICK J L, JONES R, KEEVIL G, 2011. Experimental insights on geomorphological processes within dam break outburst floods[J]. Journal of Hydrology, 408(1/2): 153-163.

CASAGLI N, ERMINI L, 1999. Geomorphic analysis of landslide dams in the Northern Apennine. Transactions of the Japanese Geomorphological Union, 20(3): 219-249.

CASAGLI N, ERMINI L, ROSATI G, 2003. Determining grain size distribution of material composing landslide dams in the Northern Apennine: sampling and processing methods[J]. Engineering Geology, 69 (1): 83-97.

CHANG D S, ZHANG L M, 2013. Extended internal stability criteria for soils under seepage[J]. Soils and Foundations, 53(4): 569-583.

CHEN S C, LIN T W, CHEN C Y, 2015. Modeling of natural dam failure modes and downstream riverbed morphological changes with different dam materials in a flume test[J]. Engineering Geology, 188: 148-158.

CHEN Z Y, MA L Q, YU S, et al, 2014. Back analysis of the draining process of the Tangjiashan barrier lake[J]. Journal of Hydraulic Engineering, 141(4): 1-14.

COSTA J E, SCHUSTER R L, 1988. The formation and failure of natural dams[J]. Geological Society of America Bulletin, 100: 1054-1068.

CRISTOFANO E A, 1965. Method of computing erosion rate of failure of earth dams[J]. US Bureau of Reclamation, Denver.

CRUDEN D M, KEENGAN T R, THOMSON S, 1993. The landslide dam on the Saddle River near Rycroft, Alberta [J]. Canadian Geotechnical Journal, 30: 1003-1015.

DAL SASSO S F, SOLE A, PASCALE S, et al, 2014. Assessment methodology for the prediction of landslide dam hazard[J]. Natural Hazards and Earth System Sciences, 14(3): 557-567.

DONG J J, TUNG Y S, CHEN C, et al, 2011. Logistic regression model for predicting the failure probability of a landslide dam[J]. Engineering Geology, 117(1-2): 52-61.

DUNNING S A, ROSSER N J, PETLEY D N, et al, 2006. Formation and failure of the Tsatichhu landslide dam, Bhutan[J]. Landslides, 3(2): 107-113.

ERMINI L, 2003. Gli sbarramenti d'alveo da frane: Criteri speditivi per la stesura di scenari evolutivi derivanti dalla loroformazione[J]. AIGA-IConvegno Nazionale, a: 355-367.

FAN X M, DUFRESNE A, SUBRAMANIAN S S, et al, 2020. The formation and impact of landslide dams—State of the art[J]. Earth-Science Reviews, 203: 103116.

FREAD D L. BREACH, 1988. An erosion model for earthen dam failures[M]. Hydrologic Research Laboratory, National Weather Service, NOAA.

GORUM T, FAN X M, VAN WESTEN C J, et al, 2011. Distribution pattern of earthquake-induced landslides triggered by the 12 May 2008 Wenchuan earthquake[J]. Geomorphology, 133(3-4): 152-167.

GREGORETTI C, MALTAURO A, LANZONI S, 2010. Laboratory Experiments on the Failure of Coarse Homogeneous Sediment Natural Dams on a Sloping Bed[J]. Journal of Hydraulic Engineering, 136(11): 868-879.

HERMANNS R L, HEWITT K, STROM A, et al, 2011. The classification of rockslide dams[M]//Natural and Artificial Rockslide Dams. Berlin, Heidelberg: Springer Berlin Heidelberg: 581-593.

HYDRAULIC ENGINEERING CENTER (HEC), 2016. User's Manual of HEC-RAS River Analysis System, Version 5.0 [M]. US Army Corps of Engineers.

JANNIS M H, ARJEN V, et al, 2016. Assessing the impact of hydrodynamics on large-scale flood wave propagation: a case study for the Amazon Basin[J]. Hydrology and Earth System Sciences, 21(1): 1-25.

KORUP O, 2002. Recent research on landslide dams-a literature review with special attention to New Zealand[J]. Progress in Physical Geography, 26(2): 206-235.

KORUP O, 2002. Recent research on landslide dams—A literature review with special attention to New Zealand [J]. Progress in Physical Geography(Earth and Environment), 26(2): 206-235.

KORUP O, 2004. Geomorphometric characteristics of New Zealand landslide dams[J]. Engineering Geology, 73 (1-2): 13-35.

KORUP O, STROM A L, WEIDINGER J T, 2006. Fluvial response to large rock-slope failures: Examples from the Himalayas, the Tien Shan, and the Southern Alps in New Zealand[J]. Geomorphology, 78(1-2): 3-21.

KUMAR V, GUPTA V, JAMIR I, et al, 2019. Evaluation of potential landslide damming: Case study of Urni landslide, Kinnaur, Satluj valley, India[J]. Geoscience Frontiers, 10(2): 753-767.

LIANG L, NI J, BORTHWICK A G L, et al, 2002. Simulation of dike-break processes in the Yellow River[J]. Science in China Series E: Technological Science, 45: 606-619.

MACDONALD T C, LANGRIDGE-MONOPOLIS J, 1984. Breaching characteristics of dam failures[J]. Journal of Hydraulic Engineering, 110(5): 567-586.

MILLER B, DUFRESNE A, GEERTSEMA M, et al, 2018. Longevity of dams from landslides with sub-channel rupture surfaces, Peace River region, Canada[J]. Geoenvironmental Disasters, 5(1): 1-14.

NASH T, BELL D, DAVIDS T, et al, 2008. Analysis of the formation and failure of Ram Creek landslide dam, South Island, New Zealand[J]. New Zealand Journal of Geology and Geophysics, 51(3): 187-193.

OKEKE A C, WANG F W, 2016. Hydromechanical constraints on piping failure of landslide dams: an experimental investigation[J]. Geoenvironmental Disasters, 3(1): 4.

OKEKE A C, WANG F W, MITANI YASUHIRO, 2014. Influence of geotechnical properties on landslide dam failure due to internal erosion and piping[C]//Landslide Science for a Safer Geoenvironment, Influence of Geotechnical Properties on Landslide Dam.

OUIMET W B, WHIPPLE K X, ROYDEN L H, et al, 2007. The influence of large landslides on river incision in a transient landscape: Eastern margin of the Tibetan Plateau (Sichuan, China)[J]. Geological Society of America Bulletin, 119(11-12): 1462-1476.

PATHAK K R, SUZUKI K, KADOTA A, et al, 2003. Experiment on initiation mechanism of debris flow: collapse of natural dam in a steep slope channel[J]. Annual Journal of Hydraulic Engineering, JSCE, 47: 577-582.

PENG M, ZHANG L M, 2012. Breaching parameters of landslide dams[J]. Landslides, 9(9): 13-31.

PENG M, ZHANG LM, CHANG DS, et al, 2014. Engineering risk mitigation measures for the landslide dams induced by the 2008 Wenchuan earthquake[J]. Engineering Geology, 180: 68-84.

PENNA I, LONGCHAMP C, DERRON M H, et al, 2013. Characterization of landslide dams in the San Juan province (Argentina)[C]//EGU General Assembly Conference Abstracts, 15.

QIAN H, CAO Z, LIU H, et al, 2018. New experimental dataset for partial dam-break floods over mobile beds[J]. Journal of Hydraulic Research, 56(1): 124-135.

SCHUSTER R L, WIECZOREK G F, HOPE II D G, et al, 1989. Landslide dams in Santa Cruz County, California, resulting from the earthquake[J]. US Geological Survey Professional Paper, 1551: C51-C70.

SHANG Y, YANG Z, LI L, et al, 2000. A super-large landslide in Tibet in 2000: background, occurrence, disaster, and origin[J]. Geomorphology, 54(3-4): 225-243.

SHEN D Y, SHI Z M, PENG M, et al, 2020. Longevity analysis of landslide dams. Landslides, 17(8): 1797-1821.

SHERARD J L, 1979. Sinkholes in dams of coarse, broadly grained soils[C]//Proceeding of 13th International Congress on Large Dams, New Delhi, India, Transactions, 2: 25-35.

SHI ZHENMING, MA XIAOLONG, PENG MING, et al, 2014. Statistical analysis and efficient dam burst modelling of landslide dams based on a large-scale database[J]. Chinese Journal of Rock Mechanics and Engineering, 33(9): 1780-1790.

SHI Z M, ZHENG H C, YU S B, et al, 2014. Application of CFD-DEM to investigate seepage characteristics of landslide dam materials[J]. Computers and Geotechnics, 2018, 101: 23-33.

SHRODER J F, 2010. Quasi-stable Slope-Failure Dams in High Asia[C]//AGU Fall Meeting.

SINGH V P, 1996. Dam breaching[M]. Dam breach modeling technology. Springer, Dordrecht: 27-40.

STEFANELLI C T, CATANI F, CASAGLI N, 2016. Geomorphological investigations on landslide dams. Geoenvironmental Disasters, 2(1): 1-15.

SWANSON F J, GRAHAM R L, GRANT G E, 1985. Some effects of slope movements on river channels[C]. International Symposium on Erosion. Tsukuba: Debris Flow and Disaster Prevention.

SWANSON F J, OYAGI N, TOMINAGA M, 1986. Landslide dams in Japan[J]. Landslide Dams: Processes, Risk, and Mitigation, ASCE, 3: 131-145.

TACCONI S C, SEGONI S, CASAGLI N, et al, 2016. Geomorphic indexing of landslide dams evolution[J]. Engineering Geology, 208: 1-10.

TACCONI S C, VILÍMEK V, EMMER A, et al, 2018. Morphological analysis and features of the landslide dams in the Cordillera Blanca, Peru[J]. Landslides, 15(3): 507-521.

U. S. BUREAU OF RECALAMATION (USBR), 1988. Downstream hazard classification guidelines[R]. Denver: ACER Tech, Momorandum No. 11, U. S. Department of the Interior.

WALDER JOSEPH S, O'CONNOR JIM E, 1997. Methods for predicting peak discharge of floods caused by failure of natural and constructed earthen dams[J]. Water resources research, 33(10): 2337-2348.

WANG F W, OKEKE A C, KOGURE T, et al, 2018. Assessing the internal structure of landslide dams subject to possible piping erosion by means of microtremor chain array and self-potential surveys[J]. Engineering Geology, 234: 11-26.

WEIDINGER J T, 2011. Stability and Life Span of Landslide Dams in the Himalayas (India, Nepal) and the Qin Ling Mountains (China)[J]. Natural and Artificial Rockslide Dams, 133: 243-277.

WU C H, CHEN S C, FENG Z Y, 2014. Formation, failure, and consequences of the Xiaolin landslide dam, triggered by extreme rainfall from Typhoon Morakot, Taiwan[J]. Landslides, 11(3): 357-367.

WU W M, 2013. Simplified Physically Based Model of Earthen Embankment Breaching[J]. Journal of Hydraulic Engineering, 139(8): 837-851.

WU W M, WANG SAM S, 2007. One-Dimensional Modeling of Dam-Break Flow over Movable Beds[J]. Journal of Hydraulic Engineering, 133(1): 48-58.

XU F G, YANG X G, ZHOU J W, et al, 2013. Experimental Research on the Dam-Break Mechanisms of the Jiadanwan Landslide Dam Triggered by the Wenchuan Earthquake in China[J]. The Scientific World Journal, 6: 272363.

YAN J J, CAO Z X, 2009. Experimental study of landslide dam-break flood over erodible bed in open channels[J]. Journal of Hydeodynamics, 21(1): 124-130.

ZHANG X F, YU M H, 2001. Numerical simulation of bed deformation in dike burst[J]. Journal of Hydrodynamics, 13(4): 60-64.

ZHENG H C, SHI Z M, SHEN D Y, et al, 2021. Recent Advances in Stability and Failure Mechanisms of Landslide Dams[J]. Frontiers in Earth Science, 9: 659935.

ZHONG Q M, CHEN S S, SHAN Y B, 2020. Prediction of the overtopping-induced breach process of the landslide dam[J]. Engineering geology, 274: 105709.

第 2 章
堰塞坝信息快速获取技术

堰塞湖灾情评估信息涵盖内容在空间尺度跨度大,大至流域尺度的灾区影响数据,小至堰塞体颗粒尺度的物质组成和结构信息,不同空间尺度的信息需要由专业人员进行探测。但是,由于堰塞湖灾情多发生在深山峡谷,交通条件恶劣,可用的基础资料匮乏,加之应急监测技术手段不足,导致快速、准确获取堰塞体相关信息十分困难。以往因为基础数据匮乏等原因,往往导致堰塞坝应急处置不及时或处置不当,进而引发严重的次生灾害。汶川地震中唐家山堰塞坝的成功处置证明了准确获取堰塞坝多源信息对于应急处置的重要性。堰塞坝信息快速获取的内容包括上游堰塞湖、堰塞体和下游河道三部分(熊莹 等,2021)。其中,堰塞湖信息获取包括堰塞湖几何特征、入库流量、降雨量等;坝体信息获取包括坝体形态参数、材料参数、结构参数等;下游河道信息获取包括水位、出流量、降雨量等。

近些年,国内外研究者对堰塞坝多源信息的快速获取技术进行了有益尝试,如采用卫星遥感、无人机、无线视频、三维激光扫描、物探等手段,为灾变过程的预测、溃决洪水演算、风险评估以及应急指挥决策提供了可靠数据。本章从天—空—地—水三维空间的堰塞坝多源信息快速获取技术出发,详细介绍可用于堰塞坝信息快速获取的手段及其内容,为堰塞坝的快速评估提供参数依据。

2.1 堰塞坝的天、空信息快速获取技术

2.1.1 表面地形信息

表面地形信息包括地表、滑坡面、堰塞体、溃口等及下游河道等,这些信息可以通过遥感手段获取。根据波谱段和传感器的不同,目前遥感信息源类型主要包括光学卫星、航空摄影,且被广泛地应用于堰塞坝监测(刘宁 等,2013)。

1. 光学卫星遥感

随着空间科技的发展,中国对自然灾害的空间对地观测体系也逐步地建立和发展起来,通过卫星遥感、地理信息系统、全球定位系统、卫星通信等技术成果的综合应用和集成

转化,大大提升了中国对自然灾害的监测、响应能力(刘宁 等,2013)。我国已经成功发射了气象卫星、资源卫星、环境卫星和通信卫星,加上国家高分辨率的对地观测重大科技专项的一系列高分辨率卫星和国际空间卫星资源,构成未来一段时间主要的空间对地观测卫星系统,为构建"天—空—地—现场"一体化堰塞湖灾害监测体系奠定坚实的空间对地观测基础。在西藏易贡堰塞湖、汶川地震堰塞湖等一系列监测中,我国的卫星数据都发挥了重大作用。

2. 航空遥感

低空无人飞行器遥感技术是近几年发展起来的低空遥感数据获取和处理技术。该技术利用无人驾驶飞行器搭载轻便遥感传感器的方式,应用数字遥测遥控、近景数字摄影测量和GPS差分定位等相关技术,完成遥感数据的获取与处理、三维建模和应用分析的应用技术(马泽忠 等,2011)。低空无人飞行器遥感技术具有灵活机动、信息获取及时准确、作业成本低、回收方便以及感兴趣目标重点观测等特点。

在汶川地震抗震救灾工作中,多位专家在直升机遥感的配合下,结合定位、飞控、图像处理以及灾害评估方面的专业技术,利用由无人机平台和机载光学遥感载荷组成的无人机航空遥感系统,及时获取了重灾区受灾状况、堰塞湖以及道路损坏状况等高危地区目标完整、分辨率高的航空遥感影像,并给出灾情评估信息(马泽忠 等,2011)。

3. 无人机信息获取技术

堰塞坝大多发生于地势复杂、环境恶劣的山区,人力难以及时到达。利用卫星遥感、航空遥感获得的图像对山地灾害进行监测和信息获取,受到云雾、分辨率、安全、成本等因素的影响,不能完全满足复杂山地环境中灾害识别与监测的应用需求。即无人机遥感具有成本低、起降灵活、安全、云下飞行、图像分辨率高等优点,特别适合高原和山地等环境恶劣地区高分辨率遥感图像的获取。无人机可以采用滑行、车载和弹射等多种方式起飞,滑行起飞需要的跑道短,弹射起飞特别适合难以找到平整起飞场地的山区。无人机是云下低空飞行,因此可以避免受到我国西南地区多云多雾天气的影响,利于获取目标地区的清晰无云图像。无人机航拍所获图像分辨率高,可以达到厘米级,并且随飞行高度的改变,可以调节影像的分辨率(尤晓宁,2010)。

但是,无人机在复杂山地环境中的应用也存在一些缺陷,例如,由于受到山体的遮挡,经常使无人机与地面站之间通信信号的传送受到影响,无法及时获取无人机飞行的实时位置和状态,从而不能针对紧急情况做出反应,增加了无人机作业的难度和危险系数。由于无人机是低空飞行,而山区地势起伏较大,所获影像由地形引起的畸变也较大。因此,要通过不断地探索和实践,充分发挥无人机遥感的优势,推进山地灾害无人机应急遥感与监测的研究(尤晓宁,2010)。

2.1.2　滑坡及堰塞坝变形信息

　　针对滑坡和坝体的变形或者沉降观测,通常可以采用 Li DAR 或者地基 InSAR 等办法得到的局部变形观测、裂缝监测、堰塞坝监测等数据。

　　1. Li DAR

　　Li DAR 是一种集激光、全球定位系统(Global Positioning System，GPS)和惯性导航系统(Inertial Navigation System，INS)三种技术于一身的系统,用于获得点云数据并生成精确的数字化三维模型。这三种技术的结合,可以在一致绝对测量点位的情况下获取周围的三维实景。激光雷达最基本的工作原理与无线电雷达没有区别,即由雷达发射系统发送一个信号,经目标反射后被接收系统收集,通过测量反射光的运行时间来确定目标距离。至于目标的径向速度,可以由反射光的多普勒频移来确定,也可以测量两个或多个距离,并计算其变化率而求得速度,这也是直接探测型雷达的基本工作原理。

　　Li DAR 传感器,可以弥补 RTK 和倾斜摄影测量在高程方向上精度低的问题,Li DAR 数据得到的点云密度大、精度高,在地形数据感知中优势明显,但是在几百米以上的峡谷中,受限于无人机搭载 Li DAR 传感器测程较短,特别是在山谷深度远远超过无人机搭载轻型 Li DAR 测程的情况下,无法实现平飞完成高精度测量,无人机搭载 Li DAR 的方式还有待改进(孙黎明,2021)。

　　2. InSAR

　　合成孔径雷达干涉测量(Interferometric Synthetic Aperture Radar，InSAR)是 20 世纪90 年代末在 SAR 的基础上发展起来的一种新型的空间对地观测技术,它充分利用了 SAR 的相位信息,成功解决了 SAR 图像的三维成像问题,而且它能够获取高精度的地形信息,同时还可以监测地表的微弱变化,监测时间间隔跨度很大,从几天到几年,可获得全球高精度的、高可靠性的地表变化信息。

2.2　堰塞坝的地面信息快速获取技术

2.2.1　气象与降雨信息

　　气象与降雨信息获取的主要内容为堰塞湖区及上下游水位、降水量信息。在进行该部分内容监测时要充分利用堰塞坝区域已建的遥测站和水文报汛站网,配置人工雨量观测仪器和自动采集系统。当现有的水文测站或其观测项目不能满足水文预测和应急处置的要求时,应增建水文站点、水情站点或改变位置(刘宁 等,2013)。

开展气象与降雨监测的手段主要为雨量计,一般由承水器(漏斗)、储水筒(外筒)、储水瓶组成,并配有与其口径成比例的专用量杯。雨量计的种类很多,常见的有虹吸式雨量计、称重式雨量计和翻斗式雨量计等(图 2-1)。其中,虹吸式雨量计能连续记录液体降水量和降水时数,从降水记录上了解降水强度;称重式雨量计可以连续记录接雨杯上的以及存储在其内的降水的重量;翻斗式雨量计的工作原理是雨水由最上端的承水口进入承水器,落入接水漏斗,经漏斗口流入翻斗,当积水量达到一定高度时,翻斗失去平衡翻倒。而每一次翻斗倾倒,都使开关接通电路,向记录器输送一个脉冲信号,记录器控制自记笔将雨量记录下来,如此往复可测量降雨过程。

      (a) 虹吸式雨量计   (b) 称重式雨量计   (c) 翻斗式雨量计

图 2-1   应急监测对堰塞坝抢险救灾的支撑关系

山区小流域布设的雨量站数量有限,通常难以达到堰塞坝灾害的监测需求,因此近年来,许多学者开展了监测相关的新技术研究。例如,Versini(2012)采用基于雷达测量的定量降水估计和预报(QPE/QPF)技术,在法国南部加德地区进行山洪道路淹没风险评估。张弛等(2019)采用 CMORPH 卫星反演降雨资料与 3 万多个自动站降雨观测值进行融合,在汉江丹江口水库以上流域建立分布式水文模型,该模型可有效捕捉到强度小于 25 mm 的中小降雨。

2.2.2   坝体形态信息

堰塞坝坝体形态参数包括坝高、坝宽、坝长、上下游坡度等。获得几何尺寸参数可以应用于堰塞坝稳定性、溃决参数的分析。可以通过普通测量等基本手段获取坝体几何尺寸,也可以通过遥感卫星等新的技术手段测得相关数据。

1. GPS 技术

GPS 也称全球定位系统,其主要功能是进行平面、高程定位与导航。在地震灾区平面控制系统被破坏的情况下,GPS 在定位和高程测量方面发挥着巨大作用。在工程测量中应用的 GPS 类型较多,其中比较常用的有手持式 GPS、星站式 GPS 等(香天元,2008)。

手持式 GPS 大小与手机相当,便于携带,常用定位精度一般小于 10 m。鉴于手持式 GPS 精度的局限,其一般只用来查勘选点,在确定灾情发生的准确位置(没有平面控制区域)方面,能够发挥重要作用,如确定堰塞湖、各出险河段、断面以及其他灾情发生的准确位置。

星站式 GPS 有别于普通 GPS。普通 GPS 由两台及以上组成,一台设在已知点上,称为参考站,用作定位或导航的误差改正(如差分改正);另一台或多台设在待测点上,称为流动站,直接用作定位或导航。星站式 GPS 由一台构成,差分改正由卫星传输修正信息完成,大大降低了测量的工作量,平面精度定位也较为理想,可达到毫米级。星站式 GPS 主要用来进行平面定位和导航,在特殊情况下也可用来进行高程测量(精度有限)。常与数字测深仪结合施测水下地形,其优点是测量精度较高。测量时,将星站式 GPS 架设至测量船上,使 GPS 卫星接收天线尽量与数字测深仪位于同一铅垂线上,即处于同一平面位置,测船按预先规划的断面线运行即可测得地形数据,然后通过软件绘出地形。

2. 激光测距仪

激光测距仪是利用激光对目标距离进行准确测定的仪器,主要有脉冲式激光测距仪和相位式激光测距仪。其中,脉冲式激光测距仪的原理是通过测定激光在待测距离上往返所经历的时间求出距离;相位式激光测距仪的原理是用测量相位变化的间接方法代替直接测量激光飞行时间,从而实现距离的测量。

激光测距仪进行水文调查是利用激光反射原理进行距离测量。该仪器操作简单,对准目标发射激光,即可测得距离。应急监测使用的激光测距仪一般体积较小,重量较轻,便于携带。激光测距仪量程一般从几十米到数千米不等,高精度激光测距仪的精度可达到亚米级。

手持激光测距仪是目前使用范围最广的激光测距仪,其测量距离一般在 200 m 范围左右,精度为 ±2 mm。在路途较远且通行不便的情况下,进行灾情调查工作通常需要较易携带的仪器,配合使用激光测距仪与手持式 GPS,可为有关部门准确掌握灾情发生的范围提供较为准确的数据支持。例如,配合使用手持激光测距仪与手持 GPS 对堰塞坝的长、宽进行测量,在德阳堰塞坝群水文抢感监测中发挥了一定作用(香天元,2008)。

3. 三维激光扫描技术

三维激光扫描技术的出现和发展为空间三维信息的获取提供了全新的技术手段,为信息数字化发展提供了必要的生存条件(刘宁 等,2013)。三维激光扫描技术是一种先进的全自动高精度立体扫描技术,又称三维激光成像技术或实景复制技术。它克服了传统测量技术的局限性,采用非接触主动测量方式直接获取高精度三维数据,能够对任意物体进行扫描,且不受白天和黑夜的限制,快速将现实世界的信息转换成可以处理的数据。它具有扫描速度快、实时性强、精度高、主动性强、全数字特征等特点,也可以极大地降低成本、节约时间,而且使用方便,其输出格式可直接与 CAD、三维动画等工具软件对接。目前应用的三维激光扫描系统从扫描的空间位置来看,大致可以划分为三类:机载型激光扫描系统、地面型激光扫描仪系统和手持型激光扫描仪。

徐文杰等(2008)针对 2008 年汶川地震形成的东河口堰塞坝和红石河堰塞坝,采用三维激光扫描技术,扫描过程中共布置了 4 个扫描机位点,扫描点数 2 239 643 个,扫描时间约 2 h。从而获得了三维地形信息和剖面信息,有效应用于滑坡体机理探讨或堰塞体的稳定性分析、工程应急处理等工作。

2.2.3　坝体物质组成信息

堰塞坝坝体物质组成信息包括土料的颗分、物理力学特性(即容重、孔隙率、渗透系数、抗剪强度指标等)和坝体结构等参数。这些信息决定了其溃决可能性、溃决方式、溃口发展情况等,对于评价堰塞坝的稳定性和决定抢险处置方案具有重要意义。在堰塞坝形成后,可以通过图像识别、物探等手段快速获得其物质组成信息。

1. 瞬变电磁法技术(TEM)

瞬变电磁法(TEM)可以有效勘测堰塞坝坝体内部的渗流通道(李天祺,2010)。该方法是利用不接地回线或接地电极向地下发送脉冲式一次电磁场,在一次脉冲磁场(或电场)的间歇期间,用线圈或接地电极观测由该脉冲电磁场感应的地下涡流而产生的二次电磁场的空间和时间分布,从而解决有关地质问题。

瞬变场的观测一般是用线圈观测感应电 $V(t)$,有时也用电极测量电场分量,再用测得的数据反演得到地层的视电阻率。如果坝体内部有裂缝或是渗流通道,则该部分的视电阻率会远小于完整连续坝体的视电阻率,反之如果坝体内部完整连续,那么视电阻率的变化就会非常微小。

2. 多通道面波分析(MASW)和微震颤阵列(MTM)技术

"多通道面波分析—微震颤阵列"主要通过多通道面波分析测量堰塞坝坝体剖面的表面剪切波速,通过微震颤阵列技术量坝体更深处地层的横波速度,进而通过计算获得堰塞坝坝体结构特征(Wang 等,2016;Wang 等,2018)。

MASW 和 MTM 技术的测量原理及设备布置主要包括地震仪(MCSEISI-SXW 型)和地震检波器(GS-11D 型)(图 2-2)。在调查中,24 个检波器沿一条直线以 2 m 的间隔排列,并使用一个木锤(约 8 kg)作为地震信号激励器。锤点位于测量线两端之外,但位于检波器之间。这种测量方法通常能使我们得到 15~20 m 深的坝体表层的横波速度。为了测量较深地层的横波速度,采用微震颤阵列测量,所使用的检波器的固有频率为 2 Hz。在图 2-3 所示的等边三角形中布置检波器,理论上可以获得三角形中心点以下 50 m 深度的横波速度剖面。Wang 等(2018)将该方法运用在日本的 Akatani 堰塞坝、Kuridaira 堰塞坝、Terano 堰塞坝、Kol-Tor 堰塞坝的坝体结构勘测中,均取得了较好的效果。

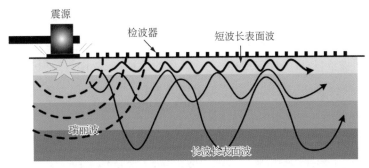

图 2-2　多通道面波分析(MASW)的测量原理

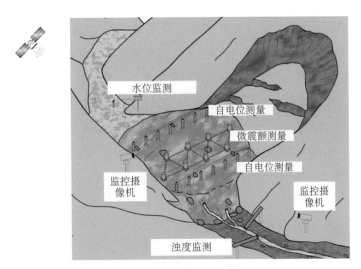

图 2-3　地震检波器放置微震颤阵列测量(Wang 等,2018)

3. 图像识别技术

"PCAS 图像识别"工作模式主要分为两部分(图 2-4),首先通过无人机航空拍摄需要识别统计的颗粒堆积体;得到无人机航拍高清图像之后,运用 PCAS 系统对堆积体粒径进行识别统计(彭双麒,2019)。

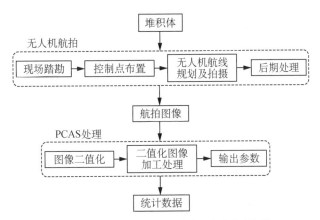

图 2-4　无人机航拍技术与图像识别技术工作方法流程图

无人机航拍的低空摄影测量成图过程大致分为以下几个步骤:现场踏勘、控制点布置、无人机航线规划及拍摄、无人机拍摄图像后期处理。基于 PCAS 的图像处理技术主要包括以下 4 个步骤:得到图像资料;将图像二值化,进行颗粒的识别;二值化图像加工处理;参数输出,得到堆积体颗粒粒径、面积、周长、形状系数等统计参数。需要注意的是,该技术目前仍然处于发展阶段,在堰塞坝现场应用中仍有待验证。

4. 灌砂法

灌砂法是很多工程现场测定压实度的主要方法,主要适用于现场测定细粒土、砂类土和砾类土的密度。试样最大粒径一般在 5~60 mm 之间。测定密度层的厚度为 150~200 mm。灌砂法的基本原理是利用粒径 0.30~0.60 mm 或 0.25~0.50 mm 清洁干净的均匀砂,从一定高度自由下落到试洞内,按其单位重不变的原理来测量试洞的容积(即用标准砂来置换试洞中的集料),并结合集料的含水量来推算出试样的实测干密度。

灌砂法测定压实度所需的仪器包括密度测定器和天平。其中,密度测定器由容砂瓶、灌砂漏斗和底盘组成,灌砂漏斗高 135 mm、直径 165 mm、尾部有孔径为 13 mm 的圆柱形阀门;容砂瓶容积为 4 L,容砂瓶和灌沙漏斗之间用螺纹接头联接。底盘承托灌砂漏斗和容砂瓶。天平的称量为 10 kg 时,最小分度值为 5 g;称量为 500 g 时,最小分度值为 0.1 g。

2.3 堰塞坝的水下信息快速获取技术

2.3.1 水位和流量信息

堰塞坝水位和流量监测主要针对堰塞湖区和上下游的主要支流及下游河道。水位和流量监测的目的主要是获得堰塞坝的入库流量和出流流量,从而能推算库容曲线及湖水位的变化趋势和幅度,追踪下游渗流及溃坝流量。在堰塞湖上游及下游的主要河道,分别设置水文站,主要监测水位、流量。水位监测通常采用自动遥测,信息传输采用 GPRS、卫星通信。流量施测,有条件时采用实测;无条件时,可采用水文分析并经上、下游临时断面实测流量检验的水位流量关系查算(张孝军,2010)。

流量测验可采用声学多普勒流速剖面仪、电波流速仪和浮标法等常规方案。在堰塞湖溃决前,湖区水位上涨速度较慢、涨幅大,主要采用大量程自记水位计观测,人工观测水尺作为备选方案,库容可采用 RTK 或免棱镜全站仪进行量测。堰塞湖溃决后,上游水位迅速下降,有时会出现山体垮塌、自记水位计探头露出水面等现象,主要以大量程自记水位计、人工水尺观测、水位视频智能监测和固定标志法作为观测方案。

1. 声学多普勒流速剖面仪

声学多普勒流速剖面仪(Acoustic Doppler Current Profiler,ADCP),是利用多普勒效应

原理进行流速测量(图 2-5)。ADCP 用声波换能器作传感器,换能器发射声脉冲波,声脉冲波通过水体中不均匀分布的泥沙颗粒、浮游生物等反散射体反散射,由换能器接收信号,经测定多普勒频移而测算出流速。ADCP 具有能直接测出断面的流速剖面、不扰动流场、测验历时短、测速范围大等特点(肖中,王辉,2011)。

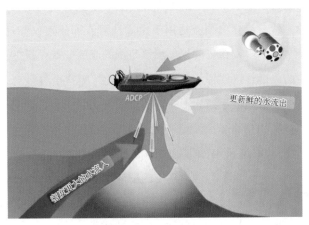

图 2-5 声学多普勒流速剖面仪测量原理

在 2000 年易贡堰塞坝应急处理中,由于缺乏湖区地形测量资料,特别是水下地形资料,给库容特征值的确定提出了新的挑战。当时,学者首次尝试采用 ADCP 测量湖区水下地形图和湖泊断面面积测量,并以 1∶50 000 比例尺地形图作为工作地图,计算绘制了易贡湖库容曲线图(周刚炎 等,2000)。

2. 电波流速仪

电波流速仪的测量原理是利用多普勒频移效应测量水面流速,只需在岸上用仪器扫射水面,即可得到水面流速,适用于不与水体接触的应急流量监测(图 2-6)。同时,采用电波流速仪施测流速,可推算出断面流量。在堰塞湖泄洪过程中,由于流速变化大、溃口发展快,并伴随着崩塌的危险,常规水文监测方法来测量泄洪及渗漏流量较困难,同时为尽量避免测量人员与疫水接触,手持式电波流速仪是一个很好的选择。手持式电波流速仪,由于价格适中,体积小,便于携带,单人即可完成测流工作,且测流时间短,速度快,不易受泥沙、漂浮物等的影响,使用时不与水面接

图 2-6 电波流速仪

触,已广泛应用于洪水、渠道、决口、溃坝、泥石流等应急测量(张孝军,2010)。

在 2010 年舟曲堰塞坝应急处理中,由于舟曲堰塞河段系泥石流形成,水流河道中有大量

的钢筋、建筑物、带锋利棱角的石头、冲毁的房屋与汽车等，流速非常大，采用常规的接触式测速（如流速仪、ADCP），安全得不到任何保障，因此根本不可能采用常规的接触式测速，故使用电波流速仪对水体的表面流速进行测量（李键庸 等，2011）。

3. 浮标法

浮标法测流是指通过测定水中天然或人工漂浮物随水流运动的速度，结合断面资料及浮标系数来推求流量的方法。浮标法测流适用于山溪性河流和流速仪测速困难（如溜冰严重、洪水时漂浮物多、涨落急剧等）或超出流速仪测速范围的高流速等情况的流量测验。

浮标法流量测验的关键是以浮标流速表示水表流速，测验全过程全部是人员配合操作，浮标测验时常借用断面。但是由于浮标不一定按直线流动且受天气影响较大，尤其在断面冲淤变化大、含沙量相对较高的沙质河床而不得已借用断面时，浮标测验具有不确定性，且受人为因素，由此带来很大测验误差，影响测验成果（郑建民 等，2016）。

图 2-7　免棱镜全站仪

4. 免棱镜全站仪

免棱镜全站仪测距方法有相位法测距和激光脉冲法测距两种（图 2-7）。相位法测距则是通过测量连续的激光信号在待测距离上往返传播产生的相位变化来间接测定传播时间，从而求得被测距离；激光脉冲法测距利用脉冲激光器向被测物体发射光脉冲，直接测得脉冲信号往返于被测距离的传播时间来计算全站仪与被测物体之间的距离（官学文，2008）。

免棱镜全站仪具有经纬仪和水准仪的功能，主要用于工程定位和测量标高，是一种不需要棱管配合使用而直接对物体表面进行测量的全站仪。由于不需要在目标地点上安放棱镜，只需要照准需施测目标即可得到距离和高差，在测量人员无法到达目标地点的情况下，更能体现出巨大的优越性（刘宁 等，2013）。

在 2008 年唐家山堰塞坝应急处置中，由于余震不断，堰塞坝上的滑坡、塌方时有发生，常规全站仪测量根本无法展开工作。采取工程措施之后，随着泄流槽溯源淘刷的不断加强，溃口口门不断加大，速度不断加快，为确保监测人员安全，测量人员必须尽可能远离溃口。因此采用 GPT-9000A 全站仪并利用无人立尺技术对堰塞湖的几何特征、溃口口门宽及水位进行施测（官学文，2008）。

2.3.2　堰塞湖及河道地形信息

与地形相关的信息包括堰塞湖典型断面，堰塞湖水下地形和陆上地形，以及堰塞湖上、下游河道典型断面和地形。由于堰塞湖区基本不具备进行传统控制点测量的条件,监测方案可根据堰塞河段水文应急监测的需要,利用数字测深仪获取水道断面形状,利用 RTK 进行实时动态控制和量测。在特殊区域可采用免棱镜全站仪、冲锋舟等进行补测。湖区地形监测水下部分可采用冲锋舟或无人船搭载 GNSS、多波束测深系统进行测量。

1. 数字测深仪

数字测深仪是采用声波反射原理来测量水深(图 2-8)。数字测深仪发射脉冲信号,由换能器将电能转换成声能并向水底发射,声能以回波的形式从水底返回,并通过换能器转换成电能,供给电子线路进行处理运算后,通过液晶屏和记录纸表示水深。其特点是高效、准确。测量时,只需将数字测深仪固定于船上,与计算机相连,并根据水温计算出声速,将声速置于仪器菜单中,即可开始测量,测船横渡断面一次就可以完成断面测量。数字测深仪的测深精度标称值可达到

图 2-8　数字测深仪

0.5%,绝对误差一般在 ±5 cm 以内(刘宁 等,2013)。

在抗震救灾中,数字测深仪主要用来测量堰塞坝的坝前水深和水道断面形状,根据水深、断面形状以及河道长度等数据较为准确地计算堰塞湖的库容,为堰塞湖蓄水量的确定提供有力支撑,如唐家山堰塞湖的蓄水量计算。

2. GPS-RTK 技术

GPS 实时动态(Real-time Kinematic，RTK)定位技术,是基于载波相位观测值的实时动态定位技术,可以在指定的坐标系下,实时提供测量点的三维定位结果,并实现厘米级精度(图 2-9)。在 RTK 操作模式下,基站通过数据链路将其观测值和站位坐标信息传输给移动站。移动站接收来自基站的数据,并采集 GPS 观测数据,在系统中形成观测差值进行实时处理。RTK 测量系统由以下分系统组成:GPS 接收设备负责接收定位信号,数据传输系统用以实现基准站的数据发送和移动站的数据接收,软件系统具有实时求解移动站三维坐标的功能。与传统的手工测量方法相比,RTK 具有测量精度高、作用距离远、受自然条件影响小、自动化程度高和经济效益好等优点(李浩 等,2020)。

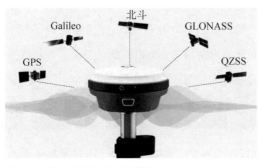

图 2-9　GPS-RTK 技术工作原理

RTK 测量设备结合测深仪共同作用,即可精确定位库底某一点的三维坐标。按照均匀分布的原则密集测量水底泥面点的坐标参数,可以构建成型水下地形图,再运用叠加原理进

行运算,可得到某一特定水位下的库容和水面面积(买买提·塔什,2015)。

3. 多波束测深系统

多波束测深系统发展于 20 世纪 70 年代,经历了近 50 年的发展,已经发展为一项全新水下地形精密探测技术(图 2-10)。多波束测深系统把原先的点线状扩展到面状,发展为立体测图,可直观显示水下地形的地貌(雷利元 等,2020)。

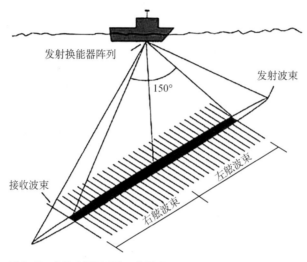

图 2-10　多波束测深系统工作原理

多波束测深系统利用换能器通过声信号发射扇形阵列,信号发射后经海底反射,可通过换能器接收窄波束内的散射信号,在换能器接收回波信号时,接收阵列会同步记录时间和回波角度。在此过程中声信号会在海底会形成一块矩形投影,通过声信号投影以及其他参数进行测深计算,通过测深值反向推导水下相应位置的高低,构建湖底模型,获取水下地形地貌信息(祝慧敏,2022)。

多波束测深系统由多个子系统组合的高度集成系统,主要包含具有发射接收声信号的换能器阵列,记录轨迹形态的姿态传感器、深度传感器、导航传感器,声速探测的声速剖面仪,记录实时位置的导航传感器以及各类信息数字化处理设备。与单波束相比,多波束进行了技术突破,利用主动声呐系统,可以实现同步多个相邻窄波束的获取,测量过程中实现了带状覆盖测深,在带状区域内可进行多点测深,从单波束的"点—线"测深跨越实现了"线—面"测深(祝慧敏,2022)。

4. 无人船搭载 GNSS

GNSS 结合无人船技术,一般是将单波测深仪安装在船上,利用 GNSS 定位采集测量点的三维坐标的同时获取水底高程数据(申佳亮,2021;陈良周 等,2017)。GNSS 结合无人测量船技术优点(包括轻便小巧、高精度、抗干扰强),可拓展结合多种测绘传感器,根据不同的测绘要求完成相对应的测量任务,可应用于水下地形测绘、应急测绘等领域。

　　GNSS 结合无人船测量系统是以无人驾驶遥控船为载体结合测量系统,船体系统包含控制系统、动力推进系统、无线通信系统、卫星定位导航系统和测量系统等。其中,测量系统是整个 GNSS 结合无人船测量系统的核心,测量系统包含数字测深仪、姿态传感器、GPS 接收机、全角度摄像头及距离传感器等多种传感设备。整个系统的导航定位采用 GPS-RTK 动态差分定位原理(图 2-11),在岸基架设 GPS 基准站接收 GPS 卫星信号并将差分数据发送给无人铅上安置的 GPS 接收机,实现实时定位和导航功能。水深由安置在船上的数字双频测深仪测量,其基本原理是利用超声波穿透介质并在不同介质表面会产生反射的现象,由换能器(探头)发射超声波汉出发射波和反射波之间的时间差来进行水深测量计算(申佳亮,2021)。

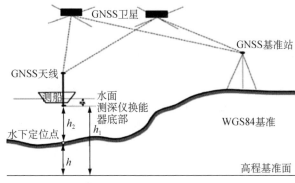

图 2-11　GNSS 结合无人船测量系统原理

参考文献

陈良周,陈丽丽,2017.智能无人测量船在河道水下地形测量中的应用研究[C]//第十九届华东六省一市测绘学会学术交流会暨 2017 年海峡两岸测绘技术交流会论文集.

官学文.新仪器新技术在唐家山堰塞湖水文应急测报中的应用[J].水利水文自动化,2008(3):35-39.

雷利元,于旭光,胡超魁,等.基于 GNSS 的多波束测深系统在海底地形测量中的应用[J].城市勘测,2020(1):167-169.

刘宁,杨启贵,陈祖煜.堰塞湖风险处置[M].武汉:长江出版社,2016.

刘宁,程尊兰,崔鹏,等,2013.堰塞湖及其风险控制[M].北京:科学出版社.

李键庸,官学文,2011.舟曲堰塞河段水文应急监测[J].人民长江,42(S1):18-22.

李浩,丁若冰,孙雪琦,2020.基于 RTK 技术的黄前水库淤积测量及成果分析[J].山西建筑,46(18):177-178.

李天祺,2010.瞬变电磁法在土石坝体完整性勘探中的应用[C]//四川省土木建筑学会成立 50 周年暨第 35 届年会论文集:121-122.

马泽忠,王福海,刘智华,等,2011.低空无人飞行器遥感技术在重庆城口滑坡堰塞湖灾害监测中的应用研究[J].水土保持学报,25(1):253-256.

买买提·塔什,2015.基于 RTK 数字测深仪的水库容量计量研究[J].中国水能及电气化,(3):55-57,54.

彭双麒,许强,李骅锦,等,2019.基于高精度图像识别的堆积体粒径分析[J].工程地质学报,27(6):1290-1301.

申佳亮,2021.GNSS 结合无人船技术在水系综合治理勘测中的应用研究[J].科技资讯,19(24):52-54.

孙黎明,2021.高山峡谷区滑坡堰塞体快速感知与模拟计算方法研究:以白格堰塞湖为例[J].水利水电技术(中英文),52(7):44-52.

熊莹,周波,邓山,2021.堰塞湖水文应急监测方案研究与实践:以金沙江白格堰塞湖为例[J].人民长江,52(S1):73-6+84.

肖中,王辉,2011.对堰塞湖流量监测方法的探讨[J].人民长江,42(S1):32-34.

香天元,2008.先进水文仪器在堰塞湖除险中的应用[J].中国水利,13:65-67.

徐文杰,陈祖煜,王玉杰,等,2008.三维激光扫描技术在汶川地震堰塞体快速量测中的应用[C]//第25届全国土工测试学术研讨会.

尤晓宁,2010.舟曲特大泥石流形成堰塞湖后的水文应急监测[J].甘肃水利水电技术,46(12):12-14.

张弛,滑申冰,朱德华,等,2019.卫星与地面观测融合降雨产品精度与径流模拟评估[J].人民长江,50(9):70-76.

张建新,程琳,王光谦,等.堰塞湖最大库容及库容曲线分析计算[J].水文,2009,29(5):63-66.

张孝军,2010.堰塞湖水文应急监测方案的设计[J].水利水文自动化,1:1-5.

周刚炎,李云中,李平,2000.西藏易贡巨型滑坡水文抢险监测[J].人民长江,31(9):30-32.

郑建民,杨祯祥,郑飞,2016.洪水期浮标法测流应用研究[J].东北水利水电,34(2):33-34.

祝慧敏,2022.多波束测深系统水下地形测量关键技术与精度评估[J].经纬天地,(2):4-6.

WANG F W, OKEKE ACU, KOGURE T, et al, 2018. Assessing the internal structure of landslide dams subject to possible piping erosion by means of microtremor chain array and self-potential surveys[J]. Engineering Geology, 234: 11-26.

WANG G H, FURUYA, ZHANG F Y, et al, 2016. Layered internal structure and breaching risk assessment of the Higashi-Takezawa landslide dam in Niigata, Japan[J]. Geomorphology, 267: 48-58.

VERSINI P A, 2012. Use of radar rainfall estimates and forecasts to prevent flash flood in real time by using a road inundation warning system[J]. Journal of Hydrology, 416-417: 157-170.

第 3 章
堰塞坝成坝特征快速评估

堰塞坝形成机理复杂,由于形成条件不同,坝体的材料组成千变万化,呈现实际几何形态迥异、内部结构和颗粒分布不均等特点。坝体形态决定了坝体规模及上游堰塞湖的蓄水量;坝体材料和结构直接影响坝体渗透特性和抗侵蚀能力等。因此,堰塞坝的形态和结构特征直接影响堰塞坝的稳定性。当前,对堰塞坝特征的研究大多是在崩滑体堵江发生后,通过卫星遥感、无人机摄影测量等技术对堰塞坝几何形态展开调查,然而受山区气象条件以及环境因素的影响,对堰塞坝形态和结构特征的即时现场调查极为困难。由此可见,对可能形成的堰塞坝的形态和结构特征进行预测,有助于在观测到潜在失稳体之后,进行崩滑体堵江灾害链的早期识别和预测预警。

本章考虑崩滑易发区域易获取的参数,包括潜在崩滑体的体积、材料、边坡及河谷地形参数等,通过物理模型试验和数值试验手段分析上述各因素对堰塞坝成坝特征的影响规律,确定影响坝体形态和结构的主控因素,并以此为基础建立了坝体形态和结构特征参数预测模型。本章的研究成果可以为坝体稳定性的快速评估等提供理论依据。

3.1 堰塞坝成坝特征分析

影响崩滑型堰塞坝坝体形态及结构特征的因素主要为三类,即崩滑体特征,如崩滑体体积、材料等;运动路径地形条件,如坡角、坡高等;河谷地形条件,如河谷形状、纵坡率等。因此,本书通过物理模型试验和数值试验,分别研究了崩滑体特征、运动路径地形条件和河谷地形条件对坝体特征的影响规律。

3.1.1 坝体形态特征

堰塞坝坝体形态决定了坝体规模,是评价坝体稳定性和危险性的重要指标。碎屑体在不同条件下堆积形成的坝体形态存在差异,考虑到坝体形态对其稳定性和溃决的影响,选取坝高、坝宽、坝长和坝顶倾角参数表征坝体形态特征。

1. 坝高

崩滑体体积的增加使堆积形成的坝体规模增大,坝高相应增大;斜坡坡高的增加使入谷的碎屑体的速度和能量增大,更多的颗粒在靠近河谷对岸侧堆积,滑源侧坝体高程减小;滑动路径宽度的增加使得崩滑体在运动过程中横向展宽增大,入谷后的堆积形态向扁平化发展,因而坝高减小;当其他条件相同时,堰塞坝坝高随 U 形河谷宽深比的增大或 V 形河谷岸坡的减小而减小;崩滑体级配以及斜坡坡角会影响坝体溢流点的位置,当溢流点位置发生变化时,对坝高的影响规律也随之变化(图 3-1)。

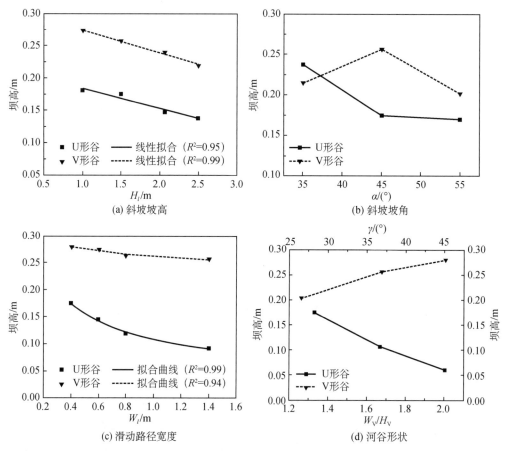

图 3-1　坝高与各因素的关系

2. 坝宽

同坝高类似,坝宽会随崩滑体体积的增大而增大,随 U 形河谷宽深比的增大或 V 形河谷岸坡的减小而减小,U 形谷宽深比的增加使入谷后的碎屑体在沿运动方向上的堆积范围的增大,因此向上/下游两侧扩散堆积的碎屑颗粒减少,而在 V 形谷中,岸坡倾角的减小使前端颗粒很容易在后续颗粒的推挤作用下,向前向上运动,使得向两侧的推挤作用减弱,坝宽减小。斜坡坡角、坡高及滑动路径宽度的增加均使堰塞坝坝宽增大,且在 V 形谷中坝宽的增幅更明显(图 3-2)。

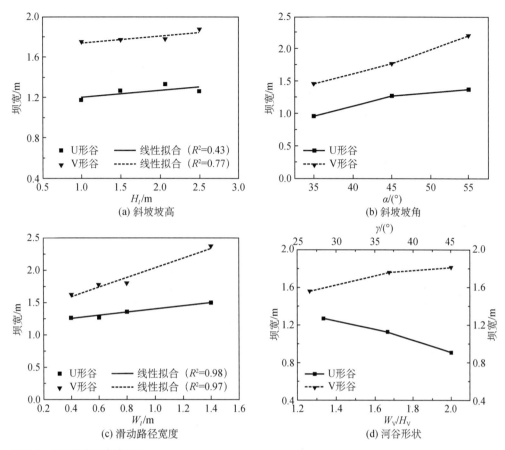

图 3-2　坝宽与各因素的关系

3. 坝长

根据堰塞坝坝长的定义,U 形谷中堰塞坝坝长主要取决于河谷的宽度,V 形谷中堰塞坝坝长会随崩滑体体积的增大而相应增大。同时,由于崩滑体在 V 形谷中推挤攀升的堆积模式,斜坡坡角、滑动路径宽度以及河谷岸坡角度的增加使崩滑体在河谷中的推挤作用增强,最终形成的坝体在滑体运动方向上堆积更集中,导致坝长减小。

4. 坝顶倾角

坝顶倾角主要反映坝顶高程沿碎屑体运动方向的变化,正值表示溢流点位于河谷对岸侧,坝顶高程沿碎屑体的运动方向降低;负值则表示溢流点位于河谷滑源侧,坝顶高程沿碎屑体的运动方向升高。坝顶倾角主要受碎屑体级配和斜坡坡度的影响,随着碎屑体平均粒径或斜坡坡度的减小,坝顶倾角逐渐增大。

3.1.2　坝体结构特征

堰塞坝坝体结构的不均匀性主要表现在不同位置颗粒的分布情况不同,这与碎屑体的运动与堆积过程紧密相关。由于碎屑颗粒在运动过程中存在颗粒分选现象,前端主要被大颗粒占据;中间大小颗粒混杂,大颗粒位于上部,小颗粒位于下部;后端以小颗粒为主。故而大颗粒占据碎屑体前端,最先进入河床的颗粒以大颗粒为主;而后进入河床的颗粒中,大颗粒位于上部,小颗粒位于下部,共同推挤已进入河床的大颗粒向前、向上移动,同时小颗粒紧贴在河床上;后续部分大多以小颗粒为主,顺势堆积于靠近滑床一侧的坝体的上部。因此,最终形成的坝体表面主要由粗颗粒组成,中颗粒分布在粗颗粒的间隙中,而表面细颗粒主要集中在滑源侧。在坝体内部,粗颗粒主要分布在滑动方向的前端(即河谷对岸侧),中颗粒主要分布在坝体的中间部分,细颗粒主要分布在坝体的中下部并且靠近滑源侧(图 3-3)。这种颗粒分布的差异性会导致坝体材料的空间不均匀性,影响坝体稳定性以及溃决模式。

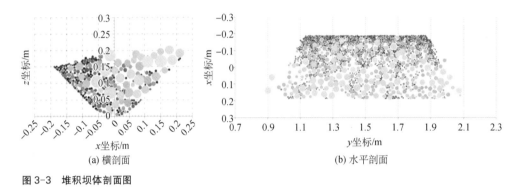

图 3-3　堆积坝体剖面图

通过移动平均的方法计算某一截面上堆积坝体不同位置的平均粒径,可以更加直观地显示堆积坝体内确定截面的粒径分布变化。从图 3-4 中可以看出不同级配的碎屑堆积坝体在横截面(xz 截面)的平均粒径分布呈现出相似的规律,随着细颗粒含量逐渐增大,坝体内大颗粒的分布区域从滑坡对岸河谷一侧整个深度范围逐渐上移,直至分布区域仅为对岸河谷表层。

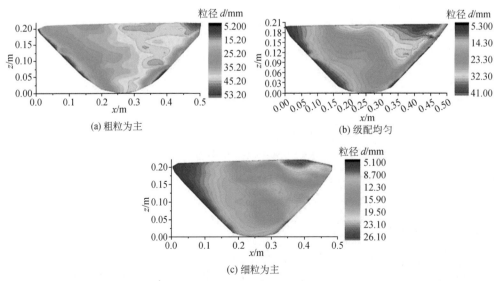

图 3-4　不同级配碎屑体堆积成坝后的颗粒粒径分布

　　为了定量描述坝体不同空间位置的颗粒分布,利用法线方向分别为 x 方向和 z 方向的两组平面将坝体分成 4 个区域,分别为滑源侧上部(SU 区)、滑源侧下部(SD 区)、对岸侧上部(OU 区)和对岸侧下部(OD 区),如图 3-5 所示。其中,法线方向为 x 方向的平面为过河谷中心线位置的 yz 平面;法线方向为 z 方向的平面为 $h_{\mathrm{d}}^{*}=0.5$ 位置处的 xy 平面。根据堆积体的形态,令颗粒球心到谷底的最大高度处 $h_{\mathrm{d}}^{*}=1$,河谷底部位置处 $h_{\mathrm{d}}^{*}=0$。

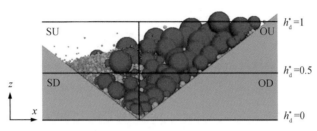

图 3-5　坝体分区示意图

　　分别对 4 个区域的颗粒级配进行测量,总体的级配曲线与各区域的级配曲线如图 3-6 所示。对比各区域的级配变化,可以明显看出大颗粒含量在 OU 区明显增大,而在 SD 区占比减小。颗粒级配曲线是描述颗粒组成和粒径分布的一种量度,很难作为一个参数对颗粒分布进行定量分析。因此,考虑将颗粒级配作为一种不规则的结构图形,利用分形模型对粒径分布进行量化研究。根据颗粒数量占比与粒径关系的分形模型(赵婷婷 等,2015),如果颗粒级配分布具有分形结构,则:

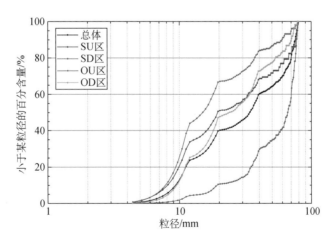

图 3-6　坝体不同区域的颗粒级配曲线

$$N_{i}/N_{\mathrm{sum}} \propto x_{i}^{-D} \tag{3-1}$$

式中　N_{i}——粒径位于 $[x_{i-1}, x_{i}]$ 区间的颗粒数目;

　　　　N_{sum}——颗粒总数;

D——分维数。

因此,通过统计不同粒径区间的颗粒数目,将不同粒径区间的颗粒数目占比 N_i/N_{sum} 与上限粒径 x_i 进行对数分析,可以得到坝体总体以及各区域的分形维数及相关系数。根据坝体各区域的颗粒分布,通过式(3-1)可以计算得到坝体整体分维数和各区域的颗粒粒度分维数。在对比分析各区域颗粒粒度变化时采用相对分维数,即:

$$D_i^* = D_i / D_{MIX} \tag{3-2}$$

式中 D_i——分别为 SU、SD、OU 和 OD 四个区域的分维数;

  D_{MIX}——坝体整体的粒度分维数。$D^*=1$ 表示颗粒级配与碎屑颗粒初始的级配一致,即坝体整体的粒度分布;$D^*<1$ 表示相比于坝体整体的级配,粗颗粒含量增大,D^* 的值越小,表明碎屑体的平均粒径越大;相反,$D^*>1$ 表示相比于坝体整体的级配,粗颗粒含量减少,D^* 的值越大,表明碎屑体的平均粒径越小。因此,将不同区域的颗粒粒度相对分维数作为坝体结构特征参数,用以定量分析坝体不同区域的颗粒相对大小。

3.2　堰塞坝形态及结构参数预测

目前,已有的对堰塞坝几何参数的预测模型多是通过概化坝体形态特征的演化模式,采用基本几何关系的数学模型。高桥和匡尚富(1988)利用几何关系提出天然坝体纵断面形状的计算模型,假设当体积为 V、宽度为 W 的坡面崩塌体作为一个块体滑落到河谷中时,其纵断面形状从长方形变为平行四边形,然后,比休止角大的部分滑落进而变为梯形。根据图 3-7 的几何条件,可以计算坝底长 L_b、坝顶长 L_t 和高度 H 分别为:

$$\begin{cases} L_b = \dfrac{W}{\cos\theta} + \dfrac{V\cos\theta}{2W_v W}K \\[2mm] L_t = \dfrac{W}{\cos\theta} - \dfrac{V\cos\theta}{2W_v W}K \\[2mm] K = \dfrac{\cos\theta}{\tan(\varphi+\theta)} + \sin\theta + \dfrac{\sin(90°+\varphi)}{\sin(\varphi-\theta)} \\[2mm] H = \dfrac{2V}{W_v(L_b + L_t)} \end{cases} \tag{3-3}$$

式中 W_v——河谷宽度;

  θ——河床纵坡坡度;

  φ——崩滑土体的休止角;

  K——θ 和 φ 的函数。

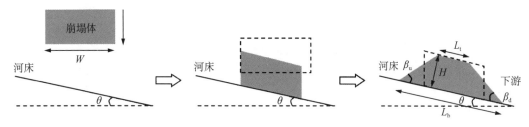

图 3-7　堰塞坝形态演化过程

吕明鸿(2010)通过对实际堰塞坝案例的统计得到坝体上下游坡角与河床纵坡的关系,以及坝体体积与坝高的关系,改进了高桥与匡尚富的坝体形状预测模型。吴昊(2021)在高桥与匡尚富模型的基础上结合室内试验数据,考虑了滑动面倾角因素,提出了考虑滑坡体休止角、滑坡体积、滑动面倾角、河谷底宽、河谷两岸坡角和河床纵坡 7 个因素的 U 形谷中堰塞坝几何形态预测模型。Li 等(2020)通过数值模拟方法研究了 V 形谷中河谷夹角、河床纵坡和滑动面倾角对坝高、坝宽及上下游坡角的影响,通过几何关系计算得到 V 形谷中坝体的几何形态预测模型。

对于坝体结构特征的预测模型,目前还鲜有研究。因此,本节基于室内试验和数值试验结果,综合考虑坝体形态及结构参数与崩滑体特征、滑动路径地形和河谷形状之间的关系,分析各因素对坝体各参数的影响,利用多变量回归分析方法建立堰塞坝坝体形态特征预测模型和结构特征预测模型。

3.2.1　坝体形态与结构特征预测方法

崩滑体失稳后能否堵塞河道形成堰塞坝,取决于崩滑体是否有足够大的体积以及河谷的横断面形状和面积。当河谷宽度狭窄或岸坡陡峭时,即使崩滑失稳体体积很小也会形成堰塞坝;相反,如果河谷宽度较宽且岸坡平缓,则需要很大体积的崩滑失稳体才能堵塞河道形成堰塞坝。然而,崩滑体的体积和河谷横断面形状又是影响堰塞坝坝体特征的重要影响因素,因此,本节对堰塞坝坝体形态与结构特征的预测是基于以下假设条件。

(1) 崩滑体全部或绝大部分滑入河谷,即认为崩滑体体积与坝体体积相等。

(2) 崩滑体体积可以完全堵塞河谷形成堰塞坝。

(3) 不考虑水流作用的影响。

(4) U 形河谷横断面形状简化为矩形,V 形河谷横断面形状简化为三角形。

通过各单因素对坝体几何参数和结构参数的影响分析发现,大部分因素的影响规律基本符合一定的线性关系,因此在多因素分析中采用多元线性回归模型建立坝体几何参数和结构参数与影响因素之间的相关关系,具体形式如下:

$$Y_i = \beta_0 + \beta_1 X_1 + \beta_2 X_2 + \cdots + \beta_n X_n + \varepsilon \tag{3-4}$$

式中　Y_i——因变量,即坝体各几何参数和结构参数;

　　　$X_i (i = 1, 2, \cdots)$——自变量,即坝体各关键特征参数的影响因素;

　　　$\beta_i (i = 1, 2, \cdots)$——回归系数;

　　　β_0——截距项;

　　　ε——误差项。

多因素回归分析模型中的系数是通过最小化总的残差平方和计算得到的,并通过复相关系数 R、决定系数 R^2 和标准误差等对模型拟合的优劣进行判别。

3.2.2　预测模型参数选取

由于各影响因素的物理意义不同,数据值差异较大,在进行多因素回归分析前对崩滑体体积、斜坡高度、滑动路径宽度和河谷形状 4 个影响因素进行无量纲化处理,使之与崩滑体材料和斜坡坡度共同作为 6 个无量纲化的自变量,见表 3-1。同样地,对于有量纲的坝体几何参数,如坝高、坝宽和坝长,也都进行相应的无量纲化处理后作为因变量。

表 3-1　无量纲化影响因素表

自变量	X_1	X_2	X_3	X_4	X_5	X_6
无量纲化影响因素	φ	$V_l^{\frac{1}{3}} / H_V$	α_φ	H_l / H_V	W_l / W_0	U 形谷:W_V / H_V
						V 形谷:γ

注:φ—崩滑体材料的休止角;V_l—崩滑体体积;H_V—河谷深度;α_φ—斜坡坡度;H_l—斜坡高度(即崩滑体高度);W_l—入谷前滑动宽度;W_0—崩滑体初始宽度;W_V—河谷宽度;γ—河谷岸坡角度。

在多变量回归分析中,一个因素的变化可能会受到其他因素的影响。因此,想确定一个自变量与因变量的相关关系,需要利用偏分析控制其他变量,得到在无其他影响因素作用的情况下,该自变量与因变量的相关程度,即偏相关系数。由于碎屑体在 U 形谷和 V 形谷中的堆积过程不同,因此,各影响因素对两种类型河谷中坝体形状和结构的影响程度存在一定差异,故后续的分析以及模型的建立均分别考虑 U 形谷和 V 形谷两种情况。根据坝体几何参数和结构参数与各自变量的偏相关分析结果,可以分别得到两种类型河谷中坝体几何参数和结构参数的显著性影响因素,如表 3-2 所示。

在多因素回归分析中,影响因素有主次之分,若回归模型中包含过多与预测变量无显著相关性的自变量,不仅会增加模型的复杂度,还会对模型造成干扰,降低模型的预测精度与泛化能力。因此,应选择坝体各特征参数的显著性影响因素进行多元回归分析,建立预测模型。

表 3-2　坝体特征参数的显著性影响因素

几何参数	河谷类型	显著性影响因素	结构参数	河谷类型	显著性影响因素
坝高	U	$\varphi, V_l^{\frac{1}{3}}/H_V, H_l/H_V, W_l/W_0, W_V/H_V$	D_{SU}^*	U	$H_l/H_V, W_l/W_0, W_V/H_V$
	V	$V_l^{\frac{1}{3}}/H_V, H_l/H_V, W_l/W_0, \gamma$		V	$\varphi, H_l/H_V, \gamma$
坝宽	U	$V_l^{\frac{1}{3}}/H_V, \alpha_\varphi, W_l/W_0, W_V/H_V$	D_{SD}^*	U	$\varphi, W_l/W_0, W_V/H_V$
	V	$\varphi, V_l^{\frac{1}{3}}/H_V, \alpha_\varphi, H_l/H_V, W_l/W_0$		V	$\alpha_\varphi, W_l/W_0, \gamma$
坝长	U	W_V/H_V	D_{OU}^*	U	$\varphi, H_l/H_V, W_V/H_V$
	V	$\varphi, \alpha_\varphi, W_l/W_0, \gamma$		V	$\alpha_\varphi, \varphi, V_l^{\frac{1}{3}}/H_V$
坝顶倾角	U	φ, α_φ	D_{OD}^*	U	$\alpha_\varphi, H_l/H_V, W_l/W_0$
	V	φ, α_φ		V	$V_l^{\frac{1}{3}}/H_V, \alpha_\varphi, \gamma$

3.2.3　坝体形态特征预测模型

　　分别将表 3-2 中坝体各几何参数的显著性影响因素作为自变量建立坝体几何参数的多元线性回归模型(表 3-3)。其中,基于模型的假设条件,坝长默认与河谷宽度相等。此外,当计算出的坝顶倾角大于材料的休止角时,则认为角度等于休止角。通过对最终模型各自变量的标准化系数值的比较,得到各影响因素对相应几何参数的影响程度的排序(表 3-5)。根据预测模型可以发现崩滑体体积、河谷宽深比和滑动路径宽度是影响 U 形谷中坝体坝高、坝宽的主要因素。坝顶倾角主要受崩滑体材料和斜坡坡度的影响;河谷宽深比决定了河谷的横截面面积,宽深比越大,形成的坝体厚度越小;而入谷时崩滑体的宽度直接影响坝体的堆积宽度,当崩滑体体积相同的情况下,入谷宽度越大,形成的坝体厚度越小;同理,在河谷形状和入谷宽度确定的条件下,崩滑体体积越大,则坝体的整体厚度越大,沿河向的展宽也会随之增大。崩滑体材料和斜坡坡度对坝顶倾角的影响较大,原因是坝顶倾角主要取决于材料的休止角以及堆积过程。

表 3-3　U 形谷中坝体形态特征预测模型

几何参数	模型表达式	R^2
坝高	$\dfrac{H_d}{H_V} = 0.877 - 0.027\varphi + 1.019\dfrac{V_l^{\frac{1}{3}}}{H_V} - 0.02\dfrac{H_l}{H_V} - 0.133\dfrac{W_l}{W_0} - 0.429\dfrac{W_V}{H_V}$	0.88

（续表）

几何参数	模型表达式	R^2
坝宽	$\dfrac{W_d}{H_V} = -2.159 + 3.631\,\dfrac{V_l^{\frac{1}{3}}}{H_V} + 0.045\alpha_\varphi + 0.343\,\dfrac{W_l}{W_0} - \dfrac{W_V}{H_V}$	0.89
坝顶倾角	$\theta_c = -144.426 + 2.358\varphi + 0.703\alpha_\varphi$	0.60

同理，V形谷中坝体各几何参数的模型表达式及对应的 R^2 值见表 3-4，各影响因素对相应几何参数的影响程度见表 3-5。从预测模型中可以看出，斜坡坡度、斜坡高度、崩滑体材料和滑动宽度对 V 形谷中坝体的几何参数影响较大，而体积主要影响坝高和坝宽，即坝体整体规模，河谷岸坡角度主要影响坝高和坝长，坝顶倾角与 U 形谷坝体类似，主要与崩滑体材料和斜坡坡度有关。

表 3-4　V 形谷中坝体形态特征预测模型

几何参数	模型表达式	R^2
坝高	$\dfrac{H_d}{H_V} = -1.142 + 1.1\,\dfrac{V_l^{\frac{1}{3}}}{H_V} - 0.038\,\dfrac{H_l}{H_V} - 0.046\,\dfrac{W_l}{W_0} + 0.016\gamma$	0.87
坝宽	$\dfrac{W_d}{H_d} = -13.803 + 0.301\varphi + 2.73\,\dfrac{V_l^{\frac{1}{3}}}{H_V} + 0.071\alpha + 0.137\,\dfrac{H_l}{H_V} + 0.779\,\dfrac{W_l}{W_0}$	0.93
坝长	$\dfrac{L_d}{H_V} = 9.52 - 0.116\varphi - 0.026\alpha_\varphi - 0.138\,\dfrac{W_l}{W_0} - 0.052\gamma$	0.85
坝顶倾角	$\theta_c = 247.764 - 5.274\varphi - 1.361\alpha_\varphi$	0.91

表 3-5　坝体几何参数的影响因素重要性排序

几何参数	河谷类型	影响程度排序
坝高	U	$W_V/H_V > W_l/W_0 > V_l^{\frac{1}{3}}/H_V > H_l/H_V > \varphi$
	V	$\gamma > V_l^{\frac{1}{3}}/H_V > H_l/H_V > W_l/W_0$
坝宽	U	$\alpha_\varphi > W_V/H_V > V_l^{\frac{1}{3}}/H_V > W_l/W_0$
	V	$\alpha_\varphi > W_l/W_0 > \varphi > H_l/H_V > V_l^{\frac{1}{3}}/H_V$
坝长	U	W_V/H_V
	V	$\gamma > \alpha_\varphi > \varphi > W_l/W_0$
坝顶倾角	U	$\alpha_\varphi > \varphi$
	V	$\alpha_\varphi > \varphi$

从表 3-5 中可以看出两类河谷中坝体的坝高均受河谷形状、崩滑体体积、斜坡高度和滑宽的影响较大，坝顶倾角均与斜坡坡度和崩滑体材料密切相关。而对于坝宽和坝长，由于碎屑体在 U 形谷和 V 形谷中的堆积模式不同，使得这两个参数所受的影响因素及影响程度差

异较大,主要表现在斜坡高度对 V 形谷中坝体几何参数影响范围较大,而对于 U 形谷中坝
体,斜坡高度主要对坝高产生影响。

3.2.4　坝体结构特征预测模型

基于表 3-2 中坝体各结构参数的显著性影响因素,分别将其作为自变量建立坝体结构参
数的多元线性回归模型。表 3-6 和表 3-7 分别列出了 U 形谷和 V 形谷中坝体各结构参数预
测模型的表达式及拟合度检验结果,通过对最终模型各自变量的标准化系数值的比较,得到
各影响因素对相应结构参数的影响程度的排序(表 3-8)。U 形谷中影响坝体各区域粒度分
布的因素主要有河谷宽深比、滑动路径宽度、斜坡高度和崩滑体材料,只有坝体对岸侧下部
(D_{OD}^*)受斜坡坡度的影响较大,而 V 形谷中坝体各区域粒度分布的主要影响因素为河谷岸坡
角度、斜坡坡度、崩滑体材料和体积,其中滑源侧上部(D_{SU}^*)还会受斜坡高度的影响,而滑源侧
下部(D_{SD}^*)会受滑动路径宽度的影响。

表 3-6　U 形谷中坝体结构特征预测模型

结构参数	模型表达式	R^2
D_{SU}^*	$D_{SU}^* = 1.383 + 0.053\dfrac{H_l}{H_V} - 0.111\dfrac{W_l}{W_0} - 0.182\dfrac{W_V}{H_V}$	0.46
D_{SD}^*	$D_{SD}^* = 2.195 - 0.043\varphi + 0.056\dfrac{W_l}{W_0} + 0.3\dfrac{W_V}{H_V}$	0.81
D_{OU}^*	$D_{OU}^* = 3.166 - 0.063\varphi + 0.038\dfrac{H_l}{H_V} - 0.299\dfrac{W_V}{H_V}$	0.71
D_{OD}^*	$D_{OD}^* = 0.748 + 0.004\alpha_\varphi - 0.01\dfrac{H_l}{H_V} + 0.028\dfrac{W_l}{W_0}$	0.63

表 3-7　V 形谷中坝体结构特征预测模型

结构参数	模型表达式	R^2
D_{SU}^*	$D_{SU}^* = 1.907 - 0.034\varphi + 0.038\dfrac{H_l}{H_V} + 0.006\gamma$	0.52
D_{SD}^*	$D_{SD}^* = 1.068 + 0.007\alpha_\varphi + 0.08\dfrac{W_l}{W_0} - 0.007\gamma$	0.46
D_{OU}^*	$D_{OU}^* = 1.208 - 0.063\varphi + 0.698\dfrac{V_l^{\frac{1}{3}}}{H_V} + 0.014\alpha_\varphi$	0.86
D_{OD}^*	$D_{OD}^* = -0.401 + 0.642\dfrac{V_l^{\frac{1}{3}}}{H_V} + 0.014\alpha_\varphi - 0.004\gamma$	0.82

表 3-8　坝体结构参数的影响因素重要性排序

结构参数	河谷类型	影响程度排序
D_{SU}^{*}	U	$H_l/H_V > W_l/W_0 > W_V/H_V$
	V	$H_l/H_V > \varphi > \gamma$
D_{SD}^{*}	U	$W_V/H_V > \varphi > W_l/W_0$
	V	$\gamma > \alpha_\varphi > W_l/W_0$
D_{OU}^{*}	U	$W_V/H_V > \varphi > H_l/H_V$
	V	$\alpha_\varphi > \varphi > V_l^{\frac{1}{3}}/H_V$
D_{OD}^{*}	U	$\alpha_\varphi > W_l/W_0 > H_l/H_V$
	V	$\alpha_\varphi > V_l^{\frac{1}{3}}/H_V > \gamma$

3.3　预测模型应用

　　基于巴基斯坦 Attabad 村和"10·10"白格两个崩滑碎屑体堆积成坝案例,对本章所提出的坝体形态特征预测模型进行对比分析,以验证预测模型的适用性。其中,巴基斯坦 Attabad 堰塞坝为崩滑碎屑体在 U 形谷中形成的堰塞坝,"10·10"白格堰塞坝为崩滑碎屑体在 V 形谷中形成的堰塞坝。

3.3.1　Attabad 堰塞坝

　　2010 年 1 月 4 日,当地时间上午 8:30,在巴基斯坦北部 Attabad 村附近,Hunza 河河谷右岸发生滑坡,崩滑堆积体堵塞 Hunza 河河谷形成堰塞坝,堵河形成的堰塞湖摧毁、淹没房屋 54 座,造成 60 座房屋部分破坏、1 所学校完全被毁、20 人遇难和失踪,破坏和掩埋中巴喀喇昆仑公路近 16 km 以及 1 座桥梁,造成直接经济损失超过 1 亿元人民币。根据调查显示,Attabad 滑坡发生位置处的河谷截面近似 U 形,滑坡体积为 4.5×10^7 m³,高度约为 950 m,滑宽约为 400 m(Chen et al.,2017;Gardezi et al.,2021)。堰塞坝平面形态为长条形,高度为 118~200 m,沿河谷方向长约 1 100 m,垂直于河谷方向为 350~400 m,坝顶宽约 600 m,上游坝坡较陡,坡度为 25°~30°,下游坝坡较缓,坡度为 12°~18°,坝体主要以粉砂、粉质黏土含块碎石组成,溢流点位于滑源一侧(Shah et al.,2013;陈华勇 等,2019),堰塞坝形态及滑坡体剖面如图 3-8 所示。

　　根据上述描述及滑坡剖面图显示的数据信息,可大致获得 Attabad 堰塞坝的形态预测所需的主要影响因素的参数取值,见表 3-9,将其代入 U 形谷坝体形态特征预测模型(表 3-3),可计算出 Attabad 堰塞坝的各几何参数,通过对比 Attabad 堰塞坝的实际几何参数值和预测

图 3-8　Attabad 滑坡及形成的堰塞坝(修改自 Gardezi 等,2021)

模型的计算值(表 3-10),可以看出考虑了崩滑体自身特征、滑动路径和河谷地形的坝体形态特征预测模型对于 U 形谷中崩滑型堰塞坝几何参数的预测以及溢流点大致位置的预判具有一定的适用性。将表 3-9 的参数代入 U 形谷坝体结构特征预测模型(表 3-6)计算得 $D_{OU}^{*}<D_{OD}^{*}<1<D_{SU}^{*}<D_{SD}^{*}$,表示坝体对岸侧的粒度分布较滑坡材料初始粒径变粗,而滑源一侧与初始粒径相比变细,从图 3-8 中可以观察到滑源一侧颗粒粒径比对岸侧小。

表 3-9　Attabad 堰塞坝坝体特征预测所需参数

参数	V_l/m^3	W_l/m	H_l/m	$\varphi/(°)$	$\alpha_\varphi/(°)$	W_V/m	H_V/m
取值	$4.5×10^7$	400	950	33	45	500	200

表 3-10　Attabad 堰塞坝几何参数实际值与预测值比较

参数	坝高/m	坝宽/m	坝长/m	坝顶倾角/(°)
实际值	118~200	1 100	350~400	—
预测值	100	833	500	−33
相对误差	15.2%	24.3%	25%	—

3.3.2　"10·10"白格堰塞坝

2018 年 10 月 10 日 22:06,在西藏昌都市江达县和四川甘孜藏族自治州白玉县交界处,金沙江右岸山体发生滑坡,堵塞金沙江形成白格堰塞坝,如图 3-9 所示。滑坡发生处河谷呈深切的 V 形峡谷,滑坡后缘高程约 3 680 m,江水面高程约 2 880 m,滑坡区坡度在海拔 3 400 m 以上较缓,平均约 31°,在 3 400 m 以下坡度较大,为 34°~50°,平均 39°,滑坡平面形态类似为长舌状,在海拔 3 400 m 以上横向宽 470~560 m,在 3 400 m 以下横向宽 690~720 m,

平面面积约 7.67×10^5 m²,滑坡总方量约 2.5×10^7 m²(蔡耀军 等,2019)。河谷岸坡坡角分别为 23°和 35°,平均 29°。滑坡区的岩土体主要为风化破碎的蛇纹岩和片麻岩组成的块碎石土,平均内摩擦角为 38°(何旭东,2020)。失稳的岩土体在运动过程中撞击河床后冲向对岸,最终形成的堰塞体左岸高右岸低,坝高 61~100 m,坝宽 960~2 000 m,坝长 450~700 m(陈祖煜等,2019)。坝体的主堆积区表面以及上下游表面存在块石富集现象。

 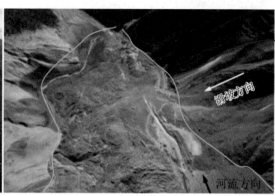

图 3-9 白格滑坡及形成的堰塞坝

根据调查资料的数据信息,表 3-11 列出了"10·10"白格堰塞坝的坝体特征预测所需影响因素参数取值,应用 V 形谷中坝体形态特征预测模型(表 3-4),计算得到崩滑体失稳形成的坝体的各几何参数,见表 3-12。通过对比"10·10"白格堰塞坝的实际几何参数值和预测模型的计算值,可以看出预测值均在实际坝体测量值的范围内,坝顶倾角为负也反映出坝体在对岸侧高而滑源侧低,坝体形态特征预测模型能较为准确地反映 V 形谷中崩滑型堰塞坝的几何形态,可以在堰塞坝灾害的早期识别和预测中提供一定的参数指导。

表 3-11 "10·10"白格堰塞坝坝体特征预测所需参数

参数	V_l/m³	W_l/m	W_0/m	H_l/m	φ/(°)	α_φ/(°)	γ/(°)	H_V/m
取值	2.5×10^7	720	470	560	38	39	29	270

表 3-12 "10·10"白格堰塞坝几何参数实际值与预测值比较

参数	坝高/m	坝宽/m	坝长/m	坝顶倾角/(°)
实际值	61~100	960~2 000	450~700	—
预测值	98	1 306	642	−6

通过将表 3-11 中参数代入 V 形谷坝体结构特征预测模型(表 3-7),可得到坝体四个区域的颗粒组成和分布的相对关系,即 $D_{OU}^r < D_{OD}^r < D_{SU}^r < 1 < D_{SD}^r$,意味着相对于失稳岩土体的初始级配,坝体在滑源侧下部的颗粒变细,而其他区域颗粒变粗,也在一定程度上印证了现场观测到的坝体表面块石富集现象。

　　本章提出的预测模型所需的参数主要包括崩滑体的自身特征、滑动路径地形条件和河谷形状,这些参数在堰塞坝形成前具有一定的可获得性,而真实的堰塞坝形成过程以及坝体的形态结构极为复杂,本章提出的预测模型也是基于一定的假设条件。此外,由于预测模型是基于模型试验和数值试验提出的,考虑的因素也相对有限,故在真实案例的预测中会存在一定的误差。但是,对于早期坝体几何特征和结构特征的预测,溢流点位置以及颗粒分布的预判,预测模型可以在一定程度上为堰塞坝灾害的防灾减灾提供指导。

参考文献

蔡耀军,栾约生,杨启贵,等,2019.金沙江白格堰塞体结构形态与溃决特征研究[J].人民长江,50(3):15-22.

陈华勇,陈晓清,赵万玉,等,2019.Attabad 滑坡堵江次生灾害对中巴公路的影响[J].灾害学,34(4):81-85.

陈祖煜,张强,侯精明,等,2019.金沙江"10·10"白格堰塞湖溃坝洪水反演分析[J].人民长江,50(5):1-4.

何旭东,2020.金沙江白格特大型滑坡失稳机理研究[D].成都:成都理工大学.

吕明鸿,2010.堰塞湖天然坝体形状预测[D].台南:台湾成功大学.

吴昊,2021.滑坡堵江成坝过程模拟及危险性预测方法研究[D].大连:大连理工大学.

赵婷婷,周伟,常晓林,等,2015.堆石料缩尺方法的分形特性及缩尺效应研究[J].岩土力学,36(4):1093-1101.

周圆媛,2022.崩滑型堰塞坝成坝特征及其对溃坝影响研究[D].上海:同济大学.

高橋保,匡尚富,1988.天然ダムの決壊による土石流の規模に関する研究[J].京都大學防災研究所年報,31(2):601-615.

CHEN X, CUI P, YOU Y, et al, 2017. Dam-break risk analysis of the Attabad landslide dam in Pakistan and emergency countermeasures[J]. Landslides, 14(2): 675-683.

GARDEZI H, BILAL M, CHENG Q G, et al, 2021. A comparative analysis of Attabad landslide on January 4, 2010, using two numerical models[J]. Natural Hazards, 107, 519-538.

LI D Y, NIAN T K, WU H, et al, 2020. A predictive model for the geometry of landslide dams in V-shaped valleys [J]. Bulletin of Engineering Geology and the Environment, 79(9): 4595.

SHAH F H, ALI A, BAIG M N, 2013. Taming the Monster — Attabad Landslide Dam[J]. Journal of Environmental Treatment Techniques, 1(1): 46-55.

第 4 章
堰塞坝的稳定性快速评估

堰塞坝形成机理复杂,形态参数差异大,材料粒径分布范围广,大部分的堰塞坝在形成后较短时间内会发生失稳溃决。例如,1967 年,雅砻江右岸山体崩塌形成的唐古栋堰塞坝,坝高175 m,在形成 9 d 后发生漫顶溃决破坏;2009 年,台湾小林村因强降雨发生滑坡堵江形成堰塞坝,坝高 44 m,在形成 40 min 后就发生溃决失稳。当然,也有少部分堰塞坝在形成后很长时间内都处于稳定状态,如形成于中世纪以前的阿富汗 Shewa 堰塞坝,由于坝体渗透性较好,渗流量较大,坝体至今仍然保持稳定(Adam and Jan,2017)。然而,堰塞坝暂时的稳定并不意味着永久稳定,如 1835 年在吉尔吉斯斯坦形成的 Yashingul 堰塞坝存在了 131 年后突然发生溃决,造成了下游区域重大损失(刘宁 等,2013)。由此可见,堰塞坝的稳定性具有极大的不确定性和离散性。在堰塞坝形成后,快速掌握其稳定性不仅可以对非稳定堰塞坝的应急抢险提供准确指导,也能够对稳定堰塞坝的开发利用提供建议。

如前述章节所述,堰塞坝在形成初期通常很难快速收集到足够的资料,采用 BI、DBI、II 等经验模型进行快速估测是目前较为常用的方法。本书在详细介绍堰塞坝稳定性预测方法研究的相关成果的基础上,细化堰塞坝稳定性的定义;并建立 1 737 例(截至 2020 年)世界堰塞坝案例数据库,详细分析稳定性的影响因素;进一步考虑坝体材料参数的影响,建立基于可快速获取参数的堰塞坝稳定性快速定量评估模型。本章的研究成果为堰塞坝稳定性预测研究提供了新的方法。

4.1 堰塞坝稳定性定义

堰塞坝的稳定性随着坝体本身和上游库水的共同作用呈动态变化。Ermini 和 Casagli(2003)提出,只要坝体上游存在堰塞湖,且坝高未发生显著降低,就代表堰塞坝处于稳定状态;而一旦堰塞坝受到水流侵蚀,坝高显著减低,上游库容迅速下泄,就代表堰塞坝处于不稳定状态。Korup(2004)研究认为当堰塞坝存在时间大于 10 年,即可认定该堰塞坝处于稳定状态。Tacconi 等(2016)提出当上游的堰塞湖逐渐被河流携带的泥沙淤积填满,或者堰塞坝虽然发生了过流,但是出入流相等,没有发生堰塞湖库水快速下泄,则代表堰塞坝处于稳定状态;而如果在堰塞坝形成后的几个小时到几个世纪的时间内,坝体发生溃决或被人工拆除,则认定其为不稳定堰塞坝。Fan 等(2020)认为堰塞坝的稳定性是动态变化的,如果在发现某个堰塞坝时,其仍然存在或者其库容因泥沙淤积被填满,都可以认为该堰塞坝处于暂时的稳定状态。

1. 堰塞坝稳定模式

石振明等(2021)在已有研究的基础上,结合野外调研、历史案例分析等方法,认为堰塞坝处于稳定状态主要包括如下三种模式。

(1)稳定模式Ⅰ。堰塞坝的坝体渗流量等于来自上游堰塞湖的入库流量,坝体未发生漫顶溢流且未发生管涌破坏和坝坡失稳破坏。该模式主要发生在坝体材料具有较好的渗透特性,且堰塞湖入库流量约等于坝体渗流量和堰塞湖湖水蒸发量之和时,从而使得上游堰塞湖的库容能够长期保持稳定或以极其缓慢的速度上升,没有发生漫顶溃决。例如,1911 年,巴基斯坦的 Usio 堰塞坝在形成后,坝体高达 567 m,最大渗流量为 85.0 m³/s,坝体平均渗流量为 45.8~47.0 m³/s,堰塞湖水位年最大上升量仅 20 cm,堰塞坝至今仍保持相对稳定状态(Baum et al.,2001)。

(2)稳定模式Ⅱ。坝体材料抗侵蚀性能强,水流漫顶后坝体材料未被大量侵蚀带走,从而使得坝体保持相对稳定。当堰塞坝的过流位置处于坝肩基岩,或过流位置处有巨石等坚硬岩石存在时,由于其具有非常强的抗侵蚀特性,通常使得坝体不会快速形成明显的溃决通道。例如,2001 年,萨尔瓦多 El Desagüe 河形成的堰塞坝发生漫顶溢流,由于坝体材料主要由安山角砾岩和流纹岩组成,具备较强的抗侵蚀能力,坝体处于相对稳定状态(Storm,2010)。

(3)稳定模式Ⅲ。堰塞坝形成后,上游来水携带大量沉积物充填,堰塞湖淤积消失,堰塞坝保持长期稳定。例如,形成于 700 多年前的美国 San Cristobal 堰塞湖,因 Fork 湖和 Slumgullion 河入流带来的泥沙物质逐步淤积,预计 2 500 年后该堰塞湖会完全消失(刘宁 等,2016)。

2. 堰塞坝的不稳定模式

与稳定堰塞坝相对应,不稳定的堰塞坝主要包括如下两种模式。

(1)不稳定模式Ⅰ。堰塞坝发生明显的漫顶溢流、管涌或坝坡失稳破坏,导致坝高显著降低,上游库容减小,并产生较大的峰值流量。例如,1945 年,秘鲁 Cerro Condor-Sencca 堰塞坝发生漫顶溢流溃坝,峰值流量达 35 300 m³/s(Storm,2010);2005 年,Hattian Bala 堰塞坝发生漫顶溃决,峰值流量约 5 500 m³/s(Konagai and Sattar,2012)。

(2)不稳定模式Ⅱ。堰塞坝在漫顶溢流后,发生长期缓慢侵蚀,溃口逐渐扩大加深,坝高降低,堰塞坝上游库容逐渐减小,溃决流量缓慢增加,这种模式没有出现显著增大的峰值流量和快速溃坝阶段,堰塞坝的风险相对较小。例如,2008 年,四川枷担湾堰塞坝的坝体在过流后被水流逐步缓慢侵蚀,库容缓慢下降,没有出现溃决洪水快速增大阶段,坝体溃决洪水危险性相对较低(周宏伟 等,2009)。

从上述研究可知,虽然堰塞坝稳定性界定的表述各有不同,但是大多研究者都认同堰塞坝的稳定性是一个相对概念。判定堰塞坝是否稳定的最大区别在于坝体是否发生过溃决破坏,以及是否聚集了溃决洪水。

4.2　堰塞坝案例数据库

为了更好地分析堰塞坝的特性,作者研究团队建立了一个包含 1 757 个堰塞坝案例的大型数据库,该数据库主要统计了堰塞坝的坝体形态参数、堰塞湖水文参数、堰塞坝成因、诱因以及堰塞坝的稳定性和寿命等信息。本书基于 1 737 个案例展开分析,统计内容详见表 4-1。该数据库的堰塞坝案例主要来自国内外已有的数据库和对相关文献中堰塞坝案例的整理,主要包括 Peng 和 Zhang(2012)建立的包含全世界 1 239 个堰塞坝案例的数据库;Stefanelli 等(2015)建立的包含 300 个意大利堰塞坝案例的数据库;Nash(2003)建立的包含 26 个新西兰堰塞坝案例的数据库;Alexander(Storm,2010)建立的包含 25 个中亚地区堰塞坝案例的数据库;以及其他各类文献收集的 147 个堰塞坝案例。在所统计的案例中,45.5%的堰塞坝案例发生在中国(791 个),22.0%的堰塞坝案例发生在意大利(382 个),11.5%的堰塞坝案例发生在日本(200 个),5.5%的堰塞坝案例发生在美国(95 个),2.4%的堰塞坝案例发生在加拿大(42 个),1.8%的堰塞坝案例发生在新西兰(32 个),还有 11.2%的堰塞坝案例发生在其他国家(195 个)。此外,由于堰塞坝的稳定性会随着坝体与水流的相互作用而发生变化,数据库中所记录的堰塞坝的稳定性是依据原文献记载的堰塞坝稳定性来确定的,也就是说原文献记载的堰塞坝稳定,即在案例数据库中认定为稳定堰塞坝,原文献记载的堰塞坝发生破坏,即在案例数据库中认定为不稳定堰塞坝。

表 4-1　堰塞坝数据库统计项目列表

数据类型	统计项目	有记录案例数	描述	备注
基本数据	国家	1 737	堰塞坝所处的国家	不同国家的气候、地质条件存在差异
	发生时间	1 613	堰塞坝形成的时间	不同时间的气候、构造运动不同
	诱因	1 393	包括地震、降雨等因素	是形成堰塞坝的动力因素
	成因	1 017	包括崩塌、滑坡、泥石流	是堰塞坝的形成方式
坝体数据	崩滑流方量	836	崩滑流的土石方量	决定坝体方量的大小
	坝体方量	596	堵塞河道部分的土石方量	决定坝体规模、密实度等
	坝体类型	610	6 种类型,详见 Costa 和 Schuster 的介绍	影响到坝体的形态特征

（续表）

数据类型	统计项目	有记录案例数	描述	备注
坝体数据	形态参数	830/629/638	包括坝高、坝长、坝宽	影响堰塞坝的稳定性和寿命
	坝体材料	1 015	包括堆石、土质和土石混合体	影响水流作用下坝体侵蚀速率
湖体数据	回水长度	355	堰塞湖沿河流方向长度	反映堰塞湖影响上游区域的大小
	库容	414	堰塞湖蓄水体积	影响堰塞湖汇水时间
	集水面积	580	坝址上游集水区域的面积	影响堰塞湖入库流量大小
	年平均流量	109	堰塞湖所在河流的年平均流量	影响堰塞湖入库流量大小
溃坝数据	寿命	352	堰塞坝从形成到溃决的历时	影响到溃坝风险大小和应急抢险措施选择
	稳定性	725	包括稳定和不稳定	决定堰塞坝的治理方案
	溃坝模式	216	包括漫顶溢流、管涌、坝坡失稳	以漫顶溢流破坏为主,管涌破坏和坝坡失稳相对较少

4.3　堰塞坝稳定性影响因素

4.3.1　不同地区堰塞坝的稳定性

在数据库所统计的堰塞坝案例中,不稳定堰塞坝占比达 84.0%。如图 4-1 所示,发生在

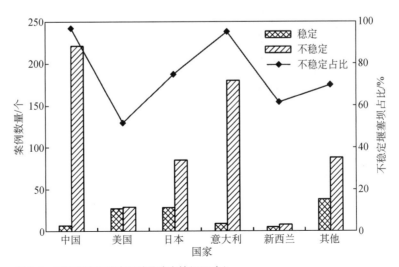

图 4-1　堰塞坝主要分布区域及稳定性(725 个)

中国的不稳定堰塞坝占比最高,达 97.0%,其原因主要是中国的堰塞坝主要形成于第一阶梯和第二阶梯区域,这些易发区域海拔梯度变化大,使得河床坡降较大,河流能量较高。因此,当堰塞坝在这些河流能量较高的河道中形成后,容易发生失稳破坏。此外,李海龙等(2015)认为流经青藏高原东缘的河流,总体上呈现北西转为南北流向的特点,其中南北向深切河流中伴生有大量的堰塞坝,如唐家山堰塞坝等。由于南北向深切河流地处中国西南地区的气候分带位置,易产生大暴雨,从而使发育在这些河流中堰塞坝难以保持稳定。发生在美国的堰塞坝中不稳定堰塞坝占比为 52.0%,小于其他国家不稳定堰塞坝的占比。其主要原因是数据库中统计得到的发生在美国的堰塞坝案例坝长和坝宽较大,而库容和坝高相对较小,有助于堰塞坝保持稳定。

4.3.2　诱因与稳定性的关系

堰塞坝的诱因主要包括降雨、地震、融雪、火山爆发等。在数据库统计的堰塞坝案例中,具有诱因信息的案例共 1 393 个。如图 4-2 所示,89.8% 的堰塞坝是由地震和降雨诱发的。其中,地震诱发堰塞坝占比达 50.5%(703 个),包括 2008 年汶川地震诱发的 257 座堰塞坝。降雨是堰塞坝的第二大诱发因素,共诱发堰塞坝 548 个,占比达 39.3%,降雨诱发堰塞坝主要由于降雨会影响山体斜坡的稳定性,为松散物质提供水源并使斜坡下滑力增加,从而导致斜坡发生失稳,携带大量物质运移,进而可能阻塞河道形成堰塞坝。例如,1889 年,一场强降雨诱发了日本 Totso 河 1 100 km² 流域内的 53 个堰塞坝(Xu and Zhang,2009)。

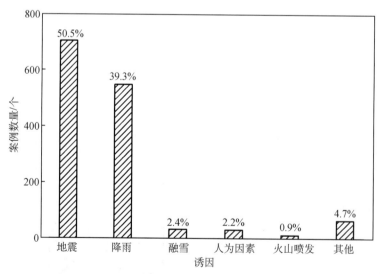

图 4-2　不同诱因堰塞坝案例数量(1 393 个)

对比不同诱因下堰塞坝的稳定性,可以发现降雨诱发堰塞坝不稳定的比例达到 89.0%,

远高于地震及其他因素诱发的堰塞坝(图 4-3),主要有两个方面的原因。

(1)降雨诱发的堰塞坝通常坝体含水率较大,且坝体材料的颗粒较细。同时,降雨会增大河道水流量,进而增强水流的侵蚀能力,使得降雨诱发的堰塞坝相比其他因素诱发的堰塞坝更容易发生溃决。

(2)降雨诱发的崩滑流体到达河谷时,由于河道中水流流量较大,冲走了部分堆积物,使堰塞坝坝体方量变小,堰塞坝稳定性降低。地震产生的巨大能量通常会引起大面积崩塌、滑坡,使形成的堰塞坝坝体具有较大的方量,进而增强了坝体稳定性。

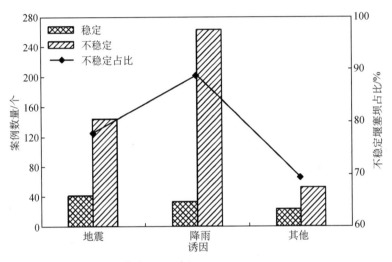

图 4-3　诱因与坝体稳定性关系(556 个)

4.3.3　坝体材料与稳定性的关系

崩滑碎屑体的物质组成和堰塞坝坝体的物质组成有直接的联系,一般来说可以将崩滑碎屑体的物质组成划分为堆石、土质和土石混合体三类(刘宁 等,2013)。因此,堰塞坝坝体材料也可以划分为堆石、土质和土石混合体三类。

(1)堆石:坝体以块石为主材料组成,包括岩崩、岩质滑坡等。

(2)土质:坝体以细颗粒(黏土、砂、粉土)为主的材料组成,包括土质滑坡、土石流等。

(3)土石混合体:坝体材料介于岩块和土体之间,以碎块石和土的混合物为主组成,包括碎屑滑坡、碎屑流和土石混合体崩塌等。

在 1 015 个有坝体材料记录的案例中,土石混合体型堰塞坝占比最高,达 50.4%,如 2018 年雅鲁藏布江加拉堰塞坝等;堆石型堰塞坝占比次之,为 28.7%,如 1911 年 Usio 堰塞坝;而土质型堰塞坝占比最低,只有 20.9%,如 1974 年 Salzach River 堰塞坝(图 4-4)。

不同坝体材料堰塞坝的稳定性如图 4-5 所示,通过对比,可以发现土质型堰塞坝的不稳

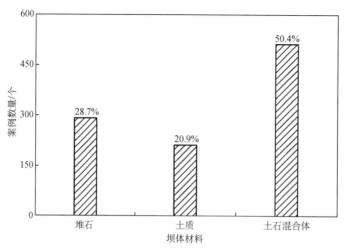

图 4-4　不同材料堰塞坝案例数量(1 015 个)

定占比最大,达 85.0%,而堆石型堰塞坝的稳定性相对较好,不稳定堰塞坝的占比为 73.0%。其主要原因有三点:①土质型堰塞坝的颗粒粒径相对较小,细粒含量通常较高,坝体的胶结作用良好,导致坝体的渗透性较低,堰塞坝更容易发生漫顶溢流溃决;②土质型堰塞坝通常在降雨条件下形成,坝体物质含水率高,流动性强,在水流冲刷下容易破坏,此外,降雨条件下河道中的水流量较大,堰塞坝更容易因库容蓄满而发生漫顶溢流溃决;③堆石型堰塞坝的坝体方量相对较大,坝体结构空隙较大,渗流量相对较大,同时,由于堆石型堰塞坝的坝体高度较大,堰塞坝通常不易在短时间内发生漫顶溢流,坝体稳定相对较好。例如,形成于 1911 年的 Usoi 堰塞坝最上部 50～70 m 为大型岩块,下部为基本完整的基岩块体组成,坝体平均渗流速率为 45.8～47.0 m³/s,至今保持稳定状态(Strom,2010)。

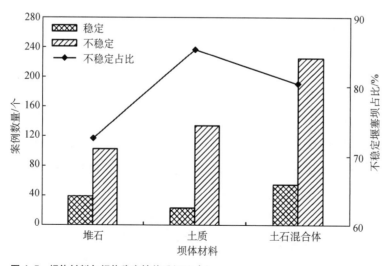

图 4-5　坝体材料与坝体稳定性关系(579 个)

4.3.4　形态/水文参数与稳定性的关系

堰塞坝的形态参数与水文参数,主要包括 6 项(图 4-6):①坝高(H_d),即河沟(谷)底面到堰塞坝坝体溢流最低点之间垂直距离;②坝长(L_d),即堰塞坝坝顶在垂直于河沟(谷)主轴方向上的长度;③坝宽(W_d),即堰塞坝坝底在平行于河沟(谷)主轴方向上的长度;④坝体体积(V_d),即堵塞在河沟(谷)的部分崩滑体的体积;⑤库容(V_1),即堰塞坝拦截库水体积(通常为最大蓄水量);⑥年平均流量(Q_{in}),即堰塞坝所在河流的年平均流量,由于历史案例中通常没有记录堰塞坝形成时期的实际入库流量,故将其作为关键因素之一。

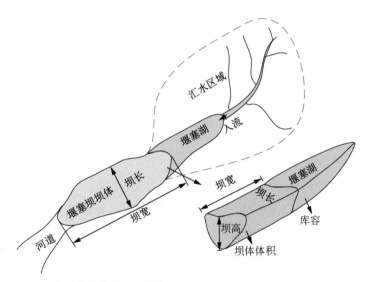

图 4-6　堰塞坝坝体形态示意图

1. 坝高与稳定性的关系

堰塞坝的坝高分布在数米至数百米之间,且主要集中在 0~100 m 的区间。图 4-7 为堰塞坝坝高与坝体稳定性的关系,可以发现,随着坝高的增加,堰塞坝稳定性呈现先降低后增加再降低的变化。其中,坝高在 50~100 m 的堰塞坝中不稳定占比最高,而坝高在 25~50 m 的堰塞坝中不稳定占比最低。主要在于:当坝高小于 25 m 时,堰塞坝的体积相对较小,在汇水过程中易发生过流,引起堰塞坝失稳;当坝高在 25~50 m 时,坝体上下游的水头差增大,堰塞坝上部的渗透区域变大,导致坝体内部的渗流量增大,堰塞坝很可能发生入库渗流平衡;当坝高达到 50~100 m 时,堰塞坝发生漫顶溢流后,漫顶水流越过坝体后水流的动能相对更大,水流对下游坝坡的侵蚀能力更强,容易导致坝体的溃决破坏。由此可见,坝高对稳定性的影响主要体现在对堰塞坝的渗透性、坝体侵蚀速率等的综合作用,进而控制着堰塞坝的稳定性。

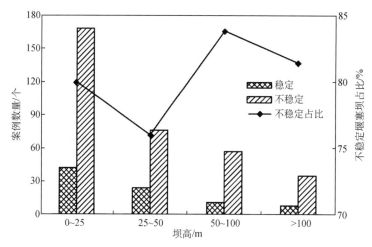

图 4-7　坝高与坝体稳定性的关系(439 个)

2. 坝长与坝体稳定性的关系

坝长与坝体稳定性的关系如图 4-8 所示,随着堰塞坝坝长的增加,坝体不稳定占比先增加后减小。其中,坝长在 0~100 m 的堰塞坝中不稳定占比最低,坝长在 100~200 m 的堰塞坝中不稳定占比最高。其主要原因包括以下三点:①在收集的堰塞坝案例中,坝长在 0~100 m 的堰塞坝的库容相对较小,分布范围在 $140 \sim 4.5 \times 10^{6}$ m³,水流的侵蚀能力相对较弱,有助于提高堰塞坝稳定性;②当坝长在 100~200 m 时,随着坝体长度增加,过流面长度增加,水流一旦发生过流,坝体溃口发展的空间更大,进而导致坝体更容易失稳;③当坝体长度大于200 m 时,随着坝长的增加堰塞坝坝体方量逐渐增大,坝体稳定性有所提高。

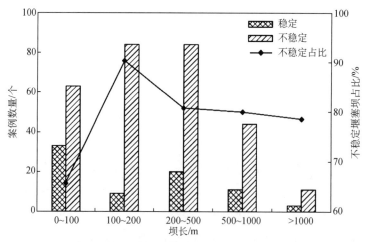

图 4-8　坝长与坝体稳定性的关系(362 个)

3. 坝宽与坝体稳定性的关系

坝宽在 0~100 m 的堰塞坝中不稳定占比最低,此后随着坝宽的增加,不稳定堰塞坝占比先增加后减小(图 4-9)。其主要原因是坝宽会对堰塞坝的渗透性、坝体侵蚀速率产生影响,具体表现在:①当坝体宽度为0～100 m时,坝体内的渗流路径较短,容易造成堰塞湖湖水通过坝体发生渗流,使得坝体保持渗流稳定,进而提高堰塞坝稳定性;②相对于坝宽分布在200～500 m的堰塞坝,坝宽大于500 m的堰塞坝发生漫顶溢流后,会消耗过流水流更多的动能,使水流的侵蚀能力减弱,堰塞坝稳定性增强。

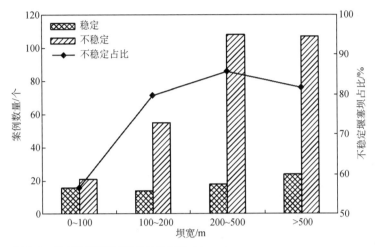

图4-9 坝宽与坝体稳定性的关系(363个)

4. 坝体体积与坝体稳定性的关系

如图4-10所示,随着堰塞坝坝体体积的增大,不稳定堰塞坝所占的比例逐渐减小。坝体体积会对堰塞坝坝体的材料密实度、抗滑力以及物质组成产生影响,主要原因在于:①坝体方量决定坝体自重大小,当坝体方量较大时,堰塞坝的自重通常较大,能够产生更大的抗滑力以提高坝体的稳定性;②坝体方量越大的堰塞坝重力夯实作用越好,坝体密实度越高,有利于提高堰塞坝的稳定性;③坝体方量较大的堰塞坝中往往含有一些巨大的块石或者结构完整的基岩,使坝体抵抗水流侵蚀的能力增强,坝体稳定性提高。

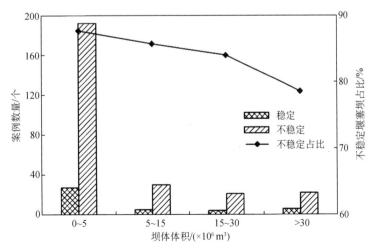

图4-10 坝体体积与坝体稳定性的关系(307个)

5. 库容与坝体稳定性的关系

堰塞湖库容在 $0\sim1\times10^6$ m³ 的堰塞坝不稳定性占比最大,而库容分布在 $1\times10^6\sim10\times10^6$ m³ 的堰塞坝不稳定性占比最小,此后,随着库容的增加,堰塞坝不稳定性占逐渐增大(图4-11)。库容会对堰塞湖的蓄水速度产生影响,且堰塞湖库容一定程度上反映了堰塞坝的规模大小,具体体现如下:①当堰塞湖的库容较小时,堰塞湖更容易被蓄满发生漫顶溢流,引起坝体失稳;②当库容在 $1\times10^6\sim10\times10^6$ m³ 时,随着库容的增加,堰塞坝坝体体积增大,且统计的案例中库容处于该范围的堰塞坝的坝体材料很多都由堆石构成,坝体相对容易发生渗流稳定,因此,堰塞坝的稳定性提高;③当库容大于 10×10^6 m³ 时,随着库容的增加,堰塞湖水具备的势能增大,一旦坝体发生过流,湖水的势能转化为动能,对坝体的侵蚀能力显著增强,使得堰塞坝的稳定性下降。

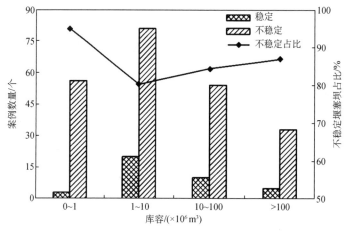

图 4-11   库容与坝体稳定性的关系(262 个)

6. 年平均流量与坝体稳定性的关系

图 4-12 为年平均流量与坝体稳定性关系,可以发现,随着年平均流量的增加,不稳定堰

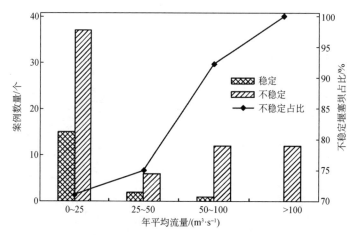

图 4-12   年平均流量与坝体稳定性的关系(85 个)

塞坝占比逐渐增加。原因如下：①年平均流量的增加，代表入库流量的增加，导致一定库容条件下的堰塞湖汇水时间降低，坝体过流加快，稳定性下降；②随着年平均流量的增加，当堰塞坝发生漫顶溢流时，水流对堰塞坝坝体材料的侵蚀作用加强，坝体相对更容易发生溃决破坏，稳定性降低。

4.4　堰塞坝稳定性评估的经验方法

4.4.1　已有堰塞坝稳定性评估模型的对比

本节选择 1 737 个堰塞坝中具有坝体体积、坝高等有关信息的案例，分别通过 BI、II、DBI 等模型分析坝体稳定性情况。具体模型分析中采用的堰塞坝案例个数根据实际数据库中堰塞坝具备的参数信息确定。此外，因部分稳定性评估模型的部分参数较难获取，如河道堵塞点对上游的影响距离 H_m 等，本节选用的部分典型的稳定性评估模型如表 4-2 所示。

表 4-2　堰塞坝稳定性评估模型

判别指标	稳定性			案例来源	参考文献
	稳定	不确定	不稳定		
$BI = \log\left(\frac{V_d}{A_c}\right)$	>5	4～5	3～4	意大利	Canuti et al., 1900
$II = \log\left(\frac{V_d}{V_l}\right)$	>0	—	<0	意大利	Casagli et al., 1999
$DBI = \log\left(\frac{A_c \cdot H_d}{V_d}\right)$	<2.75	2.75～3.08	>3.08	全球	Ermini et al., 2003
$I_s = \log\left(\frac{H_d^3}{V_l}\right)$	>0	-3～0	<-3	新西兰	Korup, 2004
$I_a = \log\left(\frac{H_d^2}{A_c}\right)$	>3	—	<3		
$L_s(AHWL) = -2.22\log(A_c) - 3.76\log(H_d) + 3.17\log(L_d) + 2.85\log(W_d) + 5.93$ $L_s(AHV) = -4.48\log(A_c) - 9.31\log(H_d) + 6.61\log(V_d) + 6.39$	>0	—	<0	日本	Dong et al., 2011
$Y_A = -3.943 + 2.453\log(H_d) - 0.832\log(V_d) + 0.491\log(V_l) + 0.471\log(A_c)$	<0	—	>0	全球	徐凡献，2020
$Z_B = -4.15 + 3.704\log(H_d) - 0.732\log(V_d) + 0.801\log(A_c)$	<0.5	—	>0.5		

根据已有研究成果,对不同模型分别采用绝对准确率 R_a、保守准确率 R_c 和错判率 F 3 个指标进行对比分析(钟启明 等,2019)。其中,绝对准确率表示通过模型评估得到的稳定性结果与堰塞坝真实状态一致的概率,一致即实际处于稳定状态的堰塞坝的评估结果为稳定,实际处于不稳定状态的堰塞坝的评估结果为不稳定。保守准确率包括评估结果与堰塞坝实际状态相同的概率和通过模型评估处于不稳定状态但堰塞坝实际处于稳定状态的概率。错判率表示模型评估认为处于稳定状态但堰塞坝实际处于不稳定状态的概率。此外,为了更好论证各个评估模型的预测准确度,引入综合准确率。综合准确率 R_o 的定义如下:

$$R_o = \frac{R_a}{R_c + F} \tag{4-1}$$

图 4-13 为选用稳定性评估模型的计算结果图,可以发现 BI 模型、DBI 模型、I_s 模型都存在不确定区域。结合表 4-3 中各模型预测准确率的计算结果,可以进一步发现对于稳定的堰塞坝,L_s(AHV) 和 L_s(AHWL) 模型的绝对准确率相比其他模型更高,分别为 100.00% 和 93.10%。I_s 模型和 I_a 模型的绝对准确率相对最低,分别为 2.08% 和 3.13%。BI 模型、DBI 模型、L_s(AHV) 模型、L_s(AHWL) 模型和 Y_A 模型的综合准确率均大于

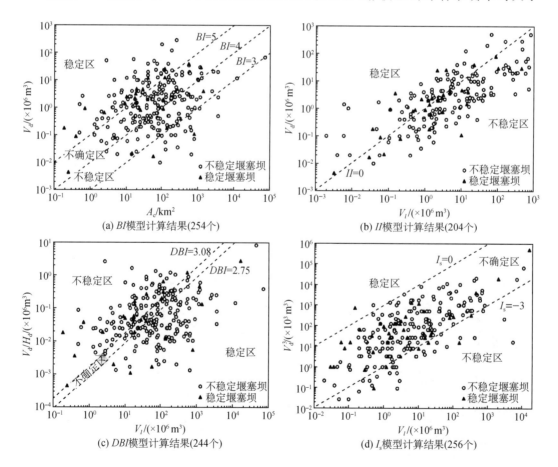

(a) BI模型计算结果(254个)

(b) II模型计算结果(204个)

(c) DBI模型计算结果(244个)

(d) I_s模型计算结果(256个)

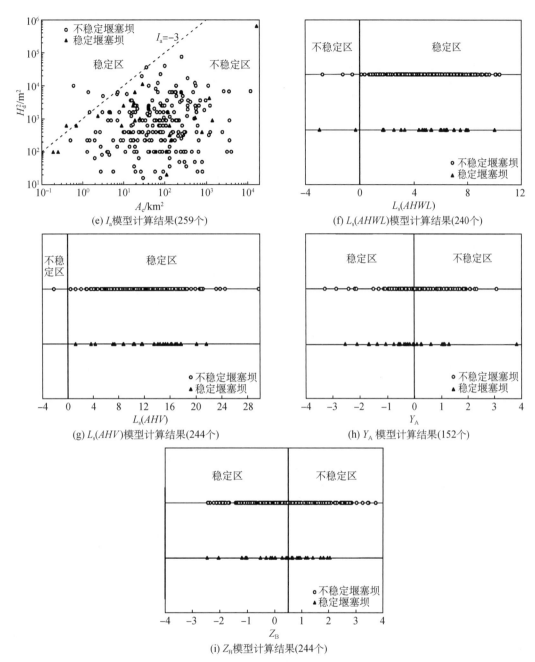

图 4-13　典型稳定性评估模型计算结果

60%。对于不稳定的堰塞坝，I_a 模型和 II 模型的绝对准确率相对最高，达到 97.36% 和 64.67%。而 $L_s(AHV)$ 模型和 $L_s(AHWL)$ 模型的绝对准确率相对最低，只有 1.42% 和 0.47%。I_s 模型和 I_a 模型的错判率相对较低，分别为 0.96% 和 2.64%，且这两个模型的综合准确率均大于 90%。

表 4-3　典型稳定性评估模型计算结果对比

评估模型		案例数/个	错判数/个	准确数/个	R_a/%	R_c/%	F/%	R_o/%
BI	稳定	30	0	16	53.30	73.33	0.00	73.73
	不稳定	224	56	78	34.82	34.82	25.00	58.21
	总体	254	56	94	37.01	39.37	22.05	60.26
II	稳定	37	0	17	45.94	100.00	0.00	45.94
	不稳定	167	59	108	64.67	64.67	35.33	64.67
	总体	204	59	125	61.27	71.08	28.92	61.27
DBI	稳定	29	0	17	58.62	86.21	0.00	68.00
	不稳定	215	78	100	46.51	46.51	36.28	56.18
	总体	244	78	117	47.95	51.23	31.97	57.64
I_s	稳定	48	0	1	2.08	14.58	0.00	12.00
	不稳定	208	2	29	13.94	13.94	0.96	93.55
	总体	256	2	30	11.72	14.06	0.78	78.95
I_a	稳定	32	0	1	3.13	100.00	0.00	3.13
	不稳定	227	6	221	97.36	97.36	2.64	97.36
	总体	259	6	222	85.71	97.68	2.32	85.71
$L_s(AHWL)$	稳定	29	0	27	93.10	100.00	0.00	93.10
	不稳定	211	208	3	1.42	1.42	98.52	1.42
	总体	240	208	30	12.50	13.33	86.67	12.50
$L_s(AHV)$	稳定	29	0	29	100.00	100.00	0.00	100.00
	不稳定	215	214	1	0.47	0.47	99.53	0.47
	总体	244	214	30	12.30	12.30	87.70	12.30
Y_A	稳定	27	0	18	66.67	100.00	0.00	66.67
	不稳定	125	53	72	57.60	57.60	42.40	57.60
	总体	152	53	90	59.21	65.13	34.87	59.21
Z_B	稳定	29	0	14	48.28	100.00	0.00	48.28
	不稳定	215	121	94	43.72	43.72	56.28	43.72
	总体	244	121	108	44.26	50.41	49.59	44.26

　　综合稳定和不稳定堰塞坝的结果，I_s 模型和 I_a 模型的错判率均较低，分别为 0.78% 和 2.32%。但是错判率低并不能完全表征模型没有错判，可能是判断结果处于不确定区域导致，例如，I_s 模型和 I_a 模型在预测稳定堰塞坝中的绝对准确率非常低，但错判率仍较低。对

比各模型稳定和不稳定堰塞坝结果的绝对准确率，I_a 模型的绝对准确率最高，达到 85.71%；II 模型的绝对准确率次之，为 61.27%；I_s 模型的绝对准确率最低，仅为 11.72%。由此可见，I_s 模型仅能对少数堰塞坝的稳定性进行准确的预测和判别，大部分的预测结果处于稳定性不确定区域。对比保守准确率结果，I_a 模型、II 模型和 Y_A 模型的保守准确率均超过了 60%。其中，I_a 模型的保守准确率最高，为 97.68%；II 模型和 Y_A 模型的保守准确率分别为 71.08% 和 65.13%；而 $L_s(AHV)$ 模型的保守准确率最低，为 12.30%。对比综合准确率结果，I_s 模型、I_a 模型、BI 模型和 II 模型的综合准确率均大于 60%。

综合对比 R_a、R_c、F 和 R_o 的计算结果可以发现，BI 模型、DBI 模型和 Y_A 模型的预测结果相对较好，可以准确预测和评价堰塞坝稳定性的概率达 55% 以上。但是值得注意的是，不同模型对于稳定堰塞坝和不稳定堰塞坝预测结果的准确率存在很大差异。

由于堰塞坝的坝体材料存在很大差别，即使是具有相似形态参数和水文参数的堰塞坝，其稳定性也可能存在极大的差异。例如，形成于 1984 年的日本 Yanagikubo River 堰塞坝，坝体体积为 $0.65 \times 10^6 \ \mathrm{m}^3$，坝高为 35 m，坝长为 150 m，坝宽为 250 m，库容为 $1.4 \times 10^6 \ \mathrm{m}^3$，坝体材料为堆石，该堰塞坝至今未发生失稳；而形成于 1891 年的日本 Sakauti kawa 堰塞坝，坝体体积为 $0.96 \times 10^6 \ \mathrm{m}^3$，坝高为 38 m，坝长为 110 m，坝宽为 250 m，库容为 $2.1 \times 10^6 \ \mathrm{m}^3$，坝体材料为土质，该堰塞坝在形成 6 d 后发生失稳溃决。但是，目前国内外学者提出的坝体稳定性评估模型大多仅仅基于坝体的形态参数指标和堰塞湖的水动力条件，并未考虑坝体材料特性对稳定性的影响，因此，建立考虑坝体材料特性的稳定性快速评估模型具有重要的价值和意义。

4.4.2　改进的 DBI 评价模型

Ermini 和 Casagli(2003)提出的无量纲堆积指数 DBI 只需要坝体体积、流域面积和坝高 3 个参数，得到了世界各国学者的广泛应用。根据第 1.2.3 节的分析，当 $DBI > 3.6$ 时，堰塞坝处于不稳定状态，但当 $DBI < 3.6$ 时，该指数并不能很好地对堰塞坝的稳定性进行区分。因此，当 $DBI < 3.6$ 时，为了进一步判断堰塞坝的稳定性，需进一步考虑坝体材料中值粒径的影响。

以 50 个具有详细信息的堰塞坝案例建立堰塞坝稳定性判断准则，相关信息主要包括堰塞坝坝体的几何参数、材料中值粒径以及堰塞湖的水文特征参数。利用 DBI 作为评估堰塞坝几何参数、堰塞湖的水文特征参数影响坝体稳定性的指标，坝体材料中值粒径作为评估坝体侵蚀度影响堰塞坝稳定性的指标，建立了堰塞坝稳定性的判断准则，如图 4-14 所示。

由图 4-14 可知，当 $DBI > 3.60$ 时，堰塞坝都处于不稳定状态。当 $1.50 < DBI < 3.50$ 时，又可以划分为 3 个区域：①当 $\log(D_{50}) < 1.00$ 时，坝体处于不稳定状态；②当 $1.00 < \log(D_{50}) < 2.10$ 时，坝体的稳定性具有不确定性；③当 $\log(D_{50}) > 2.10$ 时，坝体处于稳定状

态。由于 DBI 的值越大时,集水面积和坝高对堰塞坝稳定性的负面作用占主导,不利于堰塞坝的稳定。因此,当 $DBI>3.60$ 时,坝体都处于不稳定状态。而当 $DBI<3.60$ 时,坝体的稳定性取决于坝体材料粒径的大小。若 $\log(D_{50})<1.00$,坝体材料主要是以细粒为主,则坝体处于不稳定状态。若 $\log(D_{50})>2.10$,坝体材料主要是以粗粒为主,则坝体处于稳定状态,而当 $1.00<\log(D_{50})<2.00$ 时,坝体材料粒径分布具有不确定性,其粒径分布可能是中间粒径缺失,也可能是以中间粒径为主的,使坝体的稳定性处于不确定状态。

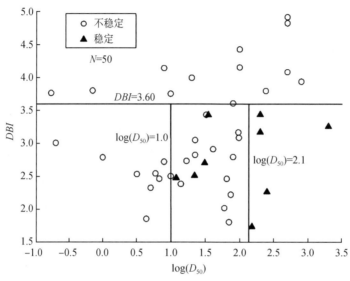

图 4-14 改进的 DBI 评价模型

4.5 堰塞坝稳定性评估的快速定量模型

4.5.1 分析方法

采用逻辑回归分析,建立堰塞坝稳定性与影响因素之间的关系。逻辑回归为概率型非线性回归模型,是研究二分类观察结果(y)与影响因素($x_1,x_2,x_3,\cdots,x_n$)之间关系的一种多变量分析方法(单熠博 等,2020)。堰塞坝的稳定性(稳定和不稳定堰塞坝)作为预测模型的因变量,是一个二分变量,数值在 $0\sim1$ 之间,表示事件发生的概率。自变量分别为 $x_1,x_2,x_3,\cdots,x_n$,代表影响堰塞坝稳定性的因素。

假定条件概率 $P(y=1|x)=p$ 为根据观测量相对某一具体事件 x 发生的概率,此处表示堰塞坝稳定的概率。逻辑回归模型如下:

$$P(y=1|x)=\pi(x)=\frac{1}{1+\mathrm{e}^{-L_s}} \tag{4-2}$$

式中，L_s 为影响因素的某一线性组合，表示如下：

$$L_s = w_0 + w_1 x_1 + \cdots + w_i x_i + \cdots + w_n x_n = \ln\left(\frac{P}{1-P}\right) \qquad (4\text{-}3)$$

式中　$x_i(i = 0 \sim n)$——自变量；

　　　$w_i(i = 0 \sim n)$——所建立的样本数据的回归系数；

　　　n——自变量个数。

将 $L_s = \ln\left(\dfrac{P}{1-P}\right)$ 称为事件的发生比。

条件 $L_s = 0$ 对应堰塞坝失稳概率为 50%。在不同影响因素 x_i 的条件下，当堰塞坝具有 $L_s > 0$（或 $0.5 < P \leqslant 1$），则认为堰塞坝处于稳定状态，且计算的 L_s 值越小，表示堰塞坝的稳定性越好；当堰塞坝具有 $L_s < 0$（或 $0 < P \leqslant 0.5$），则认为堰塞坝处于不稳定状态，且计算的 L_s 值越大，表示堰塞坝的稳定性越差。由此，可以进一步将堰塞坝的失稳概率定义为：

$$P_f = 1 - P = \frac{e^{-L_s}}{1 + e^{-L_s}} \qquad (4\text{-}4)$$

4.5.2　稳定性评估参数的选取

综合考虑堰塞坝诱因、形态参数、坝体材料参数和水文参数与稳定性的相关性，结合建立的堰塞坝案例数据库，选取具有详细参数的稳定与不稳定堰塞坝案例进行分析。基于第 4.4 节的研究，主要选取坝体材料、诱因、坝体形态参数（坝高、坝宽、坝长、坝体体积）和水文参数（库容、年平均流量）作为控制变量。对相关参数进行无量纲化处理，得到无量纲化的控制变量（表 4-4）。

表 4-4　堰塞坝稳定性快速评估模型中的 8 个控制变量

编号	影响因素	公式			
1	诱因		X_{11}	X_{12}	X_{13}
		地震	$1(e^\beta)$	$0(1)$	$0(1)$
		降雨	$0(1)$	$1(e)$	$0(1)$
		其他	$0(1)$	$0(1)$	$1(e)$
2	坝体材料		X_{21}	X_{22}	X_{23}
		堆石	$1(e^\alpha)$	$0(1)$	$0(1)$
		土质	$0(1)$	$1(e)$	$0(1)$
		土石混合体	$0(1)$	$0(1)$	$1(e)$

编号	影响因素	公式
3	坝高因子	$X_3 = H_d/H_r$
4	宽高比	$X_4 = W_d/H_d$
5	长高比	$X_5 = L_d/H_d$
6	坝体形状系数	$X_6 = V_d^{\frac{1}{3}}/H_d$
7	湖面形状系数	$X_7 = V_l^{\frac{1}{3}}/H_d$
8	年平均流量系数	$X_8 = Q_{in}T_r/V_l$

（1）坝体材料：包括堆石、土质和土石混合体。通常由堆石组成的堰塞坝稳定性高于土质型堰塞坝和土石混合体型堰塞坝。

（2）诱因：代表堰塞坝诱发因素，包括地震、降雨、融雪等。

（3）形态参数：

① 坝高因子 H_d/H_r 表示最大的水头高度或者堰塞湖库水所具备的势能大小（$H_r = 1\ m$）。

② 宽高比 W_d/H_d 表示水力梯度，主要影响水流对坝体下游坡面的侵蚀速率以及坝体内部的渗流。

③ 长高比 L_d/H_d 表示最大溃口宽度，影响坝体溃决发展过程。

④ 坝体形状系数 $V_d^{\frac{1}{3}}/H_d$ 表示坝体抗侵蚀能力的大小。

（4）水文参数：

① 湖面形状系数 $V_l^{\frac{1}{3}}/H_d$ 表示堰塞坝的库容，是导致堰塞坝发生漫顶溃决的主要影响因素。

② 年平均流量系数 $Q_{in}T_r/V_l$ 描述在汇水时间段内堰塞湖内的平均入库流量（$T_r = 1\ s$）。

4.5.3　稳定性快速评估模型的建立

在725个具有堰塞坝稳定性信息的案例中，同时具有8个影响因素信息（诱因、坝体材料、坝体体积、坝高、坝宽、坝长、库容和年平均流量）的堰塞坝案例共82个。因此，采用70个堰塞坝案例建立全参数和简化参数逻辑回归模型，12个用于模型的验证分析。稳定性快速评估的全参数模型如下：

$$L_s = 4.690 - 5.500\lg\left(\frac{H_d}{H_r}\right) - 0.401\lg\left(\frac{W_d}{H_d}\right) - 1.251\lg\left(\frac{L_d}{H_d}\right) + 2.340\lg\left(\frac{V_d^{\frac{1}{3}}}{H_d}\right) -$$

$$4.196\lg\left(\frac{V_l^{\frac{1}{3}}}{H_d}\right) - 1.629\lg\left(\frac{Q_{in}T_r}{V_l}\right) + \alpha + \beta$$

（4-5）

其中,参数"α"取值,堆石为 -0.100,土质为 0.111,土石混合体为 0;参数"β"取值,地震为 -1.506,降雨为 -2.545,其他为 0。当 $L_s > 0$,则认为堰塞坝处于稳定状态;当 $L_s < 0$,则认为堰塞坝处于不稳定状态。

由于堰塞坝形成突然,且往往形成于山地峡谷地带,导致在堰塞坝形成后可能无法快速获取和估算得到式(4-5)中的所有数据。因此,进一步对堰塞坝稳定性影响因素进行简化分析,建立简化参数模型是十分必要的。考虑到诱因和坝体材料性质具有很大相关性,都会影响坝体材料的侵蚀特性;坝体体积与坝高、坝宽、坝长等参数均会影响坝体自重;而库容与年平均流量均为影响坝体侵蚀的水文条件,因此,选取坝体材料、坝高因子、宽高比、湖面形状系数 4 个因素,建立简化模型。其中,坝体材料直接决定了堰塞坝的抗侵蚀能力和抗滑移能力,通常土质型堰塞坝的稳定性相对堆石和土石混合体型堰塞坝更差;坝高、坝宽和库容主要影响堰塞坝的渗透性、坝体抗侵蚀速率。具体模型如下:

$$L_s = 2.252 - 0.903 \lg\left(\frac{H_d}{H_r}\right) - 0.401 \lg\left(\frac{W_d}{H_d}\right) - 1.193\left(\frac{V_l^{\frac{1}{3}}}{H_d}\right) + \alpha \tag{4-6}$$

其中,参数"α"取值:堆石为 -0.497,土质为 0.591,土石混合体为 0。当 $L_s > 0$,则认为堰塞坝处于稳定状态;当 $L_s < 0$,则认为堰塞坝处于不稳定状态。

4.5.4　稳定性快速评估模型的验证

为了对比验证模型的准确率,将建立的全参数模型和简化参数模型分别应用到 12 个案例(8 个为不稳定堰塞坝,4 个为稳定堰塞坝)进行验证分析,如表 4-5 所示。可见,全参数模型在稳定堰塞坝中的预测结果的绝对准确率为 75.0%;不稳定堰塞坝的预测结果绝对准确率为 87.5%,错判率为 12.5%,总体绝对准确率为 83.3%。简化参数模型在稳定堰塞坝中的预测结果的绝对准确率为 50.0%;不稳定堰塞坝的预测结果绝对准确率为 100.0%,总体绝对准确率为 83.3%。

表 4-5　全参数和简化参数稳定性快速评估模型预测结果

模型	实测结果/个		预测结果/个		R_a/%	R_c/%	F/%	R_o/%
全参数模型	稳定	4	错判数量	1	75.0	100.0	0.0	75.0
			准确数量	3				
	不稳定	8	错判数量	1	87.5	87.5	12.5	87.5
			准确数量	7				
	总体	12	错判数量	2	83.3	91.7	8.3	83.3
			准确数量	10				

（续表）

模型	实测结果/个		预测结果/个		R_a/%	R_c/%	F/%	R_o/%
简化参数模型	稳定	4	错判数量	2	50.0	100.0	0.0	50.0
			准确数量	2				
	不稳定	8	错判数量	0	100.0	100.0	0.0	100.0
			准确数量	8				
	总体	12	错判数量	2	83.3	100.0	0.0	83.3
			准确数量	10				

　　简化参数模型对稳定堰塞坝的预测结果准确率较低,主要原因是堰塞坝的稳定性受到多参数的共同作用,采用简化的关键参数可能会降低对部分堰塞坝评估的准确率。此外,由于数据库具有完整信息的稳定堰塞坝案例较少,在后期仍需要收集更多案例进行模型的验证分析。对比第4.4节中已有模型的预测准确性,可以发现,本章所提出的全参数和简化参数稳定性快速评估模型对于稳定和不稳定堰塞坝的判别准确性相对更好。

参考文献

廖鸿志,2018.2018年10月"两江"堰塞湖应急处置工作回顾[J].中国防汛抗旱,28(12):3-5.

李海龙,张岳桥,2015.滑坡型堰塞湖形成与保留条件分析——基于文献总结和青藏高原东缘南北向深切河谷研究[J].第四纪研究,35(1):71-87.

刘宁,程尊兰,崔鹏,等,2013.堰塞湖及其风险控制[M].北京:科学出版社.

刘宁,杨启贵,陈祖煜,2016.堰塞湖风险处置[M].武汉:长江出版社.

石振明,沈丹祎,彭铭,等,2021.崩滑型堰塞坝危险性快速评估研究进展[J].工程科学与技术,53(6):1-20.

徐凡献,2020.一种滑坡堰塞坝稳定性的快速评估模型[J].自然灾害学报,29(2):54-63.

周宏伟,杨兴国,李洪涛,等,2009.地震堰塞湖排险技术与治理保护[J].四川大学学报工程科学版,41(3):96-101.

钟启明,单熠博,2019.堰塞坝稳定性快速评价方法对比[J].人民长江,50(4):20-24.

ADAM E, JAN K, 2017. The origin and evolution of Iskanderkul Lake in the western Tien Shan and related geomorphic hazards[J]. Geografiska Annaler: Series A, Physical Geography, 99(2): 139-154.

BAUM R L, CRONE A J, EDCOBAR D, et al, 2001. Assessment of landslide hazards resulting from the February 13, 2001, El Salvador earthquake[R]. Virginia: US Geological Survey Open-File Report: 1-119.

CANUTI P, CASAGLI N, ERMINI L, 1900. Inventory of landslide dams in the Northern Apennine as a model for induced flood hazard forecasting[M]//Andah K. Managing hydro-geological disasters in a vulnerable environment for sustainable development. CNR-GNDCI-UNESCO, Perugia, CNR-GNDCI: 189-202.

CASAGLI N, ERMINI L, 1999. Geomorphic analysis of landslide dams in the Northern Apennine[J]. Transactions of the Japanese Geomorphological Union, 20(3): 219-249.

DONG J J, TUNG Y S, CHEN C, et al, 2011. Logistic regression model for predicting the failure probability of a landslide dam[J]. Engineering Geology, 117(1-2): 52-61.

ERMINI L, CASAGLI N, 2003. Prediction of the behaviour of landslide dams using a geomorphological dimensionless index[J]. Earth Surface Processes and Landforms, 28 (1): 31-47.

FAN X M, DUFRESNE A, SUBRAMANIAN S S, et al, 2020. The formation and impact of landslide dams — State of the art[J]. Earth-science reviews, 203: 10311.

KORUP O, 2004. Geomorphometric characteristics of New Zealand landslide dams[J]. Engineering Geology, 73(1-2): 13-35.

NASH T R, 2003. Engineering geological assessment of selected landslide dams formed from the 1929 Murchison and 1968 Inangahua earthquakes[D]. Christchurch: University of Canterbury.

PENG M, ZHANG L M, 2012. Breaching parameters of landslide dams[J]. Landslides, 9(9): 13-31.

STEFANELLI C T, CATANI F, CASAGLI N, 2015. Geomorphological investigations on landslide dams[J]. Geoenvironmental Disasters, 2(1):1-15.

STROM A, 2010. Landslide dams in Central Asia region[J]. Landslides, 47(6):309-324.

TACCONI S C, SEGONI S, CASAGLI N, et al, 2016. Geomorphic indexing of landslide dams evolution[J]. Engineering Geology, 208: 1-10.

TACCONI S C, VILíMEK V, EMMER A, et al, 2018. Morphological analysis and features of the landslide dams in the Cordillera Blanca, Peru[J]. Landslides, 15 (3): 507-521.

XU Y, ZHANG L M, 2009. Breaching Parameters for Earth and Rockfill Dams[J]. Journal of Geotechnical and Geoenvironmental Engineering, 135(12):1957-1970.

第 5 章
堰塞坝寿命快速评估

堰塞坝的稳定性具有很大的不确定性,与此相应,堰塞坝的寿命也具有极大的差异性,可以持续数分钟到数千年不等。堰塞坝寿命的长短取决于很多因素,如坝体材料、入库流量、坝体形态和堰塞湖库容等(Costa et al.,1988)。例如,1980 年,在华盛顿 Polallie Ceek 形成的泥石流堰塞坝在 12 min 内发生了溃决(Gallino et al.,1985);而全新世中期,在中国黄河流域由岩质滑坡形成的堰塞坝至今已存在 2 600 余年(张玉柱 等,2017)。对堰塞坝寿命开展研究具有重大的减灾价值,因为堰塞坝的寿命决定了是否有足够时间采取减灾措施,采取何种减灾措施。当堰塞坝的寿命相对较长时,可以优先选择工程措施,如修建泄洪道和隧洞,来降低溃坝峰值流量的影响。当堰塞坝的寿命相对较短时,往往没有时间采取工程措施,而更多选择非工程措施,如预警和疏散。

由于堰塞坝形成后在短时间内的可获取参数有限,目前对于堰塞坝寿命的预测大多基于汇水时间或基于形态参数建立评估模型。本章在分析堰塞坝寿命分布特征的基础上,根据第 4 章所建立的 1 737 例堰塞坝案例数据库,研究坝体形态参数、水文参数等不同因素与堰塞坝寿命的相关性,并提出考虑坝体材料特征的堰塞坝寿命快速评估模型,为堰塞坝的寿命预测提供指导。

5.1 堰塞坝寿命定义

堰塞坝的寿命是指堰塞坝从形成到溃决结束整个过程的历时。根据堰塞坝与库容的相互关系,可以将堰塞坝的寿命分为汇水、过流和溃决三个阶段(图 5-1)。

汇水阶段是指堰塞坝从形成到发生漫顶溢流的过程。这一阶段的持续时间取决于堰塞湖的有效入库流量(入库流量和渗流量的差值)和库容。例如,台湾小林村堰塞坝发生在强降雨时,入库流量达到 2 974 m³/s,堰塞坝在形成后约 40 min 内堰塞湖库容就达到最大值(Li et al.,2011)。对于拥有巨大库容或极大渗流量的堰塞坝而言,汇水阶段的时间可能很长。例如,阿富汗的 Shewa 堰塞坝,由于坝体材料渗透性好,渗流量较大,自中世纪形成以来未发生过流(Adam et al.,2017)。通常,汇水阶段的时长在数天到数年之间,并可以通过多时相遥感图像和灾前 DEM 数据进行计算(Yang et al.，2013；Dong et al.，2014；Delaney et al.，2015)。掌握汇水阶段时长的价值在于预警决策准备和决定采取何种工程措施,如采取开挖泄流槽和泄洪隧道等措施。

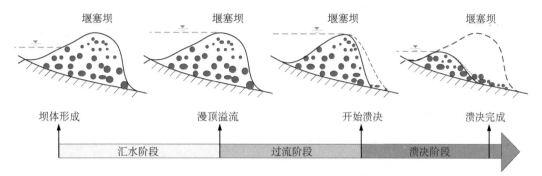

图 5-1　堰塞坝寿命的三个阶段(汇水、过流、溃决)

过流阶段是指从堰塞坝发生漫顶溢流到坝体上游坡面发生侵蚀的过程,在人工坝研究中通常被称为初始溃决阶段(Xu et al.，2009；Chang et al.，2010)。这一阶段的持续时间取决于入库流量、坝体形态参数(坝高、坝宽等)和坝体材料的抗侵蚀能力。历史上大多数的堰塞坝由于坝体结构松散、坝体材料未发生固结,抗侵蚀能力弱,导致过流阶段的持续时长一般较短。少数过流流量较小,可蚀性低的堰塞坝具有较长的过流时长(Jennings et al.，1993)。例如,形成于 1911 年的 Usio 堰塞坝,坝体体积 4.5×10^7 m^3,且坝体材料抗侵蚀能力强,坝体在渗流和过流条件下至今未发生溃决破坏(刘宁 等,2013)。通常,过流阶段的时长在数小时到数天。掌握这一阶段时长的价值在于采取非工程措施,如采取预警和疏散措施。

溃决阶段是指从堰塞坝上游坡面发生侵蚀到溃决结束的过程,在人工坝研究中通常被称为溃决发展阶段(Xu et al.，2009；Chang et al.，2010)。溃决阶段的时长主要取决于坝体材料的抗侵蚀能力、坝体形态参数和库容。这一阶段时长对于具有高可蚀性坝体材料和较大库容的堰塞坝而言通常较短(Yang et al.，2015)。例如,1893 年,西藏墨脱地区一个降雨诱发的堰塞坝,由于坝体材料的高可蚀性和拥有 4.6×10^9 m^3 的巨大库容,堰塞坝在几分钟内就溃决结束(刘宁 等,2013)。再如,2009 年,强降雨诱发的小林村堰塞坝,由于坝体材料的高可蚀性,其在形成后 1 h 内溃决结束,造成巨大的洪水灾害,最大峰值流量达 70 649 m^3/s(Yang et al.，2013)。通常,溃决阶段的时长在数分钟到数小时之间。这一阶段虽然时间很短暂,但对于处于风险区域人群的最终紧急疏散仍然具有一定的指导价值。

汇水、过流和溃决三个阶段共同构成了堰塞坝的整个寿命周期。接下来将系统分析堰塞坝的诱因、坝体材料、形态参数和水文参数对堰塞坝的寿命以及各个阶段时长的影响。

5.2　堰塞坝寿命影响因素

本节将根据堰塞坝案例数据库中 1 737 个堰塞坝案例进行寿命及其影响因素分析。图 5-2 是基于数据库中 352 个具有寿命信息的历史堰塞坝案例统计得到的寿命分布曲线。可以发现,寿命小于 1 年的堰塞坝占 84.4%,小于 6 个月的情况占 80.4%,小于 1 个月的情况占 68.2%,小于 1 周的情况占 48.3%,小于 1 d 的情况占 29.8%。在 Peng 和 Zhang(2012)的研究中,相应的百分比分别为 87.0%、83.0%、71.0%、51.0%和 34.0%。

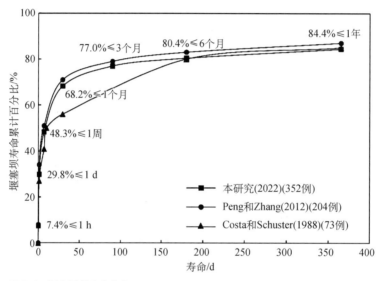

图 5-2　堰塞坝的寿命分布

5.2.1　诱因与寿命的关系

图 5-3 是 305 个同时具有诱因和寿命信息的堰塞坝案例,可以发现地震诱发堰塞坝寿命小于 1 d 的占比较小,仅为 13.8%。原因在于地震诱发的堰塞坝通常具有更大的坝体方量,坝体结构更加松散,渗透性更好,坝体发生漫顶溢流需要更长的时间。同时,地震诱发的堰塞坝坝体中含有较多的大块石,使坝体的抗侵蚀能力相对更好,进而增加了堰塞坝的寿命。降雨诱发堰塞坝寿命小于 1 d 的占比达 44.2%。原因主要是降雨引起的入库流量较大,缩短了堰塞湖蓄水时间;同时,降雨诱发堰塞坝的坝体含水率较高,缩短了堰塞坝的寿命。由融雪及其他诱因(如火山、人类活动等)引起的堰塞坝,其寿命一般介于降雨和地震诱发的堰塞坝之间,但其数量要小得多(图 5-3)。

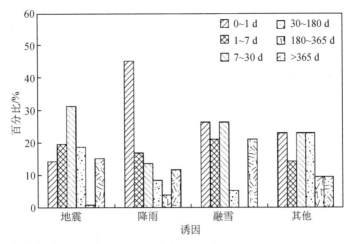

图 5-3　不同诱因与堰塞坝寿命的分布(305 个)

5.2.2　坝体材料与寿命的关系

如第 4 章所述,堰塞坝的坝体材料可以划分为堆石、土质和土石混合体三类。

(1) 堆石:坝体以块石为主材料组成,包括岩崩、岩质滑坡等。

(2) 土质:坝体以细颗粒(黏土、砂、粉土)为主的材料组成,包括土质滑坡、土石流等。

(3) 土石混合体:坝体材料由介于岩块和土体之间,以碎块石和土的混合物为主组成,包括碎屑滑坡、碎屑流和土石混合体崩塌等。

在 1 015 个有坝体材料记录的案例中,275 个堰塞坝案例同时具有坝体材料和寿命信息(图 5-4)。

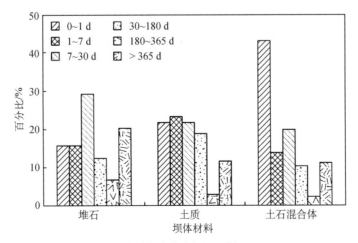

图 5-4　不同坝体材料与堰塞坝寿命分布(275 个)

土石混合体材料的堰塞坝的寿命小于 1 d 占比最高,达 42.5%,主要是由于土石混合体材料相比堆石材料渗透性相对较差,导致堰塞湖水位更容易持续上升,同时坝体材料可蚀性较高,溃决速度较快。此外,土石混合体型堰塞坝很多都是由强降雨诱发的,其入库流量相对更大(年廷凯 等,2018)。例如,2013 年,四川省瀑布沟和肖家沟两个土石混合体型堰塞坝,由于暴雨导致入库流量较大,堰塞坝在 1 d 内相继发生溃决。土质型堰塞坝由于坝体材料的高可蚀性,其寿命不足 1 d 的占比达 21.7%,但仍然有 11.6% 的土质型堰塞坝寿命在 1 年以上,主要原因是在统计的案例中,寿命大于 1 年的土质型堰塞坝大多具有汇水面积小、入库流量小的特点。例如,1923 年,日本 Shinsei Lake 堰塞坝由于其集水面积仅为 0.19 km^2,入库流量仅 1 m^3/s,至今仍未发生溃决(刘宁 等,2013)。堆石型堰塞坝的寿命在不足 1 d 和 1 年以上的占比分别为 16.3% 和 19.8%,原因主要是堆石型堰塞坝一般孔隙比较大,渗透性较好,坝体材料可蚀性较低。

5.2.3　形态/水文参数与寿命的关系

堰塞坝的主要形态参数与水文参数与第 4 章堰塞坝稳定性分析中的定义一致(Peng et al.,2012)。

如图 5-5 所示,坝体体积、坝高与堰塞坝寿命呈弱相关关系,线性拟合的判定系数 R^2 分别为 0.14 和 0.13。而坝长、坝宽、库容、年平均流量与堰塞坝的寿命几乎没有相关性,R^2 都小于 0.10(表 5-1)。

堰塞坝寿命三个阶段的时长与坝体形态参数、水文参数的相关性如表 5-2 所示。在汇水阶段,年平均流量与汇水阶段时长呈较强的相关性($R^2 = 0.50$),而其他参数与该阶段时长几乎没有相关性($R^2 < 0.10$)。一般而言,年平均流量表征了入库流量的大小,进而决定了汇水时间。在过流阶段,年平均流量对过流阶段时长影响最大($R^2 = 0.41$),坝长、坝体体积与过流阶段时长呈弱相关关系,R^2 分别为 0.29 和 0.12。其原因可能是年平均流量影响了水流对坝体材料的侵蚀能力,坝长和坝体体积代表了能够被侵蚀的坝体方量。在溃决阶段,库容对溃决阶段时长的影响最大($R^2 = 0.42$),年平均流量与该阶段时长呈弱相关关系($R^2 = 0.26$),而其他参数与溃决阶段时长几乎没有关系。这是因为库容越大,水体蕴含的势能越大,溃坝时势能转化为动能,水流侵蚀能力增强,导致坝体溃决加快。

虽然从对堰塞坝寿命及三阶段时长的单因素分析中可见一定的规律性,但仅凭单因素分析结果仍然不足以预测堰塞坝的寿命。实际上,堰塞坝寿命及每个阶段的持续时间会同时受到多个不同因素的共同影响。

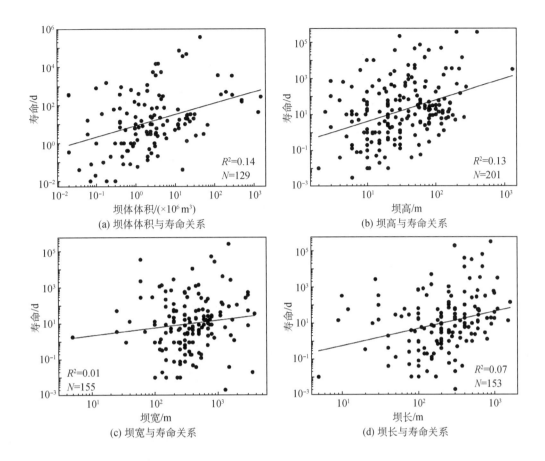

图 5-5　坝体形态参数与寿命关系

表 5-1　形态/水文参数与堰塞坝寿命的关系

寿命阶段	参数		判定系数 R^2	案例数量/个
全阶段	形态参数	H_d	0.13	201
		L_d	0.07	153
		W_d	0.01	155
	水文参数	V_d	0.14	129
		Q_{in}	0.07	70
		V_l	0.09	158

表 5-2 形态/水文参数与三阶段时长的关系

寿命阶段	参数		判定系数 R^2	案例数量/个
汇水阶段	形态参数	H_d	0.09	25
		L_d	0.02	22
		W_d	0.02	25
	水文参数	V_d	0.06	25
		Q_{in}	0.50	24
		V_l	0.00	25
过流阶段	形态参数	H_d	0.03	25
		L_d	0.29	22
		W_d	0.03	25
	水文参数	V_d	0.12	25
		Q_{in}	0.41	24
		V_l	0.02	25
溃决阶段	形态参数	H_d	0.01	25
		L_d	0.00	22
		W_d	0.02	25
	水文参数	V_d	0.02	25
		Q_{in}	0.26	24
		V_l	0.42	25

5.3 堰塞坝寿命评估的快速定量模型

5.3.1 分析方法介绍

采用多变量回归模型(乘法公式)建立寿命与影响因素的相关关系。

$$Y_i = b_0 X_1^{b_1} X_2^{b_2} X_3^{b_3} \cdots X_i^{b_i} \tag{5-1}$$

式中 Y_i——寿命参数；

$X_i (i=1,2,3\cdots)$——无量纲化的寿命影响因素；

b_i——回归系数。

式(5-1)可以通过对方程两边进行对数变换转化为加法形式。

$$\ln Y = \ln b_0 + b_1 \ln X_1 + b_2 \ln X_2 + \cdots + b_i \ln X_i \tag{5-2}$$

多变量回归分析通常采用最小二乘法,通过最小化残差平方和可以得到回归系数 b_i。模型的可信度通过判断系数 R^2 的大小来判别，R^2 的值体现了模型计算中自变量的变异在因变量的变异中所占的比例。换言之，R^2 越大，表示拟合优度越高。R^2 的计算公式如下：

$$R^2 = 1 - \frac{\sum (y_j - \overline{y_j})^2}{\sum (y_j - y_{ave})^2} = 1 - \frac{SSE}{SST} \tag{5-3}$$

式中　y_j——因变量的实际值；

　　　$\overline{y_j}$——因变量的计算值；

　　　SSE——误差平方和；

　　　SST——因变量 y 均值的平方和，称为 y_{ave}。

5.3.2　寿命评估参数的选取

基于 5.2 节的分析，与稳定性评估模型采用的参数一致，选取诱因、坝体材料、坝体形态参数（坝高、坝宽、坝长、坝体体积）和水文参数（库容、年平均流量）作为控制变量，进行无量纲化处理，得到 8 个无量纲化的控制变量，进而基于该 8 个参数建立堰塞坝寿命快速评估模型。

5.3.3　寿命快速评估模型的建立

在 352 个具有堰塞坝寿命信息的案例中，同时具有寿命信息和 8 个影响因素信息（诱因、坝体材料、坝体体积、坝高、坝宽、坝长、库容和年平均流量）的堰塞坝案例共 70 个；同时具有三阶段时长和完整影响因素信息的案例共 19 个。下面分别应用 67 个和 16 个堰塞坝案例建立全阶段及三阶段时长快速评估模型（表 5-3），3 个案例用于验证模型。

1. 全阶段快速评估模型

基于 8 个无量纲化变量对寿命进行分析，将这 8 个控制变量采用乘法公式，可得到堰塞坝寿命全阶段的全参数模型（$R^2 = 0.78$）。

$$Y = \left(\frac{H_d}{H_r}\right)^{0.083} \left(\frac{W_d}{H_d}\right)^{0.076} \left(\frac{L_d}{H_d}\right)^{0.054} \left(\frac{V_d^{\frac{1}{3}}}{H_d}\right)^{2.161} \left(\frac{V_l^{\frac{1}{3}}}{H_d}\right)^{-2.533} \left(\frac{Q_{in} T_r}{V_l}\right)^{-0.650} e^{\alpha} e^{\beta} \tag{5-4}$$

其中，参数"α"取值，堆石为 -0.576，土质为 -0.902，土石混合体为 -0.232；参数"β"取值，地震为 4.962，降雨为 2.379，其他为 5.681。

表 5-4 给出了 $SSE\%$ 与 R^2 的对应值。第 1 行是考虑所有 8 个控制变量（$X_{1,2,3,4,5,6,7,8}$）的结果，第 2～9 行是考虑 X_i 的不同组合的结果。对比第 1 行，第 2～9 行中 $SSE\%$ 的增幅分别为 0.02、0.04、0.04、1.39、10.12、30.84、32.49、44.54。因此，影响 Y 的 8 个变量的重要度排序为 $X_1 > X_8 > X_7 > X_6 > X_2 > X_4 = X_3 > X_5$。表 5-5 给出了 1～4 个最重

表 5-3　堰塞坝寿命快速评估模型

阶段（Y）		公式	α		β		数量	R^2
汇水阶段 （Y_{in}）	全参数模型	$Y_{in} = \left(\dfrac{H_d}{H_r}\right)^{-3.253}\left(\dfrac{W_d}{H_d}\right)^{1.568}\left(\dfrac{V_l^{\frac{1}{3}}}{H_d}\right)^{-2.168}\left(\dfrac{L_d}{H_d}\right)^{-1.438}\left(\dfrac{Q_{in}T_r}{V_l}\right)^{-1.640}\left(\dfrac{V_d^{\frac{1}{3}}}{H_d}\right)^{0.799}e^{a}e^{\beta}$	堆石	6.616	降雨	8.713	16	0.96
			土质	10.183	地震	10.755		
			土石混合体	8.028	其他	11.777		
	简化参数模型	$Y_{in} = \left(\dfrac{V_l^{\frac{1}{3}}}{H_d}\right)^{-1.500}\left(\dfrac{Q_{in}T_r}{V_l}\right)^{-0.809}e^{\beta}$	堆石	—	降雨	4.584		0.91
			土质	—	地震	4.675		
			土石混合体	—	其他	5.877		
过流阶段 （Y_{ot}）	全参数模型	$Y_{ot} = \left(\dfrac{H_d}{H_r}\right)^{1.312}\left(\dfrac{W_d}{H_d}\right)^{0.671}\left(\dfrac{L_d}{H_d}\right)^{1.432}\left(\dfrac{V_d^{\frac{1}{3}}}{H_d}\right)^{0.877}\left(\dfrac{Q_{in}T_r}{V_l}\right)^{-0.762}e^{a}e^{\beta}$	堆石	−4.275	降雨	−4.314	16	0.93
			土质	−3.142	地震	−2.091		
			土石混合体	−4.382	其他	−2.493		
	简化参数模型	$Y_{ot} = \left(\dfrac{L_d}{H_d}\right)^{1.475}\left(\dfrac{V_l^{\frac{1}{3}}}{H_d}\right)^{-2.029}\left(\dfrac{Q_{in}T_r}{V_l}\right)^{-0.631}e^{\beta}$	堆石	—	降雨	0.386		0.90
			土质	—	地震	1.013		
			土石混合体	—	其他	1.444		
溃决阶段 （Y_{br}）	全参数模型	$Y_{br} = \left(\dfrac{H_d}{H_r}\right)^{0.718}\left(\dfrac{W_d}{H_d}\right)^{-0.067}\left(\dfrac{L_d}{H_d}\right)^{-0.526}\left(\dfrac{V_l^{\frac{1}{3}}}{H_d}\right)^{0.437}\left(\dfrac{Q_{in}T_r}{V_l}\right)^{-0.166}\left(\dfrac{V_d^{\frac{1}{3}}}{H_d}\right)^{1.231}e^{a}e^{\beta}$	堆石	−2.928	降雨	−3.945	16	0.86
			土质	−3.386	地震	−2.610		
			土石混合体	−3.258	其他	−2.308		
	简化参数模型	$Y_{br} = \left(\dfrac{V_d^{\frac{1}{3}}}{H_d}\right)^{0.152}\left(\dfrac{Q_{in}T_r}{V_l}\right)^{0.374}\left(\dfrac{V_l^{\frac{1}{3}}}{H_d}\right)^{-0.188}e^{\beta}$	堆石	—	降雨	−3.005		0.76
			土质	—	地震	−2.124		
			土石混合体	—	其他	−1.655		

（续表）

阶段（Y）		公式	α		β		数量	R^2
三阶段 $(Y = Y_{in} + Y_{ot} + Y_{br})$	全参数模型	$Y = Y_{in} + Y_{ot} + Y_{br}$	堆石	—	降雨	—	16	0.94
			土质	—	地震	—		
			土石混合体	—	其他	—		
	简化参数模型	$Y = Y_{in} + Y_{ot} + Y_{br}$	堆石	—	降雨	—		0.86
			土质	—	地震	—		
			土石混合体	—	其他	—		
全阶段 （Y）	全参数模型	$Y = \left(\dfrac{H_d}{H_r}\right)^{0.083}\left(\dfrac{W_d}{H_d}\right)^{0.076}\left(\dfrac{L_d}{H_d}\right)^{0.054}\left(\dfrac{V_d^{\frac{1}{3}}}{H_d}\right)^{2.161}\left(\dfrac{V_l^{\frac{1}{3}}}{H_d}\right)^{-2.533}\left(\dfrac{Q_{in}T_r}{V_l}\right)^{-0.650}e^{\alpha}e^{\beta}$	堆石	-0.576	降雨	2.379	67	0.78
			土质	-0.902	地震	4.962		
			土石混合体	-0.232	其他	5.681		
	简化参数模型	$Y = \left(\dfrac{V_l^{\frac{1}{3}}}{H_d}\right)^{-0.812}\left(\dfrac{Q_{in}T_r}{V_l}\right)^{-0.467}e^{\beta}$	堆石	—	降雨	2.394		0.71
			土质	—	地震	4.795		
			土石混合体	—	其他	4.936		

要的 X_i 组合的 R^2。通过比较分析,可以将 X_1、X_7 和 X_8 作为最重要的变量,建立简化参数评估模型。因此,寿命全阶段简化模型如下($R^2 = 0.71$):

$$Y = \left(\frac{V_l^{\frac{1}{3}}}{H_d}\right)^{-0.812} \left(\frac{Q_{in} T_r}{V_l}\right)^{-0.467} e^{\beta} \tag{5-5}$$

其中,参数"β"取值,地震为 4.795,降雨为 2.394,其他为 4.936。

根据上述寿命全阶段快速评估模型[式(5-4)、式(5-5)],可以发现诱因是最重要的因素,主要原因是诱因会影响入库流量、坝体结构和坝体材料的含水率。湖面形状系数和年平均流量系数在预测模型中具有重要作用,主要由于在坝高不变的情况下,$V_l^{\frac{1}{3}}/H_d$ 越大,库容越大,侵蚀坝体的水流能量越大,坝体寿命越短;$Q_{in} T_r/V_l$ 对蓄水时间有一定的影响,随着年平均流量的增加,堰塞湖蓄水所需时间逐渐减少,堰塞坝的寿命减短。

表 5-4　全参数寿命快速评估模型回归分析结果

考虑 X_i [a]	$SSE_{j(j=1\sim8)}$	$\Delta SSE\%$ [b]	R^2	备注
$X_{1,2,3,4,5,6,7,8}$	203.13	0.00	0.78	全参数
$X_{1,2,3,4,6,7,8}$	203.18	0.02	0.78	缺失 L_d/H_d
$X_{1,2,4,5,6,7,8}$	203.21	0.04	0.78	缺失 H_d/H_r
$X_{1,2,3,5,6,7,8}$	203.22	0.04	0.78	缺失 W_d/H_d
$X_{1,3,4,5,6,7,8}$	205.95	1.39	0.78	缺失坝体材料
$X_{1,2,3,4,5,7,8}$	223.68	10.12	0.76	缺失 $V_d^{\frac{1}{3}}/H_d$
$X_{1,2,3,4,5,6,8}$	265.77	30.84	0.70	缺失 $V_l^{\frac{1}{3}}/H_d$
$X_{1,2,3,4,5,6,7}$	269.12	32.49	0.70	缺失 $Q_{in} T_r/V_l$
$X_{2,3,4,5,6,7,8}$	293.63	44.54	0.66	缺失诱因

注:[a] $X_i(i=1\sim8)$ 具体含义如表 4-4 所示;[b] $\Delta SSE\% = [(SSE_j - SSE_1)/SSE_1] \times 100\%$。

表 5-5　简化参数寿命快速评估模型回归分析结果

考虑 X_i [a]	$SSE_{j(j=1\sim4)}$	$\Delta SSE\%$ [b]	R^2
$X_{1,6,7,8}$	206.70	0.00	0.78
$X_{1,7,8}$	260.68	26.12	0.71
$X_{1,8}$	279.63	35.29	0.68
X_1	394.84	91.02	0.49

注:[a] $X_i(i=1\sim8)$ 具体含义如表 4-4 所示;[b] $\Delta SSE\% = [(SSE_j - SSE_1)/SSE_1] \times 100\%$。

2. 三阶段快速评估模型

堰塞坝的寿命周期可以表示为汇水、过流和溃决三个阶段时长的总和。

$$Y = Y_{in} + Y_{ot} + Y_{br} \tag{5-6}$$

式中　Y_{in}——汇水阶段；

　　　Y_{ot}——过流阶段；

　　　Y_{br}——溃决阶段。

下面将分别讨论三个阶段时长的快速评估模型建立，以及各影响因素在每个阶段时长预测中的重要性。

（1）汇水阶段

对汇水阶段时长建立多变量回归模型，可得全参数快速评估模型（$R^2 = 0.96$）。

$$Y_{in} = \left(\frac{H_d}{H_r}\right)^{-3.253} \left(\frac{W_d}{H_d}\right)^{1.568} \left(\frac{L_d}{H_d}\right)^{-1.438} \left(\frac{V_d^{\frac{1}{3}}}{H_d}\right)^{0.799} \left(\frac{V_l^{\frac{1}{3}}}{H_d}\right)^{-2.168} \left(\frac{Q_{in} T_r}{V_l}\right)^{-1.640} e^{\alpha} e^{\beta} \tag{5-7}$$

其中，参数"α"取值，堆石为 6.616，土质为 10.183，土石混合体为 8.028。参数"β"取值，地震为 10.755，降雨为 8.713，其他为 11.777。

$\Delta SSE\%$ 与 R^2 的值如表 5-6 所示。通过比较第 2～9 行中的 R^2 和 $\Delta SSE\%$，可以得到 X_i 的重要度排序为：$X_8 > X_7 > X_1 > X_2 > X_3 > X_5 > X_4 > X_6$。通过比较结果，可以将 X_1、X_7、X_8 作为最重要的变量，建立简化参数预测模型（表 5-7）。汇水阶段时长的简化参数快速评估模型如下（$R^2 = 0.91$）：

$$Y_{in} = \left(\frac{V_l^{\frac{1}{3}}}{H_d}\right)^{-1.500} \left(\frac{Q_{in} T_r}{V_l}\right)^{-0.809} e^{\beta} \tag{5-8}$$

其中，参数"β"取值，地震为 4.675，降雨为 4.584，其他为 5.877。

在这一阶段，最重要的影响因素为 $Q_{in} T_r / V_l$，随着年平均流量系数的增加，堰塞湖汇水所需时间减小。第二重要的影响因素为 $V_l^{\frac{1}{3}} / H_d$，随着库容的增加，在相同入流条件下汇水阶段的时长增加。此外，诱因在汇水阶段时长的预测中也很重要，原因是入库流量常受到降雨的影响，降雨会增大入库流量，进而减小汇水阶段所需时间。

表 5-6　全参数三阶段时长快速评估模型回归分析结果

阶段	考虑 X_i[a]	$SSE_{j(j=1\sim8)}$	$\Delta SSE\%$[b]	R^2	备注
汇水阶段	$X_{1,2,3,4,5,6,7,8}$	6.946	0.00	0.96	全参数
	$X_{1,2,3,4,5,7,8}$	7.236	4.18	0.96	缺失 $V_d^{\frac{1}{3}}/H_d$
	$X_{1,2,3,5,6,7,8}$	8.683	25.01	0.95	缺失 W_d/H_d

（续表）

阶段	考虑 X_i[a]	$SSE_{j(j=1\sim8)}$	$\triangle SSE\%$[b]	R^2	备注
汇水阶段	$X_{1,2,3,4,6,7,8}$	10.468	50.71	0.94	缺失 L_d/H_d
	$X_{1,2,4,5,6,7,8}$	11.553	66.33	0.93	缺失 H_d/H_r
	$X_{1,3,4,5,6,7,8}$	11.713	68.63	0.93	缺失坝体材料
	$X_{2,3,4,5,6,7,8}$	17.383	150.26	0.90	缺失诱因
	$X_{1,2,3,4,5,6,8}$	20.539	195.70	0.88	缺失 $V_l^{\frac{1}{3}}/H_d$
	$X_{1,2,3,4,5,6,7}$	21.490	209.39	0.87	缺失 $Q_{in}T_r/V_l$
过流阶段	$X_{1,2,3,4,5,6,7,8}$	10.935	0.00	0.93	全参数
	$X_{1,2,3,5,6,7,8}$	11.254	2.92	0.93	缺失 W_d/H_d
	$X_{1,2,3,4,5,7,8}$	11.285	3.20	0.93	缺失 $V_d^{\frac{1}{3}}/H_d$
	$X_{1,3,4,5,6,7,8}$	11.301	3.35	0.93	缺失坝体材料
	$X_{1,2,4,5,6,7,8}$	11.685	6.86	0.93	缺失 H_d/H_r
	$X_{1,2,3,4,5,6,7}$	14.073	28.70	0.92	缺失 $Q_{in}T_r/V_l$
	$X_{1,2,3,4,6,7,8}$	14.430	31.96	0.91	缺失 L_d/H_d
	$X_{2,3,4,5,6,7,8}$	14.831	35.63	0.91	缺失诱因
	$X_{1,2,3,4,5,6,8}$	25.589	134.01	0.84	缺失 $V_l^{\frac{1}{3}}/H_d$
溃决阶段	$X_{1,2,3,4,5,6,7,8}$	6.938	0.00	0.86	全参数
	$X_{1,2,3,5,6,7,8}$	6.949	0.16	0.86	缺失 W_d/H_d
	$X_{1,3,4,5,6,7,8}$	7.227	4.00	0.85	缺失坝体材料
	$X_{1,2,4,5,6,7,8}$	7.276	4.65	0.85	缺失 H_d/H_r
	$X_{1,2,3,4,6,7,8}$	7.488	7.35	0.84	缺失 L_d/H_d
	$X_{1,2,3,4,5,6,8}$	7.646	9.26	0.84	缺失 $V_l^{\frac{1}{3}}/H_d$
	$X_{1,2,3,4,5,6,7}$	7.677	9.63	0.84	缺失 $Q_{in}T_r/V_l$
	$X_{1,2,3,4,5,7,8}$	7.838	11.48	0.84	缺失 $V_d^{\frac{1}{3}}/H_d$
	$X_{2,3,4,5,6,7,8}$	9.187	24.48	0.81	缺失诱因

注：[a]$X_i(i=1\sim8)$具体含义如表 4-4 所示；[b]$\triangle SSE\% = [(SSE_j - SSE_1)/SSE_1] \times 100\%$。

表 5-7　简化参数三阶段时长快速评估模型回归分析结果

阶段	考虑 X_i[a]	$SSE_{j(j=1\sim4)}$	$\triangle SSE\%$[b]	R^2
汇水阶段	$X_{1,2,3,5,7,8}$	12.79	0.00	0.93
	$X_{1,2,3,7,8}$	12.97	1.42	0.93
	$X_{1,2,7,8}$	13.49	5.45	0.93
	$X_{1,7,8}$	15.49	21.12	0.91

（续表）

阶段	考虑 X_i [a]	$SSE_{j(j=1\sim4)}$	$\Delta SSE\%$ [b]	R^2
过流阶段	$X_{1,5,7,8}$	15.69	0.00	0.90
	$X_{1,5,7}$	57.41	265.89	0.58
溃决阶段	$X_{1,5,6,7,8}$	7.82	0.00	0.84
	$X_{1,6,7,8}$	11.17	29.95	0.76
	$X_{1,6,8}$	12.02	34.90	0.71
	$X_{1,6}$	19.34	59.55	0.51

注：[a] $X_i (i=1\sim8)$ 具体含义如表 4-4 所示；[b] $\Delta SSE\% = [(SSE_j - SSE_1)/SSE_1] \times 100\%$。

（2）过流阶段

过流阶段的全参数快速评估模型如下（$R^2 = 0.93$）：

$$Y_{ot} = \left(\frac{H_d}{H_r}\right)^{1.312} \left(\frac{W_d}{H_d}\right)^{0.671} \left(\frac{L_d}{H_d}\right)^{1.432} \left(\frac{V_d^{\frac{1}{3}}}{H_d}\right)^{0.877} \left(\frac{V_l^{\frac{1}{3}}}{H_d}\right)^{-2.251} \left(\frac{Q_{in}T_r}{V_l}\right)^{-0.762} e^\alpha e^\beta \quad (5-9)$$

其中，参数"α"取值，堆石为 -4.275，土质为 -3.142，土石混合体为 -4.382。参数"β"取值，地震为 -2.091，降雨为 -4.314，其他为 -2.493。

比较各控制变量，X_i 的重要度排序为：$X_7 > X_1 > X_5 > X_8 > X_3 > X_2 > X_6 > X_4$（表 5-6）。依次减少一个变量，计算 R^2 和 $SSE\%$，发现选取 X_1、X_5 和 X_7 的 R^2 下降超过 0.3，$SSE\%$ 达到 265.89%（表 5-7），因此 X_1、X_5、X_7 和 X_8 是更重要的因素。过流阶段简化参数快速评估模型对应的公式如下（$R^2 = 0.90$）：

$$Y_{ot} = \left(\frac{L_d}{H_d}\right)^{1.475} \left(\frac{V_l^{\frac{1}{3}}}{H_d}\right)^{-2.029} \left(\frac{Q_{in}T_r}{V_l}\right)^{-0.631} e^\beta \quad (5-10)$$

其中，参数"β"取值，地震为 1.013，降雨为 0.386，其他为 1.444。

与汇水阶段不同，$V_l^{\frac{1}{3}}/H_d$ 是过流阶段最重要的影响因素，因为其表示能够侵蚀坝体的潜在水流的体积。一般而言，$V_l^{\frac{1}{3}}/H_d$ 越大，水流对坝体的侵蚀速率越快。诱因是第二大影响因素，主要由于诱因控制了入库流量和坝体材料含水率，进而影响了坝体材料的可蚀性。此外，L_d/H_d 在这一阶段也具有不可忽视的作用。一般而言，坝长会影响过流后水流对坝体的侵蚀以及溃口宽度的发展，进而会影响过流阶段的时长和堰塞坝的寿命。例如，1683 年，日本 Ojika River 和 Nakatsu River 两个堰塞坝，其坝高、坝宽和库容近似相同，而坝长为 700 m 的 Nakatsu River 堰塞坝寿命比坝长为 400 m 的 Ojika River 堰塞坝寿命更长（Swanson 等，1986；Zhang 等，2016）。

（3）溃决阶段

溃决阶段的全参数快速评估模型如下（$R^2 = 0.86$）：

$$Y_{\mathrm{br}} = \left(\frac{H_{\mathrm{d}}}{H_{\mathrm{r}}}\right)^{0.718} \left(\frac{W_{\mathrm{d}}}{H_{\mathrm{d}}}\right)^{-0.067} \left(\frac{L_{\mathrm{d}}}{H_{\mathrm{d}}}\right)^{-0.526} \left(\frac{V_{\mathrm{d}}^{\frac{1}{3}}}{H_{\mathrm{d}}}\right)^{1.231} \left(\frac{V_l^{\frac{1}{3}}}{H_{\mathrm{d}}}\right)^{0.437} \left(\frac{Q_{\mathrm{in}}T_{\mathrm{r}}}{V_l}\right)^{-0.166} \mathrm{e}^{\alpha} \mathrm{e}^{\beta} \quad (5\text{-}11)$$

其中，参数"α"取值，堆石为 -2.928，土质为 -3.386，土石混合体为 -3.258。参数"β"取值，地震为 -2.610，降雨为 -3.945，其他为 -2.308。

$SSE\%$ 与 R^2 的对应值如表 5-6 所示，X_i 的重要度排序为：$X_1 > X_6 > X_8 > X_7 > X_5 > X_3 > X_2 > X_4$。如表 5-7 所示，考虑参数 X_1, X_6, X_7, X_8 的 R^2 最接近全参数模型，因此，建立考虑 X_1, X_6, X_7, X_8 的简化参数快速评估模型，$R^2 = 0.76$。

$$Y_{\mathrm{br}} = \left(\frac{V_{\mathrm{d}}^{\frac{1}{3}}}{H_{\mathrm{d}}}\right)^{0.152} \left(\frac{V_l^{\frac{1}{3}}}{H_{\mathrm{d}}}\right)^{0.374} \left(\frac{Q_{\mathrm{in}}T_{\mathrm{r}}}{V_l}\right)^{-0.188} \mathrm{e}^{\beta} \quad (5\text{-}12)$$

其中，参数"β"取值，地震为 -2.124，降雨为 -3.005，其他为 -1.655。

和单因素分析结果以及汇水、过流阶段分析结果不同，诱因、$V_{\mathrm{d}}^{\frac{1}{3}}/H_{\mathrm{d}}$、$Q_{\mathrm{in}}T_{\mathrm{r}}/V_l$ 和 $V_l^{\frac{1}{3}}/H_{\mathrm{d}}$ 在溃决阶段比其他因素对溃决时长的影响更大。诱因会影响堰塞湖入库流量、坝体材料和含水率，进而影响坝体材料在水流作用下的侵蚀速率。坝体形状系数表征着可能被侵蚀带走的坝体材料（Peng et al., 2012）。而湖面形状系数决定了堰塞坝溃决时水流的能量大小。年平均流量系数决定了水库蓄水的速率，进而在一定程度上影响了侵蚀水流流量。因此，这 4 个因素都会直接或间接影响溃决阶段的时长。

5.3.4 寿命快速评估模型的验证

基于"10·10"白格、小林村、唐家山 3 个堰塞坝案例，将本章所建立的快速评估模型和中国台湾经济部水利署水利规划实验所（2004）、童煜翔（2008）、赖柏蓉（2013）提出的寿命预测模型进行对比分析（表 5-8）。其中，"10·10"白格堰塞坝于 2018 年发生在金沙江；小林村堰塞坝于 2009 年发生在旗山河；唐家山堰塞坝于 2008 年发生在通口河。在案例研究中，汇水阶段的计算结果是通过库容和入库流量得到的，而预测结果是通过第 5.5 节所建立的快速评估模型计算得到的。

表 5-8 已有的堰塞坝寿命预测模型

编号	已有的寿命预测模型	来源
1	$Y = 10^{0.0417(\log V_{\mathrm{d}})^{2.6857}}$	NCTU

（续表）

编号	已有的寿命预测模型	来源
2	$Y = -0.438\log(A_c) + 0.678\log(H_d) + 2.039\log(L_d) + 1.973\log(W_d) - 2.001$	童煜翔
3	$Y = -0.722\log(A_c) - 0.438\log(H_s) + 1.468\log(H_d) + 1.016\log(W_d) +$ $0.116\log(V_d) + 1.764C_1 + 0.629C_2 - 1.059C_3 + 0.536C_4 + 6.615$	赖柏蓉

1. "10·10"白格堰塞坝

2018 年 10 月 10 日 22:06，西藏昌都市江达县山体发生滑坡，堵塞金沙江形成"10·10"白格堰塞坝。白格堰塞坝的坝高 61 m、坝宽 2 000 m、坝长 850 m，坝体体积 2.5×10^7 m³，库容 2.9×10^8 m³，坝体材料为混合的碎屑岩质。关于白格堰塞坝的详细情况在本书第 11 章介绍，本节仅开展白格堰塞坝的寿命分析。堰塞坝的实际寿命约为 2.6 d，汇水阶段、过流阶段和溃决阶段的时长分别为 1.8 d、0.3 d 和 0.5 d。关于唐家山堰塞坝的详细信息介绍见第 12 章。

采用不同模型对白格堰塞坝的寿命预测结果如表 5-9 所示。其中，采用全参数和简化参数的三阶段寿命快速评估模型的预测结果分别为 1.95 d 和 3.38 d。由于考虑了三个阶段不同影响因素的作用，三阶段寿命快速评估模型的结果明显优于全阶段寿命快速评估模型(7.87 d)，以及童煜翔(2008)和赖柏蓉(2013)所提出的模型(6.59 d 和 5.10 d)。虽然全参数三阶段快速评估模型的计算结果更接近于实测值，但是在堰塞坝形成的短暂时间内，可能存在无法快速准确获取全部参数的情况。因此简化参数三阶段模型在快速评估中的应用潜力更大。此外，中国台湾经济部水利署水利规划实验所(2004)的预测模型明显高估了堰塞坝的寿命。

表 5-9　3 个堰塞坝寿命预测结果

寿命参数	堰塞坝	记录	本章所提模型				NCTU模型	童煜翔模型	赖柏蓉模型
			全阶段模型		三阶段模型		Y_1^*	Y_2^*	Y_3^*
			全参数	简化参数	全参数	简化参数			
寿命/d	白格	2.60	7.87	8.84	1.95	3.38	11 609	6.59	5.10
	小林村	0.07	6.35	1.80	20.94	4.46	2 475	6.87	5.00
	唐家山	29.00	30.42	32.26	40.07	13.27	5 985	6.48	6.59

注：* 3 个模型的公式见表 5-8。

2. 小林村堰塞坝

2009 年 8 月 9 日，台风"莫拉克"造成的强降雨，诱发台湾小林村滑坡，堵塞了旗山河，形成堰塞坝。小林村堰塞坝坝高 44 m、坝宽 1 500 m、坝长 370 m，坝体体积 1.54×10^7 m³，库容 9.9×10^6 m³，年平均流量 30.13 m³/s。坝体材料主要由砂岩、泥岩、页岩块体和含泥岩碎块的黏土物质组成(Dong 等，2011)[图 5-6(a)]。

在台风影响下,小林村地区三天的累积降雨量达到 1 676.5 mm。8 月 9 日 6:16,强降雨诱发小林村堰塞坝。堰塞坝在形成后 1 h 内发生过流,在 8 月 9 日 7:25,堰塞坝溃决峰值流量达到 70 649 m³/s,约 7:40,堰塞坝就已经完全溃决(Tsou 等,2011;Hsu 等,2014)。由于小林村堰塞坝的寿命极短,未采取任何人工措施。堰塞坝的实际寿命约 0.07 d,汇水阶段、过流阶段和溃决阶段的时长分别为 0.04 d、0.02 d 和 0.01 d。

全阶段和三阶段寿命快速评估模型的预测结果如表 5-9 所示。可以发现,赖柏蓉(2013)所提出的模型预测结果比本章所提出全参数三阶段寿命快速评估模型的预测结果更接近真实值。原因主要是强降雨极大地增加了小林村堰塞坝的入库流量(2 974 m³/s)(Li 等,2011),大约为年平均流量的 100 倍。如果将汇水阶段时长采用库容和入库流量的比值进行计算,再结合过流阶段和溃决阶段的预测时长,小林村堰塞坝寿命预测结果约为 0.38 d,与实际寿命较为接近(表 5-10)。因此,如果能够获得入库流量和库容,在一定程度上可以更加准确地获得堰塞坝汇水阶段的时长。

| (a) 小林村堰塞坝 | (b) 唐家山堰塞坝 |

图 5-6　堰塞坝现场照片

3. 唐家山堰塞坝

唐家山堰塞坝是由 M_w 7.9 汶川地震诱发的,坝高 82 m、坝宽 802 m、坝长 611.8 m、坝体体积 $2.04×10^7$ m³,库容 $3.16×10^8$ m³,年平均流量 92.3 m³/s。坝体材料主要由砾质土、强风化碎裂岩和弱风化碎裂岩组成[图 5-6(b)]。

2008 年 5 月 12 日,北川镇上游 3.5 km,绵阳市上游约 85 km 处发生滑坡,堵塞通口河形成堰塞坝。5 月 26 日(堰塞坝形成后 14 d),开挖泄流槽降低过流水位,将坝高从 752 m 下降到 740 m,对应的库容从 $3.16×10^8$ m³ 减少到 $2.47×10^8$ m³。6 月 7 日 7:08,堰塞坝发生过流,6 月 10 日 7:42,堰塞坝溃决流量显著增加,12:30 达到峰值流量 6 500 m³/s。6 月 11 日 14:00,水位下降到 714.1 m,堰塞坝库容从 $2.47×10^8$ m³ 下降到 $0.86×10^8$ m³(胡卸文 等,2009)。堰塞坝的实际寿命约 29 d,汇水阶段、过流阶段和溃决阶段的时长分别为 26 d、2.3 d 和 0.7 d。关于唐家山堰塞坝详细信息介绍见第 8 章。

表 5-10　3 个堰塞坝汇水、过流、溃决三阶段时长的预测结果

堰塞坝	记录寿命 /d	年平均流量 /(m³·s⁻¹)	实际入库流量 /(m³·s⁻¹)	三阶段寿命				寿命 $(T_{inc}+T_{ot}+T_{br})$/d	寿命 $(T_{inc}+T_{ot}+T_{br})$/d
				汇水阶段(天)		过流阶段 (T_{ot})/d	溃决阶段 (T_{br})/d		
				计算 $(T_{inc})^a$	预测 $(T_{inc})^b$				
白格	2.6	1 680	1 680	1.99	0.92	0.56	0.47	3.02	1.95
小林村	0.07	30.13	2 794	0.04	20.6	0.29	0.05	0.38	20.94
唐家山	29	92.3	123	23.24	37.36	2.34	0.37	25.95	40.07

注: a 汇水阶段时长按照库容与入库流量计算; b 考虑年平均流量,利用式(5-7)计算汇水阶段的时长。

不同模型对唐家山堰塞坝的寿命预测结果如表 5-9 所示。本章提出的全阶段和三阶段寿命快速评估模型的预测结果分别为 30.42 d 和 40.07 d，预测结果比其他模型更接近实测值。其中，全阶段寿命快速评估模型的预测结果相对更准确，而三阶段寿命快速评估模型的预测结果存在一定偏差，主要原因是受汇水阶段入库流量的影响，在汇水阶段，实际入库流量为 123 m³/s，大于计算采用的年平均流量 92.3 m³/s(表 5-10)。

5.4 关于堰塞坝寿命快速评估模型的讨论

5.4.1 影响因素的敏感性分析

8 个影响因素对堰塞坝各个阶段的影响的重要性排序如表 5-11 所示。诱因会影响汇水、过流、溃决三个阶段，因为其会影响入库流量、坝体材料及其含水率等特性。例如，降雨诱发的堰塞坝入库流量相对较大，坝体组成材料的颗粒通常较细，且含水率较高，与 H_d/H_r 和 W_d/H_d 相比，L_d/H_d、$V_d^{\frac{1}{3}}/H_d$、$Q_{in}T_r/V_l$ 和 $V_l^{\frac{1}{3}}/H_d$ 4 个变量对三个阶段的影响更为显著。其中，L_d/H_d 对过流阶段的影响较大，因为该参数在一定程度上代表了堰塞坝的规模和可侵蚀量。$V_d^{\frac{1}{3}}/H_d$ 在溃决阶段具有重要的作用，因为其表征了可以被侵蚀带走的坝体材料方量。$V_l^{\frac{1}{3}}/H_d$ 对三个阶段均有较大的影响，因为其决定了蓄水时长和侵蚀坝体的水量。此外，$Q_{in}T_r/V_l$ 同样对三个阶段均有影响，因为其影响了汇水阶段的时长，以及过流及溃决阶段水流对坝体的侵蚀速率。

表 5-11 8 个影响因素的重要性排序

阶段	重要性排序	最重要的影响因素
汇水阶段	$Q_{in}T_r/V_l>V_l^{\frac{1}{3}}/H_d>$诱因$>$坝体材料$>H_d/H_r>$ $L_d/H_d>W_d/H_d>V_d^{\frac{1}{3}}/H_d$	$Q_{in}T_r/V_l$，$V_l^{\frac{1}{3}}/H_d$，诱因
过流阶段	$V_l^{\frac{1}{3}}/H_d>$诱因$>L_d/H_d>Q_{in}T_r/V_l>H_d/H_r>$ 坝体材料$>W_d/H_d>V_d^{\frac{1}{3}}/H_d$	$V_l^{\frac{1}{3}}/H_d$，诱因，L_d/H_d，$Q_{in}T_r/V_l$
溃决阶段	诱因$>V_d^{\frac{1}{3}}/H_d>Q_{in}T_r/V_l>V_l^{\frac{1}{3}}/H_d>L_d/H_d>$ $H_d/H_r>$坝体材料$>W_d/H_d$	诱因，$V_d^{\frac{1}{3}}/H_d$，$Q_{in}T_r/V_l$，$V_l^{\frac{1}{3}}/H_d$

5.4.2　模型对比

快速评估模型的准确性可以通过偏差系数来表征,偏差系数为实测值与快速评估模型的计算值的比值(Peng et al.,2012)。表 5-12 为 5 个寿命评估模型计算得到的堰塞坝寿命的统计值。模型包括:NCTU 的模型(2004),童煜翔(2008)基于日本 43 个堰塞坝案例提出的模型,赖柏蓉(2013)基于日本 65 个堰塞坝案例提出的模型,本章基于全世界 70 个堰塞坝案例提出的全阶段寿命快速评估模型和基于 19 个堰塞坝案例提出的三阶段寿命快速评估模型。图 5-7 对比分析了 5 个寿命评估模型的计算结果和堰塞坝寿命记录值的对比。其中,虚线表示计算值等于实测值。可以发现,本章所提出的模型计算结果在虚线附近的离散程度小于其他模型,这与表 5-12 的结果一致。三阶段寿命快速评估模型的偏差系数仅为 1.46,进一步说明堰塞坝寿命三个阶段的影响因素互不相同,进行分别计算有助于提高预测结果的准确性。

表 5-12　堰塞坝寿命评估模型的偏差均值比较

来源	NCTU 模型	童煜翔模型	赖柏蓉模型	本章模型			
				全阶段寿命快速评估模型		三阶段寿命快速评估模型	
公式[d]	Y_1^*	Y_2^*	Y_3^*	全参数	简化参数	全参数	简化参数
案例数量	—	43	65	67	67	16	16
偏差均值	19.62	33.92	8.04	2.94	3.64	1.46	2.01

注:[d]3 种模型的公式见表 5-8。

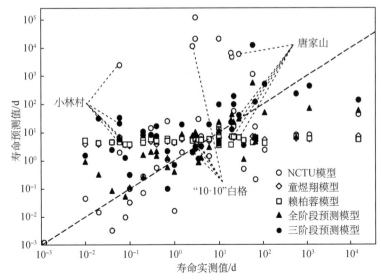

图 5-7　5 个堰塞坝寿命评估模型预测结果对比

5.4.3　汇水阶段和入库流量

在三阶段寿命快速评估模型中采用年平均流量来估算汇水阶段的时长,虽然在大多数情况下预测结果较准确,但是对于强降雨诱发的堰塞坝(如小林村堰塞坝)的预测结果误差却往往较大。因此,该阶段如果能够采用实际入库流量(入库流量与渗流量之差)和库容计算汇水时间,则结果将会更加准确。如果在堰塞坝形成后,附近有水文站或者能够获得成坝前后的遥感数据,可以通过计算获得汇水时间,但是对于大多数堰塞坝而言,往往很难获取这些数据。

与实际入库流量相比,年平均流量相对更容易获得。因此,年平均流量在一定程度上更适合无法获得入库流量的突发型堰塞坝的寿命快速预测。通常,可通过以下几种方法获得或估计年平均流量(叶守泽 等,2000)。

(1)水文观测方法:对于位于上下游水电站之间的堰塞坝,可通过上下游年平均流量的线性差来估算坝址处的年平均流量。

(2)水文类比法:将相似流域的年径流量应用于堰塞坝所在流域,由年径流量计算出年平均流量。

(3)等值线法:年径流深度乘以流域面积得到年径流量,由年径流量换算得到年平均流量。

(4)径流系数法:年径流量由年平均降雨量与年平均径流系数的乘积得到,年平均流量可以根据其与年径流量之间的定量关系获得。

(5)经验法:根据当地水文手册的记录,得到年平均流量的经验方程。

一般而言,降雨诱发的堰塞坝的入库流量大于年平均流量,如果降雨量不是很大,三阶段寿命快速评估模型的预测结果仍有一定的参考价值,因为诱因和年平均流量的组合对汇水阶段的预测具有一定校正。但当降雨量较大且无法得到实时入库流量时,往往很难准确估算汇水阶段时长。此外,对于管涌破坏的堰塞坝而言,很难预测其汇水阶段时长。但已有研究表明,仅有不到8%的堰塞坝发生管涌破坏,且管涌破坏的堰塞坝所需时间较长,可以有更多的时间进行处置或应急疏散(Peng et al.,2012)。

参考文献

刘宁,程尊兰,崔鹏,等,2013.堰塞湖及其风险控制[M].北京:科学出版社.
胡卸文,黄润秋,施裕兵,等,2009.唐家山滑坡堵江机制及堰塞坝溃坝模式分析[J].岩石力学与工程学报,28(1):181-189.
赖柏蓉,2013.影响堰塞湖天然坝寿命之因子探讨[D].台湾:台湾中央大学.

童煜翔,2008.山崩引致之堰塞湖天然坝稳定性之定量分析[D].台湾:台湾中央大学.

叶守泽,詹道江,2000.工程水文学[M].北京:中国水利水电出版社.

张玉柱,黄春长,周亚利,等,2017.黄河上游积石峡史前滑坡堰塞湖形成年代与发展演变研究[J].中国科学(地球科学),47:1357-1370.

中国台湾"经济部水利署"水利规划实验所,2004.堰塞湖引致灾害防治对策之研究总报告[R].台湾:"经济部水利署"水利规划实验所.

ADAM E, JAN K, 2017. The origin and evolution of Iskanderkul Lake in the western Tien Shan and related geomorphic hazards[J]. Geografiska Annaler: Series A, Physical Geography, 99(2): 139-154.

CHANG D S, ZHANG L M, 2010. Simulation of the erosion process of landslide dams due to overtopping considering variations in soil erodibility along depth[J]. Natural Hazards and Earth System Science, 10(4):933-946.

COSTA J E, SCHUSTER R L, 1988. The formation and failure of natural dams[J]. Geological Society of America Bulletin, 100: 1054-1068.

DELANEY K B, EVANS S G, 2015. The 2000 Yigong landslide (Tibetan Plateau), rockslide-dammed lake and outburst flood: review, remote sensing analysis, and process modelling[J]. Geomorphology, 246: 377-393.

DONG J J, LAI P J, CHANG C P, et al, 2014. Deriving landslide dam geometry from remote sensing images for the rapid assessment of critical parameters related to dam-breach hazards[J]. Landslides, 11(1): 93-105.

DONG J J, LI Y S, KUO C Y, et al, 2011. The formation and breach of a short-lived landslide dam at Hsiaolin village, Taiwan—Part I: Post-event reconstruction of dam geometry[J]. Engineering Geology, 123(1): 40-59.

GALLINO G L, PIERSON T C, 1985. Polallie Creek debris flow and subsequent dam-break flood of 1980, East Fork Hood River basin, Oregon. U.S.[J]. Geological Survey Water-Supply Paper, 2273: 37.

HSU Y C, HAW Y, TSENG W H, et al, 2014. Numerical simulation on a tremendous debris flow caused by typhoon Morakot in the Jiaopu stream, Taiwan[J]. Journal of Mountain Science, 11(1): 1-18.

JENNINGS D N, WEBBY M G, PARKIN D T, 1993. Tunawaea landslide dam, King Country, New Zealand[J]. Landslide News, 7: 25-27.

LI M H, SUNG R T, DONG J J, et al, 2011. The formation and breaching of a short-lived landslide dam at Hsiaolin Village, Taiwan—Part II: Simulation of debris flow with landslide dam breach[J]. Engineering Geology, 123 (1-2): 60-71.

LI M H, SUNG R T, DONG J J, et al, 2011. The formation and breaching of a short-lived landslide dam at Hsiaolin Village, Taiwan—Part II: Simulation of debris flow with landslide dam breach[J]. Engineering Geology, 123 (1-2): 60-71.

PENG M, ZHANG L M, 2012. Breaching parameters of landslide dams[J]. Landslides, 9(9): 13-31.

SWANSON F J, OYAGI N, TOMINAGA M, 1986. Landslide dams in Japan. Landslide dams: processes, risk and mitigation[J]. Geotechnical Special Publication (ASCE), 3: 131-145.

TSOU C Y, FENG Z Y, CHIGIRA M, 2011. Catastrophic landslide induced by typhoon Morakot, Shiaolin, Taiwan [J]. Geomorphology, 127:166-178.

XU Y, ZHANG L M, 2009. Breaching Parameters for Earth and Rockfill Dams[J]. Journal of Geotechnical and Geo-environmental Engineering, 135(12):1957-1970.

YANG S H, PAN Y W, DONG J J, et al, 2013. A systematic approach for the assessment of flooding hazard and risk associated with a landslide dam[J]. Natural Hazards, 65(1): 41-62.

YANG Y, CAO S Y, 2015. Preliminary study on similarity criteria of the flume experiment on the breach process of the landslide dams by overtopping[J]. Journal of Sichuan University (Engineering Science Edition), 47(2): 1-7.

ZHANG L M, PENG M, CHANG D S, et al, 2016. Dam failure mechanisms and risk assessment[M]. Singapore: John Wiley & Sons.

第 6 章
堰塞坝的溃决参数快速评估

堰塞坝通常由粒径在微米到米之间的黏土、砂和石块的混合物构成(Chang and Zhang，2010；Jiang et al.，2018)。坝体材料和几何参数之间的差异导致其侵蚀参数各不相同，进而会影响堰塞坝的溃决特征，包括溃坝峰值流量、溃决时间等。例如，小林村堰塞坝坝体材料中70%以上的颗粒为粒径小于 2 mm 的粉砂，堰塞坝形成后在 1 h 内发生溃决，峰值流量为70 649 m³/s(Li et al.，2011)；而小岗剑堰塞坝坝体材料中约 15% 的颗粒为粒径小于 2 mm 的材料，堰塞坝在形成一个月后通过人工爆破开挖泄流槽发生溃决，峰值流量为 3 000 m³/s(Chen et al.，2018)。因此，研究坝体材料颗粒级配及几何参数对堰塞坝溃决过程的影响，掌握堰塞坝的溃决机理，进一步探究堰塞坝的溃决参数快速评估方法有助于应急抢险救灾，为其提供指导。

已有研究在不同形态、材料的堰塞坝溃决模式和溃决机理等方面取得了丰富的成果。本章主要介绍作者团队基于坝体材料侵蚀试验研究侵蚀速率与剪切应力的关系，提出了一套改进的 DABA 溃坝物理模型。在此基础上，通过不同坝体形态、级配材料的堰塞坝溃决试验，分析坝体形态及颗粒组成对堰塞坝溃决模式、溃决过程和溃决参数的影响机理。作者团队首次提出了溃坝程度的概念，并最终建立了一套堰塞坝溃决参数快速评估模型。相关成果对掌握堰塞坝溃决机理及开展溃决参数快速评估具有重要的价值。

6.1 堰塞坝坝体材料的侵蚀起动

堰塞坝溃决的本质是水土相互作用的过程。坝体材料的起动是指坝体材料颗粒从静止状态转变为运动状态的过程，主要受自身有效重力和水流的作用力(上举力、推移力)。坝体材料的侵蚀速率是指单位面积床面上单位时间内流失泥沙的重量或体积，主要受颗粒自身有效重力和材料参数的影响。揭示堰塞坝宽级配坝体材料在水流作用下的侵蚀机制，建立坝体材料侵蚀参数快速计算公式将极大地提升当前物理模型的计算效率。

6.1.1　侵蚀速率与剪切应力关系

基于 20 条级配曲线的坝体材料侵蚀试验结果,可以进一步分析获得坝体材料侵蚀速率与剪切应力的关系(图 6-1、表 6-1)。基于试验结果发现侵蚀速率与剪切应力呈线性正相关关系,即随着水流剪切应力的增大,侵蚀速率逐渐增加。这一关系符合 Hanson 和 Cook(2004)提出的线性关系表达式。

$$E = k_d(\tau - \tau_c) \tag{6-1}$$

式中　E——土体的侵蚀速率;

　　　k_d——可蚀性系数;

　　　τ——土-水界面上的剪切应力;

　　　τ_c——颗粒起动的临界剪切应力。

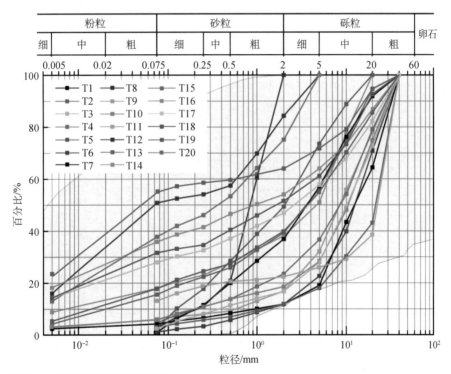

图 6-1　侵蚀试验的材料级配曲线

根据式(6-1)可以得到不同坝体材料的可蚀性系数和临界剪切应力,其中细粒土的平均可蚀性系数最大,砾类土的平均可蚀性系数最小;但砾类土的临界剪切应力分布最广,砂类土和细粒土的临界剪切应力都包含在其范围内。进一步细分类型,在砾类土中,级配不良砾的可蚀性系数为 0.002 2~0.010 4 mm³/(N·s);级配良好砾的可蚀性系数为 0.002 1~

0.005 1 mm³/(N·s);含细粒土砾的可蚀性系数为 0.002 7 mm³/(N·s),粉土质砾的可蚀性系数为 0.005 7~0.015 9 mm³/(N·s)。四者的临界剪切应力分别为 0.193~3.751 Pa、1.265~2.252 Pa、0.312~0.949 Pa 和 0.112~1.130 Pa。粉土质砂和级配不良砂的可蚀性系数分别为 0.036 8 mm³/(N·s)和 0.023 9 mm³/(N·s),临界剪切应力分别为 0.582 Pa 和 0.719 Pa(表 6-2)。

表 6-1 试验材料性质参数

试验	ρ_{dmax}/(g·cm⁻³)	D_{50}/mm	C_u	C_c	φ/(°)	p/%	e_v	土体分类*
T1	2.41	13.11	18.40	3.03	44.30	4.17	0.57	级配不良砾
T2	2.55	22.36	22.84	3.26	35.00	3.16	0.48	
T3	2.41	10.22	38.49	5.42	37.80	2.68	0.57	
T4	2.43	8.82	57.11	4.53	38.30	4.56	0.56	
T5	2.21	2.08	26.78	0.80	36.80	2.59	0.71	
T6	2.27	13.26	11.63	2.18	39.00	1.13	0.67	级配良好砾
T7	2.38	3.95	26.95	1.13	35.00	1.02	0.59	
T8	1.99	0.87	4.50	1.72	31.30	2.68	0.90	级配不良砂
T9	2.38	8.77	19.87	2.98	39.80	5.95	0.59	含细粒土砾
T10	2.47	10.64	72.93	10.26	31.50	3.36	0.53	
T11	2.44	23.66	359.07	55.99	40.00	13.36	0.55	
T12	2.08	0.07	120.73	0.36	19.00	50.82	0.82	含粗粒的细粒土
T13	2.21	0.05	116.78	0.12	19.80	55.86	0.71	
T14	2.37	4.77	474.49	5.43	25.00	17.90	0.60	粉土质砾
T15	2.28	3.89	146.96	2.64	21.80	15.53	0.66	
T16	2.28	0.95	752.92	0.14	21.00	36.03	0.66	
T17	2.22	2.82	1 214.09	0.45	22.30	28.11	0.71	
T18	2.22	1.70	922.21	0.20	23.00	31.76	0.71	
T19	2.36	3.99	220.30	2.44	26.50	18.05	0.60	
T20	2.15	0.38	160.47	0.69	32.00	37.95	0.76	粉土质砂

注:C_c、C_u—级配曲线的曲率系数和不均匀系数;p—细粒含量(<0.075 mm);ρ_{dmax}—最大干密度;φ—坝体材料休止角;e_v—坝体材料孔隙比;* 土体分类按照《土的工程分类标准》(GB/T 50145—2007)分类。

表 6-2 不同土体类型坝体材料的临界剪切应力和可蚀性系数分布范围

参数	砾类土	砂类土					细粒土
	GP	GW	GF	GM	SP	SM	FC
k_d /[mm³/(N·s)]	0.002 2~0.010 4	0.002 1~0.005 1	0.002 7	0.005 7~0.015 9	0.023 9	0.036 8	0.028 1~0.053 5
τ_c/Pa	0.193~3.751	1.265~2.252	0.312~0.949	0.112~1.130	0.719	0.582	0.551~0.982

注:GP—级配不良砾;GW—级配良好砾;GF—含细粒土砾;GM—粉土质砾;SP—级配不良砂;SM—粉土质砂;FC—含粗粒的细粒土。

　　图 6-2 为可蚀性系数与坝体材料的关系图,可以发现中值粒径、土中小于该粒径的颗粒质量为 10% 的粒径(D_{10})、休止角和细粒含量对可蚀性系数均有较大影响。可蚀性系数随着坝体材料中值粒径和 D_{10} 的增加逐渐减小,当中值粒径在 8.77~23.66 mm 时,可蚀性系数变化在 0.0028 mm³/(N·s) 的范围内,变化幅度较小。其主要原因是随着这两个特征粒径的增加,坝体材料中粗颗粒含量增加,在一定的水流作用下能够起动的颗粒则相对减少,侵蚀速率增长减缓。可蚀性系数随着坝体材料休止角的增加逐渐减小,原因主要是随着休止角的增加,颗粒之间接触稳定性更好,在水流作用下侵蚀速率增长相对较慢。此外,可蚀性系数随着坝体材料中细粒含量的增加而增大,主要是由于随着细粒含量的增加,当坝体材料一旦处于饱和状态,颗粒起动运移后其侵蚀速率增长更快。

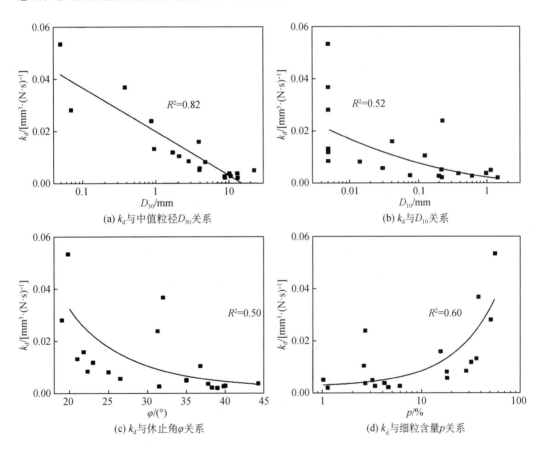

图 6-2　可蚀性系数 k_d 与坝体材料关系

　　图 6-3 为临界剪切应力与坝体材料的关系图,可以发现随着中值粒径和 D_{10} 的增加,坝体材料临界剪切应力逐渐增大,且随着这两个特征粒径的增加,临界剪切应力的增加速率增大。尤其是当中值粒径从 10.22 mm 增加到 22.36 mm 时,临界剪切应力从 0.312 Pa 增加到 3.751 Pa。其主要原因是随着中值粒径的增加,坝体材料中粗颗粒增加,颗粒之间互相连接

互锁,增强了抗侵蚀能力。此外,与可蚀性系数不同,坝体材料的临界剪切应力与细粒含量和
材料休止角几乎没有显著的相关性。

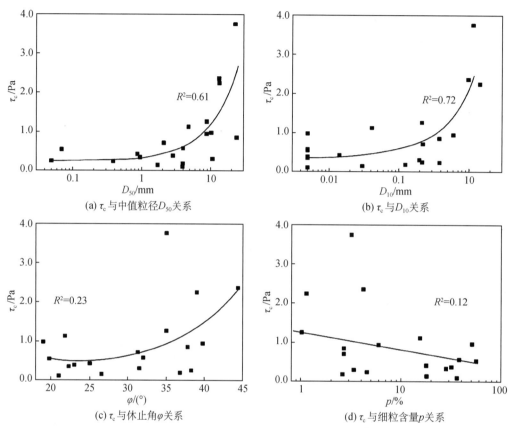

图 6-3　临界剪切应力 τ_c 与坝体材料关系

6.1.2　坝体材料侵蚀参数快速计算公式

1. 可蚀性系数快速计算公式

可蚀性系数可能受到坝体材料粒度分布、密度、细粒含量等因素的控制。为了估算坝体
材料的可蚀性系数,根据表 6-1 坝体材料参数与表 6-3 试验获得的可蚀性系数结果,进行多
变量回归分析。分析结果表明,通过坝体材料休止角 φ 和中值粒径 D_{50} 的组合可以较好预测
可蚀性系数。k_d 与 φ、D_{50} 之间的回归函数为:

$$k_d = 0.065\varphi^{-0.486}D_{50}^{-0.454} \tag{6-2}$$

式中,D_{50} 的单位取 mm,该公式的判断系数 $R^2=0.91$。可以发现,k_d 随着 φ 和 D_{50} 的增大而
减小。Ansari 等(2003)以及 Chang 和 Zhang(2010)的研究发现对于无黏性土最大侵蚀深度

随着中值粒径的增加而减小,主要原因是在一定的水流条件下,单个细颗粒比单个粗颗粒更容易被冲走。在侵蚀过程中,粗颗粒更难起动,且易发生沉降。因此,粗颗粒是否容易被侵蚀将直接影响侵蚀的速率。图 6-4 是基于式(6-2)计算得到的可蚀性系数的计算值与试验实测值对比,计算值与实测值吻合度较好,进一步说明了经验方程的有效性。由于现场堰塞坝坝体往往具有一定坡度,且坝体材料粒径更大,因此将基于室内试验得到的可蚀性系数快速计算公式应用到现场堰塞坝计算中时需要进行一定的修正。

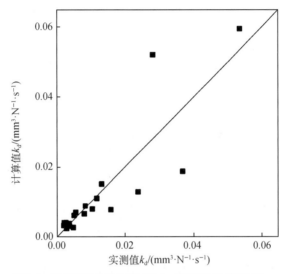

图 6-4　20 组试验的可蚀性系数 k_d 实测值与计算值对比

2. 临界剪切应力快速计算公式

在过去的几十年里,研究者们建立了大量临界剪切应力与土石料参数之间关系的经验公式。但是这些经验公式对于宽级配土的适用性有限,部分公式仅基于单一粒径土体建立,还有部分公式涉及的参数(如塑性指数等),较难快速获取或估算。Clark 和 Wynn (2007)在研究中也指出,临界剪切应力受到多个土石料性质参数的影响,无法通过单一参数构建经验公式。

基于材料参数和临界剪切应力的相关性分析,找到坝体材料的临界剪切应力影响因素,发现 D_{10} 和 φ 的组合可以较好预测临界剪切应力。因此,对这三个参数进行多参数回归分析,得到如下结果:

$$\tau_c = 1.28 + 2.28 D_{10} - 0.03\varphi \tag{6-3}$$

其中,参数 D_{10} 的单位取 mm,公式的判断系数 $R^2 = 0.87$。τ_c 随着坝体材料 D_{10} 的增加而增大,随着 φ 的增大而减小,而式中并未出现 D_{50}。图 6-5 为 τ_c 实测值和本文提出经验公式、Smerdon 和 Beaseley 公式(1961)、Mitchener 和 Torfs 公式(1996)的对比图。可以发现 Mitchener 和 Torfs 提出的公式预测结果偏大;Smerdon 和 Beaseley 提出的公式在 τ_c 较小时的预测结果偏大,在 τ_c 较大时的预测结果偏小;本文提出的结果在 τ_c 较大时的预测结果偏小,但总体比 Smerdon 和 Beaseley 公式及 Mitchener 和 Torfs 公式的准确性略好。与可蚀性系数相同,将临界剪切应力快速计算公式应用到现场堰塞坝计算中需要进行一定的修正。

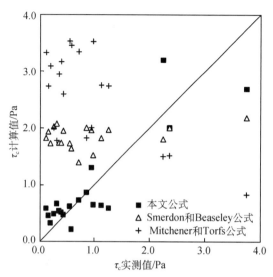

图 6-5 20 组试验的临界剪切应力 τ_c 实测值与计算值对比图

6.1.3 基于侵蚀参数快速计算公式的 DABA 溃坝物理模型改进建议

1. DABA 溃坝物理模型介绍

根据 Chang 和 Zhang(2010)和 Shi 等(2015)的研究,DABA 溃坝物理模型可以用于坝体材料纵向非均质的堰塞坝溃决参数的分析,即在模型中考虑了坝体材料侵蚀速率和临界剪切应力随坝体深度的变化。在原模型中,水流作用在溃口坝体材料上的剪切应力符合式(6-1)的规律,式中可蚀性系数 k_d 和临界剪切应力 τ_c 的计算公式如下:

$$k_d = 20\,075e_v^{4.77}C_u^{-0.76} \tag{6-4}$$

$$\tau_c = 6.8(\text{PI})^{1.68}p^{-1.73}e_v^{-0.97} \quad p>10\% \tag{6-5}$$

$$\tau_c = \frac{2}{3}gD_{50}(\rho_s-\rho_w)\tan\varphi_s \quad p<10\% \tag{6-6}$$

式中,PI 为塑性指数。

DABA 溃坝物理模型在计算中假设初始溃口形状为梯形,在溃决过程中,根据边坡的侵蚀和稳定性将溃口发展划分为三个阶段[图 6-6(a)]。第一阶段为溃口变陡阶段,即溃口顶宽不变,溃口底宽和深度增加,直至溃口侧坡坡度达到临界值 α_c。第二阶段为溃口均匀扩张阶段,边坡保持临界坡度 α_c 继续向下和侧向侵蚀,拓展溃口的深度和宽度直到遇到低可蚀性土壤层或基岩。第三阶段为溃口横向扩张阶段,即垂直侵蚀停止但横向侵蚀继续直到侵蚀应力不足以引起侧边任何额外的侵蚀。在纵向上,依据下游坡面的侵蚀和稳定性将溃口发展过程划分为三个阶段[图6-6(b)]。第一阶段下游坡度逐渐变陡,直到达到临界坡度 β_c。第二阶段发生溯源侵蚀,保持临界坡度 β_c,直到侵蚀达到上游坡面。这两个阶段被称为溃坝起始阶段,通常情况下,在这个阶段由于水流较小,溃口的发展速度相对较慢。第三阶段,下游坡面保持临界角 β_c 不变,坝体高度快速下降。在溃坝过程中,溃决流量通过宽顶堰方程计算得到。

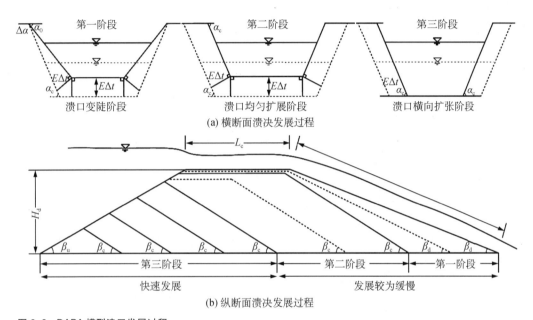

(a) 横断面溃决发展过程

(b) 纵断面溃决发展过程

图 6-6 DABA 模型溃口发展过程

$$Q_b = 1.7A_b\sqrt{H_w - H_z} = 1.7[W_b + (H_w - H_z)\tan\alpha_c](H_w - H_z)^{\frac{3}{2}} \tag{6-7}$$

式中 H_w——水位;

H_z——溃口底标高;

W_b——溃口底宽,表示垂直河流方向的溃口的宽度;

α_c——溃口侧坡坡度。

当出现级联溃决时,考虑坝体全断面不同的侵蚀速率,将入库流量设置为与时间有关的变量,且由 DABA 溃决模拟和洪水演进分析确定下游坝址入库流量(Shi Z M et al.,2015)。对 DABA 模型更为详细的介绍见第9章,本节主要介绍模型中涉及侵蚀参数计算的相关内容。改进的 DABA 溃坝模型计算界面如图6-7所示。

2. DABA 溃坝物理模型改进建议

考虑到式(6-5)—式(6-7)中塑性指数、孔隙比等参数一般需要基于试验获取,较难快速获取或估算。同时,堰塞坝大多突发突溃,且位于山区峡谷地带,很难在第一时间到现场取土

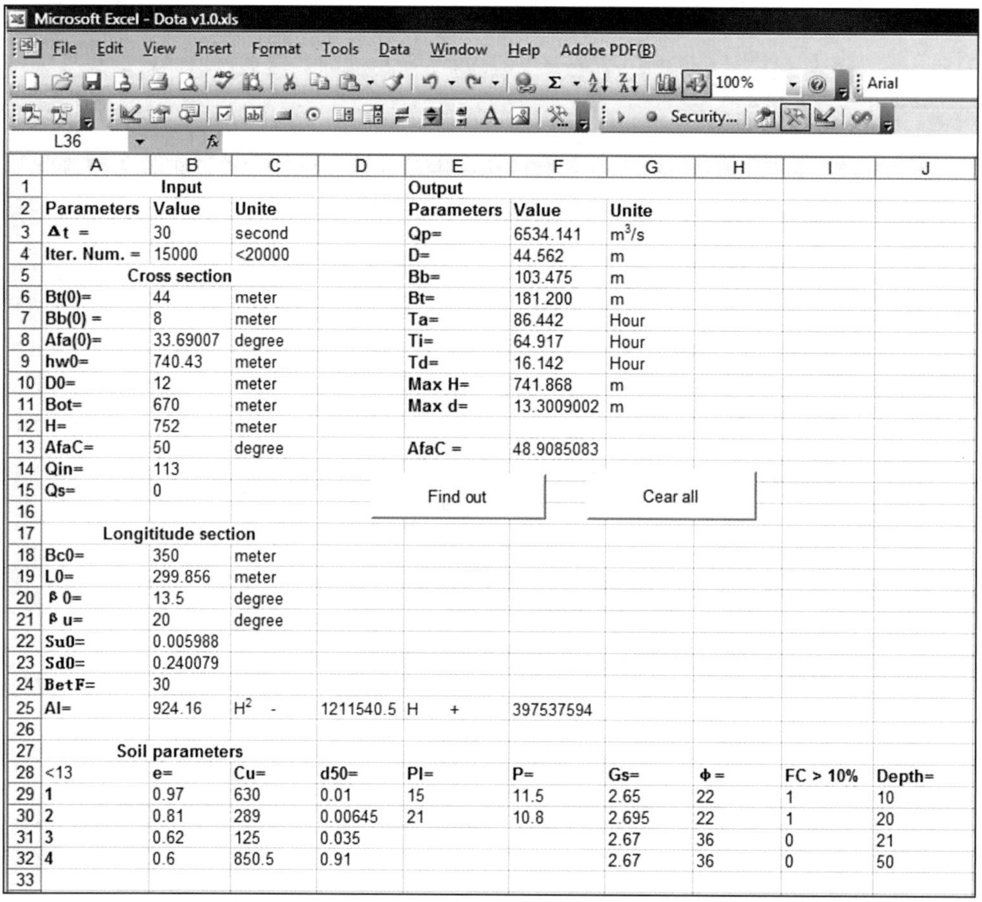

Microsoft Excel - Dota v1.0.xls

File　Edit　View　Insert　Format　Tools　Data　Window　Help　Adobe PDF(B)

L36

	A	B	C	D	E	F	G	H	I	J
1	Input				Output					
2	Parameters	Value	Unite		Parameters	Value	Unite			
3	Δt =	30	second		Qp=	6534.141	m³/s			
4	Iter. Num. =	15000	<20000		D=	44.562	m			
5	Cross section				Bb=	103.475	m			
6	Bt(0)=	44	meter		Bt=	181.200	m			
7	Bb(0) =	8	meter		Ta=	86.442	Hour			
8	Afa(0)=	33.69007	degree		Ti=	64.917	Hour			
9	hw0=	740.43	meter		Td=	16.142	Hour			
10	D0=	12	meter		Max H=	741.868	m			
11	Bot=	670	meter		Max d=	13.3009002	m			
12	H=	752	meter							
13	AfaC=	50	degree		AfaC =	48.9085083				
14	Qin=	113								
15	Qs=	0			Find out		Cear all			
16										
17	Longititude section									
18	Bc0=	350	meter							
19	L0=	299.856	meter							
20	β 0=	13.5	degree							
21	β u=	20	degree							
22	Su0=	0.005988								
23	Sd0=	0.240079								
24	BetF=	30								
25	Al=	924.16	H² -	1211540.5	H +	397537594				
26										
27	Soil parameters									
28	<13	e=	Cu=	d50=	PI=	P=	Gs=	Φ=	FC > 10%	Depth=
29	1	0.97	630	0.01	15	11.5	2.65	22	1	10
30	2	0.81	289	0.00645	21	10.8	2.695	22	1	20
31	3	0.62	125	0.035			2.67	36	0	21
32	4	0.6	850.5	0.91			2.67	36	0	50
33										

图 6-7　DABA 溃坝物理模型界面

开展试验。因此,在改进的 DABA 溃坝物理模型中将可蚀性系数 k_d 和临界剪切应力 τ_c 的计算分别采用本章研究提出的式(6-2)和式(6-3)计算,在堰塞坝坝体深度变化范围内通过线性差值获得其不同深度处的 k_d 和 τ_c 值。

基于可蚀性系数 k_d 和临界剪切应力 τ_c 的改进 DABA 溃坝物理模型可以用于堰塞坝溃决参数快速评估研究,该模型适用于能够获得或估算坝高、泄流槽尺寸、堰塞湖面积及宽度、坝体材料中值粒径 D_{50}、特征粒径 D_{10} 和休止角 φ 的情况。一般而言,坝体及堰塞湖的形态参数可以通过 RTK 进行实时动态量测,坝体材料参数可以通过高光谱成像及图像处理技术快速获取。改进的 DABA 溃坝物理模型具有如下优点:①模型输入参数易于得到,输入参数主要为坝体形态参数、坝体材料参数中的中值粒径、休止角等易于快速获取或估算的参数;②模型考虑了堰塞坝坝体材料垂直方向非均质的特性,充分考虑了坝体材料抗侵蚀特性随深度的变化,提高了预测结果的准确性;③模型计算时间短,通常在 1~2 min 即可获得计算结果;④模型可以较预测溃决的起动时间和最终的溃口尺寸,为预警决策提供指导。

当然,需要注意的是,本节的可蚀性系数和临界剪切应力计算是基于试验提出的公式,在后续研究中,仍然需要基于现场的大量试验进行验证,获得从试验到现场应用的修正系数。

6.1.4 基于改进 DABA 溃坝物理模型的堰塞坝案例分析

基于改进后的 DABA 溃坝物理模型,选取唐家山堰塞坝进行溃决洪水分析。唐家山堰塞坝的情况详见第 5.3.4 节,本节不再赘述。DABA 溃坝物理模型参数包括几何形态参数、水文参数和土体参数。形态参数和水文参数如表 6-3 所示,材料参数如表 6-4 所示(Peng and Zhang,2012;Shi et al.,2015)。

表 6-3　唐家山堰塞坝坝体形态和水文参数

类别	参数	数值
坝体形态和水文参数	坝底高程:H_v(m)	670
	坝顶高程:H_t(m)	752
	初始坝顶长度:L_c(m)	611.8
	水位:H_w(m)	740
	入库流量:Q_{if}(m³/s)	123
泄流槽	初始溃口顶宽:w_t(m)	44*
	初始溃口底宽:w_b(m)	8*
	初始溃口深度:h_b(m)	12*
	初始溃口底部坡度:β_b(°)	0.006
	临界溃口边坡:α_i(°)	50
	坝体下游坡面临界坡度:β_c(°)	30

注:* 改进 DABA 溃坝物理模型计算输入的初始溃口尺寸。

表 6-4　唐家山堰塞坝坝体材料参数取值

高程/m	D_{10}/mm	D_{50}/mm	坝体材料休止角 φ/(°)
740	0.018	10.2	25
729	0.4	27	31.5
700	1	790	35
670	1 000	2 000	45

采用 DABA 溃坝物理模型计算获得唐家山堰塞坝坝址处的流量过程线如图 6-8 所示。计算得唐家山堰塞坝在 2008 年 6 月 7 日 7:00 发生自然过流,实际过流时间为 7 日 7:08。过流后溃决流量逐渐增加,计算得堰塞坝在 10 日 14:30 达到峰值流量,峰值流量为 6 459 m³/s,实际监测得到的峰值流量为 6 500 m³/s,发生在 10 日 12:30(Peng and Zhang,2012)。计算峰

值流量略小于实测峰值流量,误差为 0.6%,时间误差为 2.6%。此后,溃决洪水逐渐恢复到正常水位范围,计算流量过程线下降速率慢于实测值,到达正常水位的时间误差约为 5 h。溃决结束后溃口深度 44.5 m,顶宽 162 m,底宽 122 m;实测的溃口深度 42 m,顶宽 145 m,底宽 100 m,计算结果与实际值较为接近(Shi et al.,2015)。

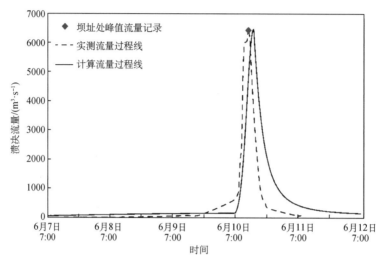

图 6-8 唐家山堰塞坝溃决流量过程线

6.2 堰塞坝的溃决模式

Costa 和 Schuter(1988)研究认为自然界中 50% 以上的堰塞坝会发生漫顶溢流溃决。Peng 和 Zhang(2012)统计分析了 144 个堰塞坝案例的溃坝模式,发现 91% 的堰塞坝发生漫顶溢流破坏,8% 的堰塞坝发生管涌破坏,而仅有 1% 的堰塞坝发生坝坡失稳破坏。石振明等(2014)基于 124 个国外堰塞坝案例和 59 个国内堰塞坝案例的溃决模式的统计分析,发现国外堰塞坝 89% 发生漫顶溢流破坏,10% 发生管涌破坏,1% 发生坝坡失稳破坏;而国内堰塞坝 98% 发生漫顶溢流破坏,2% 发生坝坡失稳破坏,再次表明了自然界中大部分堰塞坝会发生漫顶溢流破坏,较少发生管涌破坏和坝坡失稳破坏。本节基于溃坝模型试验,进一步阐明坝体材料对溃坝模式控制机理。溃坝试验的坝体材料级配曲线如图 6-9 所示。

6.2.1 粗粒为主材料的坝体

对于粗粒为主材料的坝体(C1~C7),在整个试验过程中坝体始终保持稳定并伴随着下游持续的渗流。以试验 C1 中的坝体为例,在试验过程中,上游水位逐渐上升。当上游水位到达 5.8 cm 时,下游坝趾附近开始出现渗流,并随着渗流出现,一些粒径小于 0.5 mm 的细颗粒

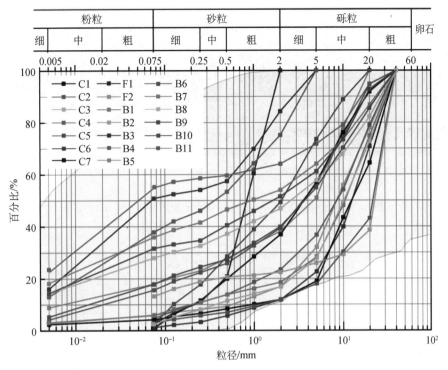

图 6-9　溃坝试验的坝体材料级配曲线

随着渗流路径被携带出来,下游渗流水流较为浑浊[图 6-10(a),(b)]。此时,由于下游渗流量小于入库流量 1 L/s,水位继续上升,浸润线的梯度逐渐增加[图 6-10(c)]。当水流漫过泄流槽后,坝体发生溢流,下游坡面上的小颗粒被逐渐带走,但在这整个过程中,坝体始终保持稳定[图 6-10(e)]。当入库流量等于出库流量时,浸润线不再升高并基本保持稳定,此后上游水位保持在 22.3 cm,下游出流水流逐渐变透明[图 6-10(f)]。

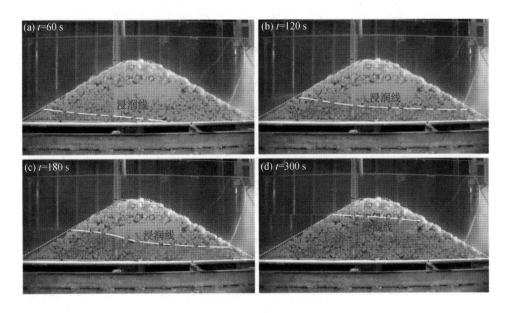

图 6-10　试验 C1 粗粒为主坝体的稳定性变化

图 6-11 为上游水位线随时间的变化,由于入库流量恒定,上游水位本来应该随时间呈线性增长。但因为 C1 试验中坝体材料以粗粒为主,渗透系数较大。随着水位上升,坝体内透水截面越来越大,上下游水头差逐渐增大,导致渗流量增加。因此,水位上升的速度逐渐降低,并最终保持恒定。

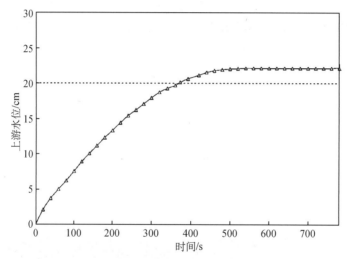

图 6-11　试验 C1 坝体上游水位线随时间变化

以粗粒为主的坝体材料中砾粒的含量是细粒和砂粒含量的 3 倍以上,坝体材料主要由砾粒相互接触组成,细粒和砂粒部分充填在砾粒组成的骨架之间的孔隙中[图 6-12(a)](Vallejo and Mawby,2000)。根据 Shire 等(2014)的研究结果,当细粒含量 $p<24\%$,细粒在孔隙中处于松散状态且与应力传递矩阵无关。因此,细粒容易通过渗流通道迁移,并且细粒流失并不会削弱坝体的整体稳定性。

考虑到下游坝体坡面上的颗粒同时受到渗流和漫顶溢流侵蚀的影响,可能会引起颗粒发生运动,进而导致坝坡侵蚀失稳。为了从力学机制上分析下游坝体坡面颗粒稳定性情况,假设坝体材料是均匀分布的,坝体内部的孔隙完全一致,且坝体材料颗粒为球形。如图 6-13 所示,下游坡面材料颗粒共受到 5 个力,分别为拖曳力 F_d、上举力 F_l、水下自重 F_w、渗透压力

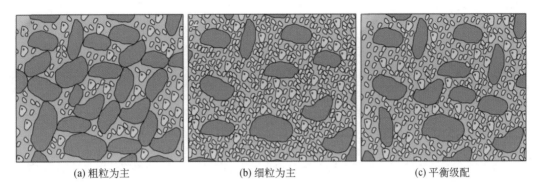

(a) 粗粒为主　　　　　　　　　　(b) 细粒为主　　　　　　　　　　(c) 平衡级配

图 6-12　3 种类别坝体材料组成示意图

F_p 和摩擦阻力 F_r（Liu et al., 2012）。其中,拖拽力主要来自水流,在颗粒的起动和运动过程中,拖曳力具有主要作用。上举力源于颗粒周围孔隙水压力差,对颗粒的松动具有重要作用。渗透压力主要源于渗流水压力的作用,对颗粒的起动具有重要作用。

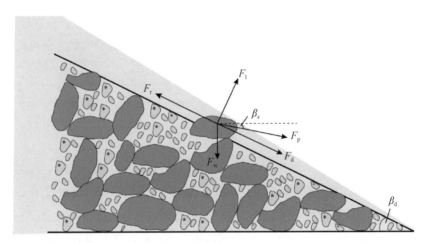

图 6-13　坝体下游坡面颗粒的受力情况示意图

$$F_d = C_D \frac{\pi}{8} \rho_w u_f^2 D^2 \tag{6-8}$$

式中　C_D——阻力系数;

　　　u_f——作用在下游坡面坝体材料颗粒上的瞬时流速;

　　　D——等效的球形颗粒的粒径。

$$F_l = C_L \frac{\pi}{8} \rho_w u_f^2 D^2 \tag{6-9}$$

式中,C_L 为升力系数。

$$F_w = (\rho_s - \rho_w) g \frac{\pi}{6} D^3 \tag{6-10}$$

式中，ρ_s 为颗粒密度。

$$F_p = \frac{\pi}{6}\rho_w giD^3(1+e_v) \tag{6-11}$$

式中　i——水力梯度；

　　　e_v——坝体材料的孔隙比。

摩擦阻力 F_r 可以用 F_d、F_l 和 F_p 的分量进行表示：

$$F_r = \xi[F_w\cos\beta_d - F_l - F_p\sin(\beta_d - \beta_s)] \tag{6-12}$$

式中　ξ——摩擦系数；

　　　β_s——渗透压力与水平方向的夹角；

　　　β_d——坝体下游坡面坡度。

当颗粒达到临界状态时，F_d、F_w、F_p 的分量与摩擦阻力 F_r 相等。

$$F_d + F_p\cos(\beta_d - \beta_s) + F_w\sin\beta_d = F_r \tag{6-13}$$

基于式(6-8)—式(6-13)，在试验中的水流条件下能够发生起动的最大颗粒粒径为：

$$D_m = 0.75\frac{u_f^2}{g}\frac{(C_D + C_L\tan\varphi)}{\left(\dfrac{\rho_s}{\rho_w}-1\right)(\cos\beta_d\tan\varphi - \sin\beta_d) - i(1+e_v)[\sin(\beta_d-\beta_s)\tan\varphi + \cos(\beta_d-\beta_s)]}$$

$$\tag{6-14}$$

对于试验 C1 中的坝体，试验中最大的水流瞬时流速 $u_f = 0.13$ m/s，$\rho_s = 2\ 650$ kg/m³，$\beta_d = 26.6°$，$C_D = 0.4$，$C_L = 0.04$，渗流与水平面的最大夹角 $\beta_s = 6.65°$，根据式(6-14)，可以计算得到在渗流和溢流侵蚀作用下下游边坡发生起动的颗粒的最大粒径 $D_m = 1.22$ mm。该值小于中砾粒，并且和试验中观察到的发生运移的最大颗粒粒径大小相似。在试验 C1 的坝体材料中，粒径小于 1.22 mm 的颗粒占比仅 10.1%，这进一步论证了在以粗粒为主的坝体中，细颗粒的流速并不会导致坝体失稳或破坏，其主要原因是水流能够携带颗粒的能力非常弱，仅能携带部分较小颗粒发生运移。

6.2.2　细粒为主材料的坝体

对于以细粒为主材料的坝体(F1 和 F2)，在整个试验过程中坝体发生漫顶溢流和管涌破坏。以试验 F1 中的坝体为例，随着水位的上升，坝体内部浸润线的发展十分缓慢，其主要原因是存在大量细粒[图 6-14(a)]。当水流通过泄流槽侵蚀下游坡面时，在下游坡面靠近坡脚处出现一个冲刷坑[图 6-14(b)]。根据 Zhong 等(2021)的研究发现，溃坝过程中冲刷坑的形成是由坝体材料和水流情况综合决定的。当上游水位达到 23.5 cm 时，在上游坡面距离坝趾

10 cm 处形成了一道长 4 cm 的不规则渗流路径。与此同时，下游出现陡坎，其主要原因是水流在冲刷坑内产生强烈的旋流，导致大量能量耗散，水流不断冲刷掏蚀坑底，使得下游坡度不断增大，而在这过程中坝高基本保持不变（图 6-15）。这种反馈机制使得坝体在保持较高的渗

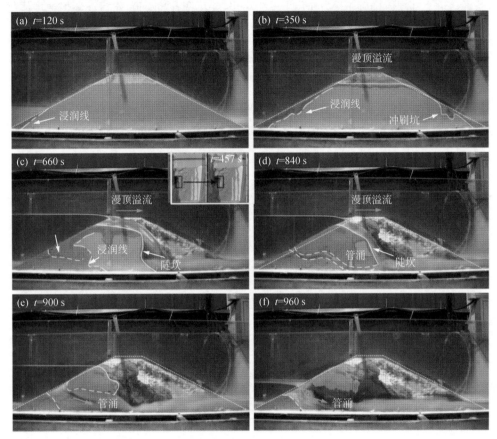

图 6-14　试验 F1 细粒为主坝体的溃决过程

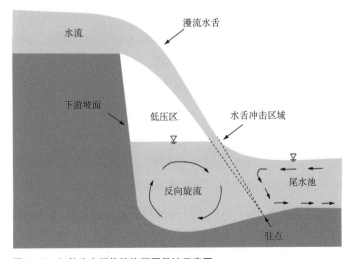

图 6-15　细粒为主坝体陡坎溯源侵蚀示意图

流压力的同时,减小了坝体的渗流长度和有效应力,从而促使管涌形成[图 6-14(c)]。随后,一个完整的管涌通道形成,一些细粒、砂粒和细砾从管涌通道中发生运移,使得管涌通道的直径进一步增大,这直接导致上游水位快速下降,漫顶溢流随后停止[图 6-14(d)、(e)]。紧接着,管涌通道上部坝体材料在重力作用下发生坍塌,并堵塞管涌通道,水流逐渐侵蚀坝体材料导致坝高进一步降低[图 6-14(f)]。坝体上游水位最终稳定在 2.5 cm,其主要原因是粗颗粒的存在在坝体表面形成了粗化层,阻止了坝体被进一步冲刷侵蚀。

图 6-16 为上游水位线随时间的变化,由于以细粒为主的坝体材料的渗透系数较小,渗流量较少,因此水位上升的速度快于以粗粒为主的坝体,上游水位最高达到 24.9 cm。此后,随着漫顶溢流侵蚀缓慢下降,且当管涌通道贯通后,水位急速下降,并最终趋于稳定。

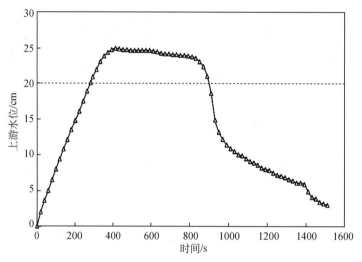

图 6-16　试验 F1 坝体上游水位线随时间变化

以细粒为主的坝体材料中细粒含量超过 50%,这说明坝体材料以细粒为主,而砂粒和砾粒被细粒包裹(Vallejo and Mawby, 2000)[图 6-12(b)]。此外,由图 6-9 可以发现,试验中两组细粒为主材料的级配曲线存在一定级配缺失。Kenney 和 Lau(1985)的研究发现,如果某种材料在颗粒粒径为 D 和 $4D$ 之间存在质量分数的缺失,粒径小于等于 D 的颗粒可以通过 $4D$ 和更大粒径颗粒形成的骨架之间的孔隙发生运动,那么这种材料容易发生管涌破坏。当 $D = 0.075$ mm 时,F1 和 F2 试验中坝体材料在粒径为 $0.075 \sim 0.3$ mm 之间的含量分别为 3.92% 和 2.91%,质量分数较小,有利于细粒的流失。此外,Shire 等(2014)研究还表明,当坝体中的孔隙没有被填满,许多细小颗粒只承受弱接触力,在渗流作用下易被携带流失。由此,可进一步发现,F1 和 F2 试验中坝体材料约有 50% 以上的颗粒能通过坝体骨架形成的孔隙,因此很容易形成管涌通道。

如果坝体要发生管涌破坏,除了坝体材料需要满足一定的条件,还需要水力梯度条件,只有当水力梯度达到临界阈值时,才会发生管涌。中国水科院刘杰(1992)提出了管涌发生时的临界水力梯度 i_c 计算公式:

$$i_c = 2.2(G_s - 1)\left(1 - \frac{e_v}{1 + e_v}\right)^2 \frac{D_5}{D_{20}} \tag{6-15}$$

试验 F1 中,$G_s = 1.65$,$e_v = 0.82$,$D_5 = 0.005$,$D_{20} = 0.013$,得到 $i_c = 0.42$。当 $H_w =$ 23.5 cm 时,最大水力梯度达到 0.98,大于临界水力梯度,坝体会发生管涌破坏。

6.2.3　平衡级配材料的坝体

对于平衡级配材料的坝体(B1～B11),在整个试验过程中坝体发生漫顶溢流破坏。以试验 B1 中的坝体为例,随着水位的上升,坝体材料逐渐被浸润。当上游水位达到 9.1 cm 时,下游坝趾处发生渗流,发生渗流时上游水位高度高于试验 C1 中粗粒为主材料的坝体(5.8 cm)[图 6-17(a)]。当上游水位为 23.4 cm 时,坝体在过流水流作用下发生溯源侵蚀,溃口侧坡出现间歇性的小体积的滑动和坍塌[图 6-17(b)、(c)]。部分粗颗粒在水流冲击作用下发生滚动并在下游坡脚附近发生堆积[图 6-17(d)]。当溯源侵蚀到达上游坡面时,坝高降低速率明显加快,溃口侧坡土体由于下部被水流侵蚀出现临空面,发生大面积坍塌。坍塌体滑落到溃口后,在水流作用下被快速冲走,促进了溃口宽度和深度的增加[图 6-17(e)]。溃决结束后,溃口横断面的形状近似梯形,在纵断面上呈沙漏状,溃口底部由粗颗粒形成粗化层并阻止了坝体的进一步侵蚀。此后,入库流量等于出库流量[图 6-17(f)]。

图 6-18 为上游水位线随时间的变化,由于平衡级配的坝体材料的渗透系数介于以粗粒为主材料和以细粒为主材料之间。因此,水位上升速度慢于粗粒为主的坝体,快于细粒为主的坝体。上游水位最高达 24.1 cm,此后随着漫顶溃决的发展,上游水位逐渐下降,并最终趋于稳定。

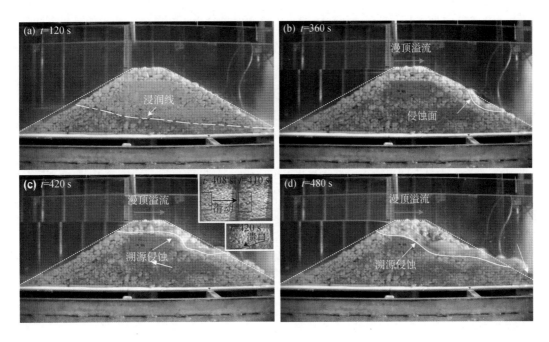

图 6-17　试验 B1 平衡级配坝体的溃决过程

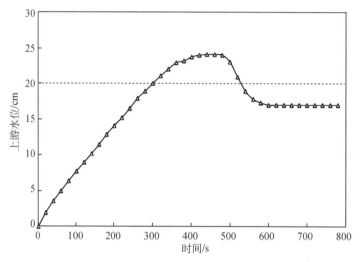

图 6-18　试验 B1 坝体上游水位线随时间变化

　　在平衡级配材料中,细粒、砂粒和砾粒的含量在以粗粒为主和以细粒为主的材料之间变化[图 6-12(c)]。试验 B1～B11 试验的细粒含量为 1.02%～37.95%,砂粒的含量为18.07%～97.32%,砾粒的含量为 0～76.55%。试验 B1 的坝体的渗流量为 0.36 L/s,小于试验 C1 的坝体渗流量(0.75 L/s)。基于式(6-14),渗流和漫顶溢流能携带走的颗粒的最大粒径为 20.8 mm,这表明对于试验 B1 中的坝体,如果保持试验中最大流速,超过 80%的坝体材料能够被水流侵蚀带走。从而进一步揭示了为什么平衡级配材料的坝体会发生漫顶溢流破坏,而以粗粒为主材料的坝体不会发生漫顶溢流溃决。此外,计算得到的试验 B1 中的坝体材料的临界水力坡度为 0.15,实际试验中能到的水力梯度大于临界水力梯度,但未发生管涌,其主要原因是该组试验坝体材料中粗颗粒含量较多,细粒从颗粒骨架构成的孔隙中流失,发生了明显的渗流现象,但不会形成管涌通道。

6.3　堰塞坝的溃决影响因素

6.3.1　坝体材料因素的影响

1. 坝体材料对溃决时长的影响

试验 F1 和 F2 中,以细粒为主的坝体的溃决时长在 1 030~1 320 s,明显长于 B1~B11 试验中的平衡级配材料的坝体溃决时长(140~505 s),主要原因是以细粒为主坝体在溃决过程中发生陡坎侵蚀,陡坎后退速率较小,且坝体内管涌通道发展缓慢。对于同为平衡级配材料的坝体,细粒含量大于 15% 的坝体的溃决时长(280~505 s),高于 B2~B4 试验中细粒含量小于 5% 的坝体的溃决时长(140~180 s),但部分坝体溃决时长小于试验 B1 中坝体的溃决时长。原因主要是细粒含量大于 15% 的坝体出现显著的陡坎侵蚀,陡坎后退速率较小,而 B1 试验中的坝体砾石含量较高(76.55%),与以粗粒为主的坝体材料中的砾粒含量相近(77.92%~88.22%),坝体趋于稳定状态。

以细粒为主和平衡级配材料的坝体的溃决时长随着中值粒径的增加先减小后增大[图 6-19(a)]。其原因是在本研究所选取的级配曲线中,随着中值粒径的增加,粗颗粒含量先降低后升高,粗颗粒相互咬合,产生了较大的临界剪切应力。随着细粒含量的增加,坝体的溃决时长呈非线性增加[图 6-19(b)]。原因是溃坝试验的时长比侵蚀单元试验更长,当 $p >$ 25% 时,在水流作用下坝体内会形成非饱和状态,细颗粒对坝体材料颗粒产生胶结作用,增强了坝体材料的抗拉强度和黏结强度,从而降低了溃坝试验中坝体材料的可蚀性。此外,在细粒和砾粒含量较低的坝体材料中,砂粒的含量较多,坝体更易受侵蚀,如试验 B4 的坝体砂粒含量达 97.32%,溃坝过程中出现明显的单颗粒运动,坝体溃决时长在所有平衡级配材料的坝体中是最短的,仅为 140 s。

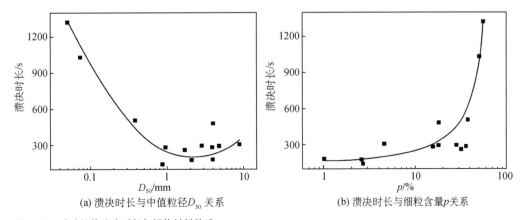

(a) 溃决时长与中值粒径D_{50}关系　　　　　　　(b) 溃决时长与细粒含量p关系

图 6-19　试验坝体溃决时长与坝体材料关系

2. 坝体材料对溃决流量的影响

1）溃决流量过程线

溃决流量决定了下游的淹没区范围，反映了溃决洪水侵蚀岩土体形成泥石流的能力，同事，溃决流量还是衡量水流侵蚀能力的重要参数。如图 6-20 所示，不同颗粒级配材料坝体的溃决流量过程线都呈不对称分布。整体而言，溃决流量过程线可以划分为初始阶段、加速阶段、衰减阶段和再平衡阶段。在初始阶段，溃决流量缓慢增加，并逐步增加到接近 1 L/s 的入库流量。在这一阶段中，试验 F2、B1～B3、B5～B10 中的溃决流量波动幅度在 0.3～0.5 L/s，而试验 F1、B4 和 B11 中的溃决流量波动幅度在 0.1～0.15 L/s，这主要是试验 B4 中坝体材料中最大颗粒粒径为 2 mm，试验 F1 和 B11 坝体材料最大颗粒粒径为 5 mm，而其余试验中坝体材料的最大颗粒粒径为 40 mm，溃决过程中大颗粒的起动运移和沉积导致溃决流量的波动幅度更大。此外，由于溃决过程中管涌通道的缓慢发展，导致以细粒为主材料的坝体（F1 和 F2）溃决流量过程线的初始阶段时长（550 s 和 265 s）远大于平衡级配坝体的溃决流量过程线的初始阶段时长。而在同为平衡级配材料的坝体中，由于试验 B4 的坝体材料中砂粒含量高达 97.32%，坝体材料孔隙比较大，更易被侵蚀，导致其初始阶段时长小于其余试验（31 s）。

在加速阶段，溃决流量快速增加并达到峰值。以细粒为主材料的坝体（F1 和 F2）的加速阶段时长大于平衡级配坝体的加速阶段时长，原因主要是管涌通道的缓慢扩展导致的。由于试验 F2 中坝体的管涌通道发生在坝坡上游靠近坝顶的位置，管涌通道发展更为缓慢，导致试验 F2 的加速阶段时长大于 F1 的加速阶段时长。对于同为平衡级配材料的坝体，试验 B1 中的坝体材料砾粒含量达到 76.55%，在溃决过程中存在较长时间的侵蚀稳定阶段，导致其加速阶段的时长更长。而 B5～B11 的坝体材料中细粒含量大于 15%，且远大于 B2～B4 的坝体材料细粒含量，溃决过程中坝体的非饱和状态导致侵蚀发展缓慢，因此，B5～B11 的坝体的加速阶段的时长大于试验 B2～B4 的坝体。

在衰减阶段，溃决流量迅速下降，衰减阶段的持续时长在 83～940 s 范围内。其中，在试验 F1 和 F2 中，溃决流量首先在 80 s 和 20 s 内迅速分别下降至 1.10 L/s 和 1.08 L/s，随后随着管涌侵蚀向表面侵蚀的转变，在 310 s 和 920 s 内缓慢下降到稳定值[图 6-20(a)]。此外，在试验 B5～B11 中的溃决流量过程线存在多个峰值。其主要原因是溃口侧坡发生失稳坍塌，失稳坍塌体堵塞溃决通道，导致溃决流量下降。随着水流逐渐将堵塞体侵蚀带走，水流进一步侵蚀溃口，溃决流量增加并达到下一个峰值。此后，在再平衡阶段，溃决流量逐渐稳定在入库流量。

2）峰值流量

图 6-21 反映了坝体材料参数与峰值流量的关系。随着中值粒径的增加，峰值流量值先增大后减小[图 6-21(a)]。其中，试验 B3 的坝体中值粒径为 2.08 mm，峰值流量为 5.95 L/s，大于其他试验中的溃坝峰值流量。试验 F2 的坝体中值粒径为 0.05 mm，峰值流量为

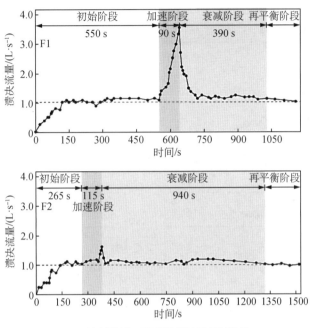

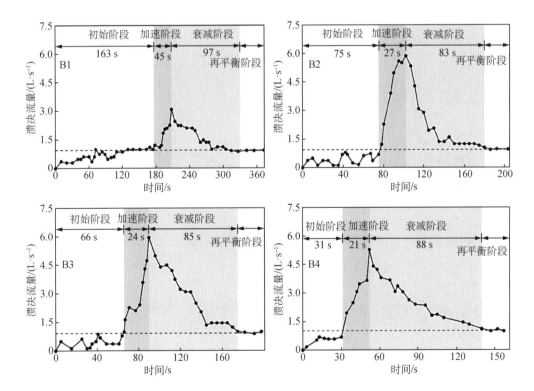

(a) 试验F1、F2 坝体溃决流量过程线

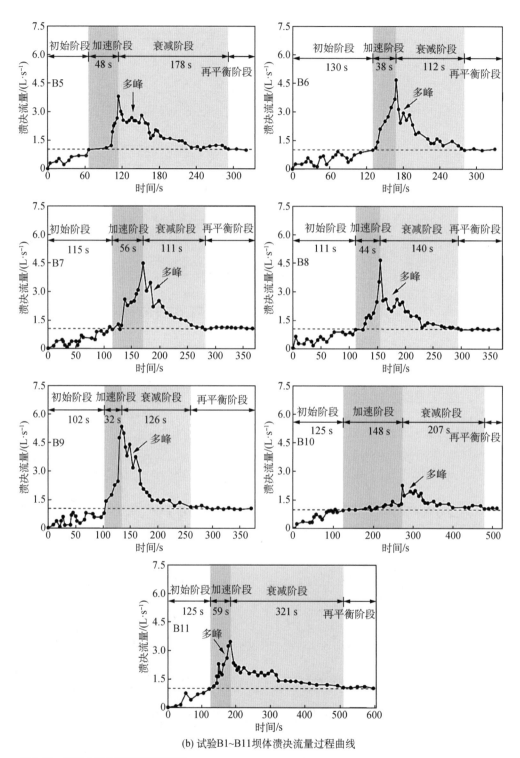

(b) 试验B1~B11坝体溃决流量过程曲线

图 6-20 试验中坝体溃决流量过程线

1.63 L/s,是所有试验中溃坝峰值流量最小的。对于以细粒为主材料坝体而言,在溃决过程中由于管涌通道的缓慢发展,导致峰值流量整体小于平衡级配坝体的溃决峰值流量。对于平衡级配材料坝体而言,随着中值粒径的增加,峰值流量先增大而后逐渐减小,原因在于在本研究中,平衡级配材料随着中值粒径的增加,细粒含量先减小,使得坝体材料更易起动运移。而后随着中值粒径的增加,粗颗粒逐渐增加,增强了粗颗粒之间的骨架作用,提高了坝体材料的抗侵蚀能力,导致峰值流量降低。

此外,峰值流量随着细粒含量的增加而减小[图 6-21(b)]。其原因主要是细粒含量的增加,使得坝体在非饱和状态下坝体材料具有较大的黏结力和黏滞阻力,这从坝体在溃决过程中下游坡面近乎垂直可以证明,进而减缓了坝体溃决过程发展,降低了溃决峰值流量。

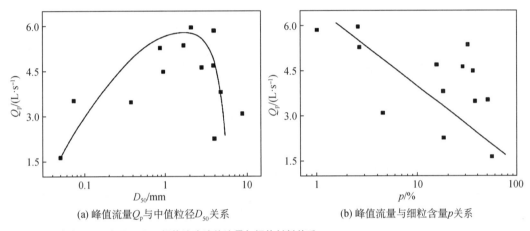

(a) 峰值流量Q_p与中值粒径D_{50}关系　　　　　　　　(b) 峰值流量与细粒含量p关系

图 6-21　试验 F1、F2 和 B1~B11 坝体溃决峰值流量与坝体材料关系

3. 坝体材料对残余坝高的影响

由于堰塞坝一般体积较大,坝体材料中存在岩块等较难被侵蚀的物质,往往会留有残余坝体。堰塞坝的残余坝高定义为从谷底到残余坝体最高点的垂直高差。试验中以细粒为主材料的坝体的残余坝高为 2.5 cm 和 8.3 cm,平衡级配材料的坝体的残余坝高为 2.2~12.2 cm。总体而言,残余坝高随着中值粒径的增加先降低后增加[图 6-22(a)]。其主要原因有两点:①对于以细粒为主材料的坝体,试验 F1 和 F2 的最大粒径分别为 5 mm 和 40 mm,溃坝过程中,F2 试验中坝趾附近粗颗粒沉积较多,阻止了坝体被进一步侵蚀,形成了较大的残余坝体;②对于平衡级配材料的坝体,随着中值粒径的增加,坝体材料中粗颗粒含量增加,导致在溃坝过程下游坝趾处粗颗粒堆积较多,形成粗化层,残余坝高较大。此外,下游坡度在很大程度上决定了残余坝体的形状。在本研究中,下游坡度在 2.0°~14.3°范围内发生变化,且随着中值粒径的增大,下游坡度先减小后增大,这主要是由于坝体材料休止角的变化导致的[图 6-22(b)]。

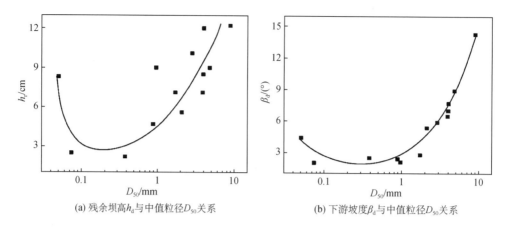

(a) 残余坝高h_d与中值粒径D_{50}关系   (b) 下游坡度β_d与中值粒径D_{50}关系

图 6-22   残余坝高、下游坡度和坝体材料关系

6.3.2   坝体形态因素的影响

1. 坝高的影响

试验 G1～G3 的坝高分别为 18 cm、24 cm、30 cm 的模型坝体试验,在这 3 组试验中控制其他因素保持一致。试验结果表明,随着坝高的增加,溃决历时略微延长,峰值流量显著增加,峰现时间逐渐推迟,残余坝高逐渐增大(表 6-5)。由坝体纵断面演变过程可知,坝高的改变对溃口深度有较为显著的影响,溃口深度与坝高呈正相关关系(图 6-23)。由溃决流量过程曲线可

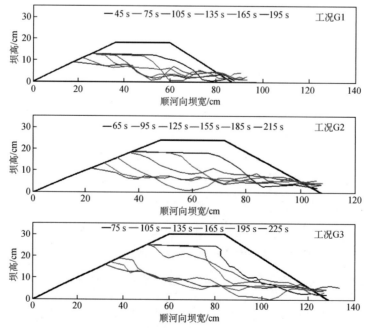

图 6-23   试验 G1～G3 的坝体纵断面演变过程

知,当坝高为 18 cm 时,试验 G1 的峰值流量为 1.97 L/s,峰现时间为 135 s;当坝高分别增加到 24 和 30 cm 时,试验 G2、G3 的峰值流量分别为 3.01 L/s 和 3.66 L/s,与试验 G1 相比分别增加了 52.8% 和 85.8%,试验 G2、G3 的峰现时间分别为 155 s 和 165 s,与试验 G1 相比分别推迟了 14.8% 和 22.2%(图 6-24)。此外,随着坝高的增加,溃决流量在溃口形成阶段的增速不明显,而在溃口发展阶段的增速则十分显著(图 6-24)。检测试验后的残余坝体,残余坝高与坝高呈正相关关系,当坝高为 18 cm 时,试验 G1 的残余坝高为 9.5 cm;当坝高分别增加到 24 cm 和 30 cm 时,试验 G2、G3 的残余坝高分别为 11.0 cm 和 12.2 cm,与试验 G1 相比分别增加了 15.8% 和 28.4%(图 6-25)。

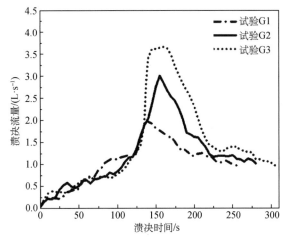

图 6-24　试验 G1~G3 的溃决流量过程曲线

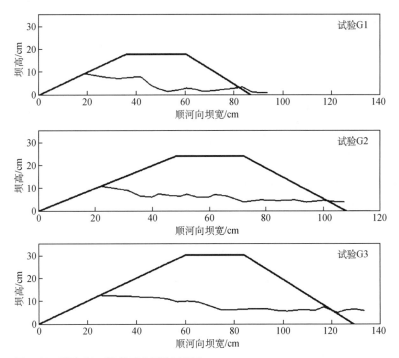

图 6-25　试验 G1~G3 的残余坝体示意图

可以看出,坝高的增加会使峰值流量明显增加,从而显著提高堰塞坝的溃坝危险性,原因
是坝体的绝对高度反映了堰塞湖库容及其潜在水力势能的大小,并进一步影响着后续漫顶溃
决时峰值流量的大小。试验结果还表明,坝高的改变主要影响的是溃决过程中的溃口发展阶
段(阶段Ⅱ),这是因为随着坝高的增加,阶段Ⅰ历时和阶段Ⅲ历时的变化都相对较小,但阶段
Ⅱ历时则明显延长(表6-5)。

表 6-5 试验 G1~G12 的试验结果

试验编号	阶段Ⅰ历时 t_1/s	阶段Ⅱ历时 t_2/s	阶段Ⅲ历时 t_3/s	溃决历时 T/s	峰值流量 Q_p/(L·s⁻¹)	峰现时间 t_p/s	残余坝高 H_r/cm	溃坝程度 BD
G1	121	54	87	262	1.97	135	9.5	0.759
G2	123	82	75	280	3.01	155	11.0	0.821
G3	136	104	67	307	3.66	165	12.2	0.862
G4	93	81	62	236	3.46	115	8.9	0.889
G5	61	67	37	165	4.19	80	7.3	0.930
G6	177	109	57	343	2.62	190	13.2	0.731
G7	293	125	38	456	2.19	270	15.1	0.638
G8	206	62	57	325	2.16	240	14.7	0.640
G9	102	105	56	263	3.67	135	8.5	0.901
G10	76	137	33	246	4.14	110	4.1	0.984
G11	158	89	65	312	2.63	195	15.5	0.616
G12	139	103	50	292	2.41	175	13.6	0.713

2. 坝顶宽的影响

试验 G2、G4 和 G5 的坝顶宽分别为 24 cm、12 cm 和 0 cm,其中试验 G2 和 G4 的坝体纵断
面形状为梯形,试验 G5 的坝体纵断面形状为三角形。试验结果表明,随着坝顶宽的减小,溃
决历时明显缩短,峰值流量逐渐增加,峰现时间大幅提前,残余坝高逐渐减小(表6-5)。由图
6-26 可知,溃口深度随着坝顶宽的减小而逐渐增加。由图 6-27 可知,当坝顶宽最小,为 0 cm
时,试验 G5 的峰值流量为 4.19 L/s,峰现时间为 80 s;当坝顶宽分别增加到 12 cm 和 24 cm
时,试验 G4、G2 的峰值流量分别为 3.46 L/s 和 3.01 L/s,与试验 G5 相比分别减小了 17.4%
和 28.2%,试验 G4、G2 的峰现时间分别为 115 s 和 155 s,与试验 G5 相比分别推迟了
43.8%、93.8%。由图 6-27 还可知,随着坝顶宽的减小,溃决流量过程曲线逐渐由试验 G2 的
"矮胖型"变为试验 G5 的"高瘦型"。由图 6-28 可知,残余坝高与坝顶宽呈正相关关系,当坝
顶宽为 0 时,试验 G5 的残余坝高为 7.3 cm;当坝顶宽分别增加到 12 cm 和 24 cm 时,试验 G4、
试验 G2 的残余坝高分别为 8.9 cm 和 11.0 cm,与试验 G5 相比分别增加了 21.9% 和 50.7%。

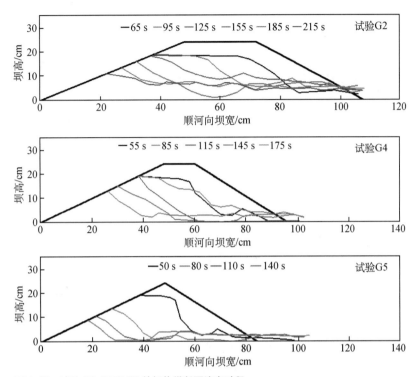

图 6-26　试验 G2、G4 和 G5 的坝体纵断面演变过程

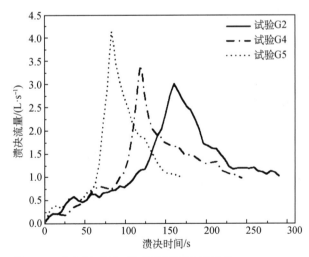

图 6-27　试验 G2、G4 和 G5 的溃决流量过程曲线

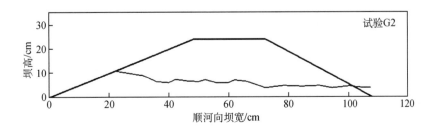

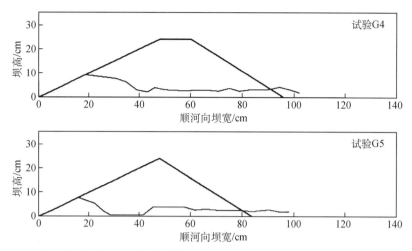

图 6-28　试验 G2、G4 和 G5 的残余坝体示意图

可以看出,坝顶宽的减小会使峰值流量增加、峰现时间提前,从而显著提高堰塞坝的溃坝危险性,原因是坝顶宽的绝对长度反映了溃口发展过程中的溯源距离,这进一步影响着溃决历时的长短。当坝顶宽较小时,在溃口形成阶段的溃口溯源距离较小,侵蚀点会快速前移至上游坡面,使溃口完全贯通,导致溃坝水流的侵蚀能力迅速增强。试验结果还表明,坝顶宽主要影响的是溃决过程中的溃口形成阶段(阶段Ⅰ),这是因为随着坝顶宽的减小,阶段Ⅱ和阶段Ⅲ历时的变化都相对较小,但阶段Ⅰ历时则明显缩短(表 6-5)。

3. 下游坝坡坡度的影响

试验 G2、G6 和 G7 的下游坝坡坡度分别为 33.7°、26.6° 和 21.8°。随着下游坝坡坡度的减小,溃决历时明显延长,峰值流量显著减小,峰现时间大幅推迟,残余坝高逐渐增大(表 6-5)。由图 6-29 可知,溃口深度随着下游坝坡坡度的减小而逐渐减小。由图 6-30 可知,当下游坝坡坡度为 33.7° 时,试验 G2 的峰值流量为 3.01 L/s,峰现时间为 155 s;当下游坝坡坡度分别减小到 26.6° 和 21.8° 时,试验 G6、G7 的峰值流量分别为 2.62 L/s 和 2.19 L/s,与试验 G2 相比分别减小了 13.0% 和 27.2%,试验 G6、G7 的峰现时间分别为 190 s 和 270 s,与试验 G2 相比分别推迟了 22.6% 和 74.2%。由图 6-30 还可知,随着下游坝坡坡度的减小,溃决流量过程曲线逐渐由试验 G2 的"单峰曲线"变为试验 G7 的"多峰曲线"。由图 6-31 可知,残余坝高与下游坝坡坡度呈负相关关系,当下游坝坡坡度为 33.7° 时,试验 G2 的残余坝高为 11.0 cm;当下游坝坡坡度分别减小到 26.6° 和 21.8° 时,试验 G6、G7 的残余坝高分别为 13.2 cm 和 15.1 cm,与试验 G2 相比分别增加了 20.0% 和 37.3%。

可以看出,下游坝坡坡度的减小会使峰值流量减小、峰现时间推迟,从而显著降低堰塞坝的溃坝危险性,原因是下游坝坡坡度会影响下游坡面上溃坝水流的侵蚀能力和坝体材料的抗侵蚀特性,这进一步影响溃口发展速度的快慢。当下游坝坡坡度较小时,下游坡面上的溃坝水流由超临界流逐渐变为亚临界流,溃口溯源侵蚀速率和下切侵蚀速率都明显减小。试验结果还表明,下游坝坡坡度的改变会同时影响溃决过程中的溃口形成阶段(阶段 Ⅰ)和溃口发展阶段(阶段 Ⅱ),这是因为随着下游坝坡坡度的减小,阶段 Ⅰ 和阶段 Ⅱ 历时均明显延长(表 6-5)。

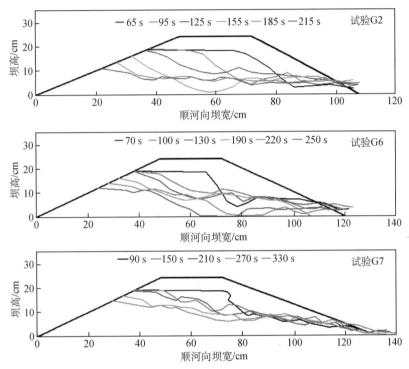

图 6-29　试验 G2、G6 和 G7 的坝体纵断面演变过程

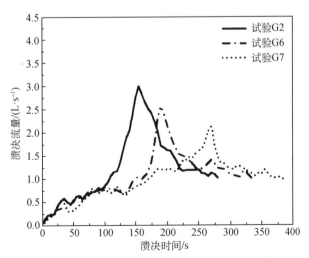

图 6-30　试验 G2、G6 和 G7 的溃决流量过程曲线

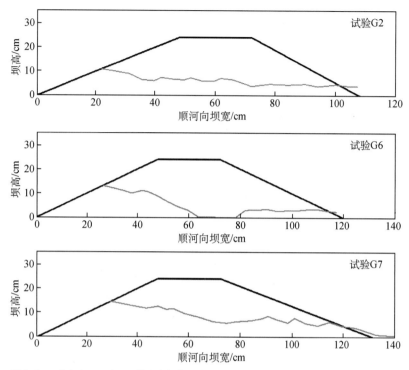

图 6-31　试验 G2、G6 和 G7 的残余坝体示意图

4. 河床坡度的影响

试验 G8、G2、G9、G10 的河床坡度分别为 0°、1°、2°、3°。在 0°~3°范围内,随着河床坡度的增加,溃决历时明显缩短,峰值流量显著增加,峰现时间大幅提前,残余坝高逐渐减小(表 6-5)。由图 6-32 可知,溃口深度随着河床坡度的增加而逐渐增加。由图 6-33 可知,当河床坡度为 0°时,试验 G8 的峰值流量为 2.16 L/s,峰现时间为 240 s;当河床坡度分别增加到 1°、2°、3°时,试验 G2、G9、G10 的峰值流量分别为 3.01 L/s、3.67 L/s、4.14 L/s,与试验 G8 相比分别增加了 39.4%、69.9%、91.7%,试验 G2、G9、G10 的峰现时间分别为 155 s、135 s、110 s,与试验 G8 相比分别提前了 35.4%、43.8%、54.2%。由图 6-33 还可知,随着河床坡度的增加,溃决流量过程曲线逐渐由"矮胖型"变为"高瘦型"。由图 6-34 可知,残余坝高与河床坡度呈负相关关系,当河床坡度为 0°时,试验 G8 的残余坝高为 14.7 cm;当河床坡度分别增加到 1°、2°、3°时,试验 G2、G9、G10 的残余坝高分别为 11.0 cm、8.5 cm、4.1 cm,与试验 G8 相比分别减小了 25.2%、42.2%、72.1%。

除此之外还注意到,尽管在 0°~3°范围内,峰值流量与河床坡度呈正相关关系,峰现时间与河床坡度呈负相关关系,但随着河床坡度的增加,峰值流量及峰现时间的相对变化幅度均逐渐减小,如图 6-35 所示。

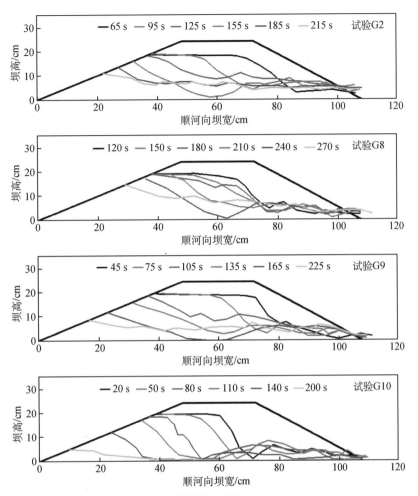

图 6-32　试验 G2、G8～G10 的坝体纵断面演变过程

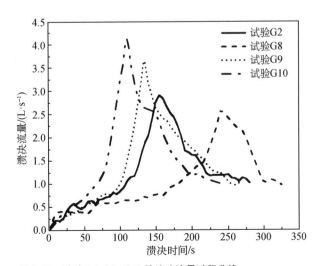

图 6-33　试验 G2、G8～G10 的溃决流量过程曲线

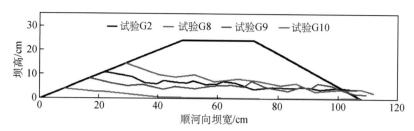

图 6-34 试验 G2、G8～G10 的残余坝体示意图

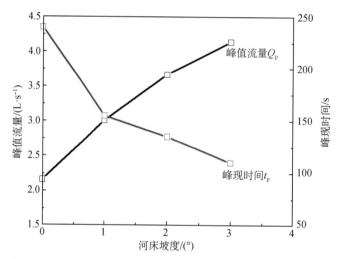

图 6-35 河床坡度对峰值流量及峰现时间的影响

可以看出,河床坡度的增加会使峰值流量增加、峰现时间提前,从而显著提高堰塞坝的溃坝危险性,原因是河床坡度的增加相当于同时增大了下游坝坡、坝体顶面和泄流槽的纵坡度。溃坝水流作用在水土界面上的剪应力可用式(6-16)进行计算:

$$\tau = \gamma_w R_h S \qquad (6-16)$$

式中 τ——作用在水土界面上的剪应力(Pa);

　　　γ_w——水的重度(N/m³);

　　　R_h——水力半径(m);

　　　S——能量坡降。

由式(6-16)可知,河床坡度的增加意味着溃坝水流侵蚀能力的增强。当河床坡度较大时,水流冲刷作用强烈,尤其是在溃口发展阶段,溃口竖向下切速率较大,导致上游溃口底部高程在短时间内急剧下降,过流断面大幅扩展,进而加速了上游库水的下泄和溃决流量的增长。不过还需要注意的是,河床坡度的增加同时也会导致堰塞湖库容减小,且库容的减小程度与河床坡度呈正相关关系,而堰塞湖库容的减小又意味着总出库流量受限。在模型试验中,由于河床坡度被控制在 0°～3°范围,因此河床坡度增加时对堰塞湖库容的影响相对较小,而对水流侵蚀能力的增强作用则始终是影响溃口发展和溃决流量变化特征的主导因素。但

是也可以看出，堰塞湖库容减小的影响亦不可完全忽略，如当河床坡度从 2°增加到 3°时，峰值流量的相对增幅就明显小于河床坡度从 1°增加到 2°时峰值流量的相对增幅（图 6-35）。

　　试验结果还表明，河床坡度的改变会同时影响溃决过程中的溃口形成阶段（阶段Ⅰ）和溃口发展阶段（阶段Ⅱ），这是因为随着河床坡度的增加，阶段Ⅰ历时明显缩短，阶段Ⅱ历时明显延长（表 6-5）。具体原因是河床坡度的增加会使溃口溯源侵蚀速率加快，导致阶段Ⅰ历时缩短；同时也会使溃坝水流侵蚀能力增强，最终溃口深度增加，溃口下切侵蚀作用时间较长，导致阶段Ⅱ历时延长。

6.4　堰塞坝的溃决程度

6.4.1　溃坝程度的定义

　　在试验中，整个溃决过程结束后，模型坝体并没有发生完全溃决，而是形成了一定规模的残余坝体。试验 G2 的残余坝体纵断面如图 6-36 所示，分析残余坝体纵断面时的所选截面为坝体过流侧（即开挖泄流槽一侧）与水槽侧壁相接的截面，后文不再赘述。由图 6-36 可知，试验 G2 残余坝体的总体高度较溃决前的原坝体高度下降明显，上游坝坡顶点高程为 11.0 cm，坝顶中心处高程为 6.2 cm，下游坝坡顶点高程为 4.0 cm，残余坝体纵断面的轮廓曲线整体较为平缓，纵坡度为 4.9°，上游坝坡处相对较陡，到坝顶中心处逐渐放缓，下游坝坡处则接近水平。

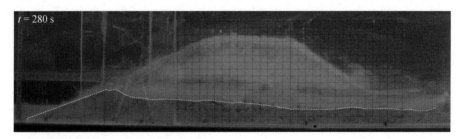

图 6-36　试验 G2 的残余坝体纵断面

　　为了更全面地评估堰塞坝的溃坝危险性，除了常用的坝高、堰塞湖库容、峰值流量和峰现时间等评价指标外，根据前人研究成果（Costa and Schuster，1988）和模型试验结果，引入了溃坝程度这一概念，以此反映堰塞坝的破坏强度。溃坝程度定义为溃决释放能量与溃决前总能量的比值，计算公式为：

$$BD = \frac{gV_l H_d - gV_r h_r}{gV_l H_d} = \frac{V_l H_d - V_r h_r}{V_l H_d} \tag{6-17}$$

式中　BD——堰塞坝的溃坝程度；

　　　g——重力加速度（m/s²）；

　　　V_l——堰塞湖库容（m³）；

　　　H_d——初始坝高（m）；

　　　V_r——残余库容（m³）；

　　　h_r——残余坝高（m），等于残余坝体顶点高程。

由式(6-17)可知,当溃坝程度 $BD=1$ 时,堰塞坝发生完全溃决;当溃坝程度 $BD=0$ 时,堰塞坝没有发生溃决破坏。由图 6-36 可知,试验 G2 的初始坝高 H_d 为 24.0 cm,堰塞湖库容 V_l 为 210.2 cm³,残余坝高 h_r 为 11.0 cm,残余库容 V_r 为 82.0 cm³,因此溃坝程度 BD 为 0.821。

6.4.2 溃坝程度的影响因素

1. 坝体材料的影响

如图 6-37 所示,随着中值粒径的增加,以细粒为主和平衡级配材料的坝体的溃决程度先增大后减小。原因是随着中值粒径的增加,残余坝高先减小后增大,而溃决程度与残余坝高存在直接关系。此外,溃决程度随着砾粒含量的增加逐渐减小。这主要是由于砾粒粒径较大,在相同水流条件下,砾粒相对砂粒更难被侵蚀,且在侵蚀过程中因质量相对较大,容易在坝体表面发生沉积,形成粗化层,阻止坝体被进一步侵蚀,残余坝高相对更大。

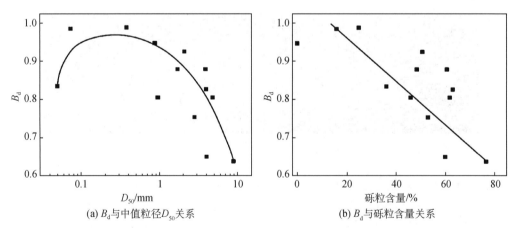

(a) B_d 与中值粒径 D_{50} 关系　　　　　(b) B_d 与砾粒含量关系

图 6-37　溃决程度 B_d 与坝体材料关系

2. 坝体形态的影响

试验 G1~G10 的溃坝程度如图 6-38 所示。为了更好地为堰塞坝的溃坝危险性和溃决风险评估提供参考,根据模型试验结果,将堰塞坝的溃坝程度划分为高、中、低 3 个评价等级,如表 6-6 所示。当溃坝程度 $BD \geq 0.85$ 时,溃坝程度等级为高;当溃坝程度 $0.70 \leq BD < 0.85$ 时,溃坝程度等级为中;当溃坝程度 $BD < 0.70$ 时,溃坝程度为低。根据上述评价方法,溃坝程度为高等级的有试验 G3、G4、G5、G9 和 G10;溃坝程度为中等级的有试验 G1、G2 和 G6;溃坝程度为低等级的有试验 G7 和 G8。

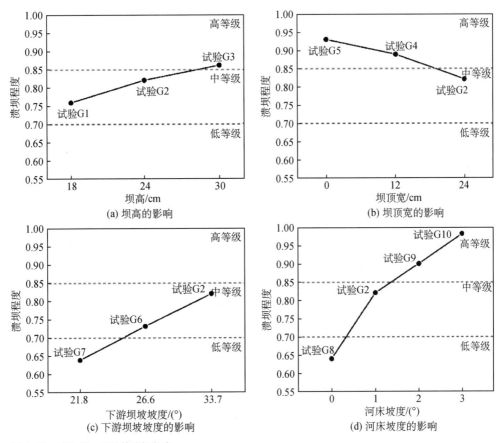

图 6-38 试验 G1～G10 的溃坝程度

表 6-6 堰塞坝溃坝程度的等级划分标准

溃坝程度评价等级	划分标准	备注
高	$BD \geq 0.85$	$BD = 1$ 时坝体发生完全溃决
中	$0.70 \leq BD < 0.85$	—
低	$BD < 0.70$	$BD = 0$ 时坝体未发生溃决

由图 6-38 可知,坝高、坝顶宽、下游坝坡坡度和河床坡度 4 个坝体形态参数对堰塞坝的溃坝程度有显著影响。溃坝程度与坝高、下游坝坡坡度和河床坡度都呈正相关关系,而与坝顶宽呈负相关关系。当坝高较大或坝顶宽较小时,堰塞坝的溃坝程度较大,这说明溃坝程度与坝体宽高比(即坝顶宽与坝高的比值)密切相关,坝体宽高比越小,溃坝程度越大。除此之

外,溃坝程度与下游坝坡坡度和河床坡度也密切相关。由于真实堰塞坝所处河道的河床坡度通常在一定范围内,且变化幅度较小,因此在一般情况下,坝体宽高比和下游坝坡坡度可作为评估堰塞坝溃坝程度的两个重要因素。

6.5 堰塞坝溃决参数定量评估模型

6.5.1 溃口发展快速计算公式

刘宁等(2016)研究人为溃决过程中单个陡坎的后退促使溃口在纵向上发展,多个陡坎的分层侵蚀促使溃口在垂向上发展,而水流的侧蚀和土体的崩滑则构成了溃口在横向上的发展。坝体不同组成结构特征对溃口发展过程的影响主要体现在溃口形态上,包括溃口在纵向、垂向和横向上的发展方式,以及溃决结束后的溃口形式。

作者依据不同坝体材料溃坝过程中的溃口发展,绘制了溃口宽度与深度的关系曲线,如图 6-39 所示。可以发现在溃决过程中所有溃口的发展都是非线性的。其中,B1～B4 的坝体材料细粒含量小于 5%,溃口以先纵向发展为主,后横向发展为主。B5～B11 的坝体材料细粒含量大于 15%,溃口以先横向发展为主,后纵向发展为主。但是,最终的溃口发展曲线斜率与细粒含量没有显著的关系。

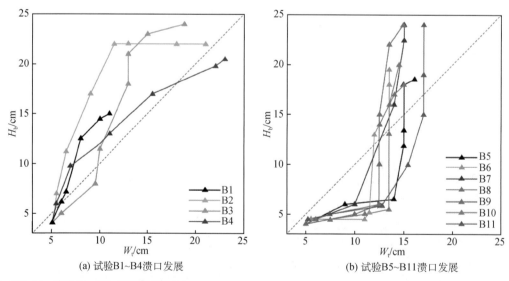

(a) 试验B1~B4溃口发展   (b) 试验B5~B11溃口发展

图 6-39 试验 B1～B11 坝体溃口发展

为了得到溃口发展过程中深度与宽度的函数关系,将所有试验数据进行拟合,对于试验 B1～B4 细粒含量小于 5% 的坝体,溃口发展拟合公式如下:

$$H_b = \frac{a_m}{1 + e^{-k_m(W_t - b_m)}} \tag{6-18}$$

式中，a_m、b_m 和 k_m 分别是与坝体材料有关的参数。a_m 代表溃口能够达到的最大深度。b_m 代表当溃口深度达到最终溃口深度一半时的溃口宽度。k_m 代表曲线的斜率，当 k_m 的绝对值越大，溃口深度增加越快，反之溃口深度发展缓慢。

对于试验 B5～B11 细粒含量大于 15％的坝体，溃口发展拟合公式如下：

$$H_b = m_m + n_m e^{-\frac{W_t}{c_m}} \tag{6-19}$$

式中，m_m、n_m 和 c_m 分别是与坝体材料有关的参数。

进一步研究坝体材料对溃口发展的影响，分别将 a_m、b_m 和 k_m，以及 m_m、n_m 和 c_m 与坝体材料中值粒径 D_{50} 和细粒含量 p 进行拟合，如图 6-40 所示。可以发现当细粒含量小于 5％时，a_m 与 D_{50} 成二次函数关系，随着 D_{50} 的增加先增加后减小。b_m 和 k_m 与 D_{50} 成线性关系，b_m 随着 D_{50} 的增加而减小；k_m 随着 D_{50} 的增加而增加。a_m、b_m 和 k_m 与 p 均成二次函数关系，主要是由于细颗粒的存在影响了溃决过程，进而决定了溃口的尺寸。其中，a_m 与 D_{50} 的相关性比与 p 的相关性更强，而 b_m 和 k_m 与 p 的相关性比与 D_{50} 的相关性更强。因此，在实际计算中，如果可以同时获得参数 D_{50} 和 p，则 a_m 通过 D_{50} 计算，b_m 和 k_m 通过 p 计算。

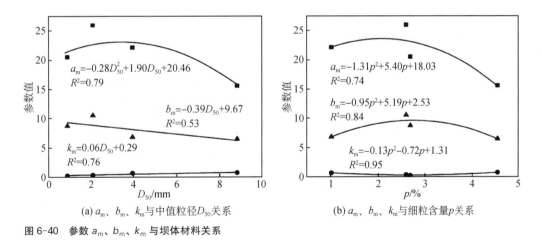

(a) a_m、b_m、k_m 与中值粒径 D_{50} 关系　　(b) a_m、b_m、k_m 与细粒含量 p 关系

图 6-40　参数 a_m、b_m、k_m 与坝体材料关系

当细粒含量大于 15％时，m_m、n_m 和 c_m 三者均与 D_{50}、p 呈二次函数关系。m_m、c_m 随着 D_{50} 和 p 的增加先减小后增大，而 n_m 随着 D_{50} 和 p 的增加先增加后减小（图 6-41）。其中，m_m 与 D_{50} 的相关性比与 p 的相关性更强，而 n_m 和 c_m 与 p 的相关性比与 D_{50} 的相关性更强。因此，在实际计算中，如果可以同时获得参数 D_{50} 和 p，则 m_m 通过 D_{50} 计算，n_m 和 c_m 通过 p 计算。

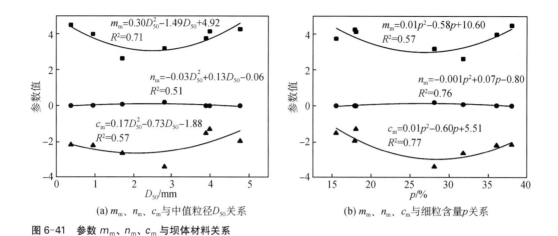

(a) m_m、n_m、c_m与中值粒径D_{50}关系   (b) m_m、n_m、c_m与细粒含量p关系

图 6-41　参数 m_m、n_m、c_m 与坝体材料关系

6.5.2　基于溃口发展过程的半经验半物理溃坝模型

结合 HEC-RAS 水动力学模型（HEC，2016）、堰塞坝的溃决参数经验公式和溃口发展过程，进一步提出一套适用于堰塞坝溃决参数快速评估的半经验半物理化溃坝模型。

1. HEC-RAS 5.0.4 模型

HEC-RAS 5.0.4 模型是由美国陆军工程兵团开发的河道水力计算程序（HEC，2016）。该溃坝模型采用参数化模型预测最终溃口参数，同时引入简化的物理溃坝机制用于解算溃口发展过程中的溃决流量。HEC-RAS 模型溃坝模块中包含溃口参数预测，溃口发展曲线和溃口可视化（图 6-42）。由于最终溃口通常为楔形，溃口参数预测主要为最终溃口底部高程、溃口深度、溃口侧坡坡度和从初始溃口到最终溃口的溃口时间。溃口发展曲线是在溃口从初始到最终成型的整个时间段内，溃口实际面积占最终溃口面积的比例随时间变化的发展过程。溃口可视化主要用于显示最终溃口形状。HEC-RAS 模型假设水库蓄水量与出库流量成线性关系，可以通过一维断面、二维网格和线性水库假设三种方式建模。其中线性水库假设模拟的水库完全由库容曲线控制，不受地形影响，对数据要求低，但无法考虑泄流时水面倾斜变化。此外，在整个溃坝过程中，溃决流量通过宽顶堰方程[式(6-7)]计算。

2. 溃决参数经验公式

模型计算中需要输入最终溃口底宽、溃口深度和溃决时间等参数。其中，最终溃口底宽、溃口顶宽和溃口深度采用 Peng 和 Zhang（2012）基于历史堰塞坝案例统计分析建立的溃口参数经验公式计算。

溃口底宽计算公式如下：

$$\frac{W_b}{H_d} = 0.003\left(\frac{H_d}{H_r}\right) + 0.070\left(\frac{V_l^{\frac{1}{3}}}{H_d}\right) + z \tag{6-20}$$

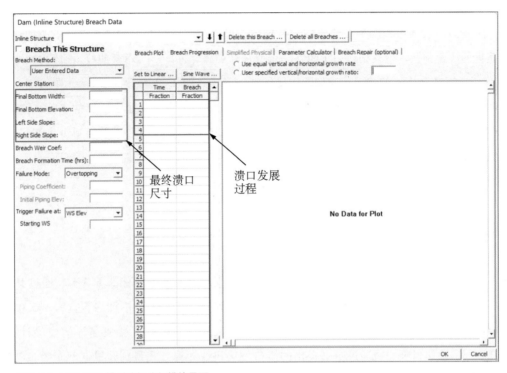

图 6-42 HEC-RAS 模型溃坝分析模块界面

式中,z 为坝体材料侵蚀度,高侵蚀度 $z = 0.624$,中等侵蚀度 $z = 0.344$。

溃口顶宽计算公式如下:

$$\frac{W_{\mathrm{t}}}{H_{\mathrm{r}}} = \left(\frac{H_{\mathrm{d}}}{H_{\mathrm{r}}}\right)^{0.911} \left(\frac{V_l^{\frac{1}{3}}}{H_{\mathrm{d}}}\right)^{0.271} + \mathrm{e}^z \tag{6-21}$$

式中,高侵蚀度 $z = 0.588$,中等侵蚀度 $z = 0.148$。

溃口深度计算公式如下:

$$\frac{H_{\mathrm{b}}}{H_{\mathrm{r}}} = \left(\frac{H_{\mathrm{d}}}{H_{\mathrm{r}}}\right)^{0.923} \left(\frac{V_l^{\frac{1}{3}}}{H_{\mathrm{d}}}\right)^{0.118} \mathrm{e}^z \tag{6-22}$$

式中,高侵蚀度 $z = -0.500$,中等侵蚀度 $z = -0.673$。

溃决时间采用第 5 章提出的三阶段模型中的溃决阶段时长计算得到,此处不再赘述。

3. 溃口发展过程

根据式(6-18)和式(6-19)可以获得溃口发展过程中溃口顶宽和深度的关系。根据经验公式计算得到的最终溃口底宽,顶宽[式(6-20)、式(6-21)],溃口深度[式(6-22)]和溃决时间[式(5-12)],结合溃口顶宽和深度的关系,可以得到溃口发展过程。假设溃口顶宽随着时间变化呈现线性变化,可以计算得到模型所需的溃口面积比随着时间的发展过程线。将以上所有参数输入 HEC-RAS 模型中即可以进行溃决参数计算,获得溃坝流量过程线。

基于溃口发展过程的半经验半物理溃坝模型可以应用于堰塞坝溃决参数及下游河道洪水演进的快速预测。该模型适用于能够获得或估算坝高、溃口尺寸、库容曲线、坝体材料中值粒径 D_{50}、细粒含量 p 的情况。模型的主要优点如下:①模型输入参数简单,输入参数主要为坝体形态参数、坝体材料侵蚀度、中值粒径、细粒含量等易于快速获取或估算的参数;②模型计算便捷,建模完成后,通常在数分钟内即可获得溃坝流量过程线;③下游河道洪水演进,模型在计算溃决参数的基础上可以同时分析溃坝洪水在下游河道的演进过程,获得河道任意断面的流量、水深、流速等参数,为预警决策提供依据。

6.5.3　堰塞坝溃决参数定量评估模型现场应用

采用唐家山堰塞坝开展溃决参数分析,唐家山堰塞坝的情况详见第 3.5.3 节。通过 Peng 和 Zhang(2012)提出的溃决参数计算公式得到最终溃口深度为 33.7 m,溃口顶宽为 103.0 m,溃口底宽为 86.5 m。溃决时间通过第 3 章提出的堰塞坝三阶段寿命快速评估模型计算,为 0.37 d。溃口发展曲线通过本书提出的溃口发展快速计算公式得到。根据刘宁等(2013)研究,唐家山堰塞坝坝体材料最高细粒含量达 35.0%,远大于 15%,最低细粒含量为 3.4%。综合考虑后,采用式(6-19)计算溃口发展。在参数计算中,考虑溃口处中值粒径和细粒含量

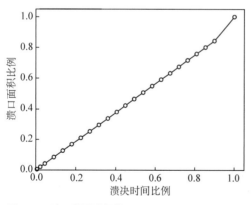

平均值,计算得到 $m_m = 24.3$,$n_m = -0.4$,$c_m = 2.1$。假设在溃决时间内,溃口宽度随时间线性发展,可以计算得到各时间段内的溃口深度。由于 m_m 代表唐家山堰塞坝实际溃口能达到的最大深度,而通过 Peng 和 Zhang(2012)提出的公式得到最大溃口深度为 33.7 m,因此,可以进一步对各个时间段内溃口面积进行修正。最终得到的溃口发展过程线如图 6-43 所示。

图 6-43　溃口发展过程线

将计算参数输入 HEC-RAS 模型,得到的唐家山堰塞坝坝址处的流量过程线。如图 6-44 所示,唐家山堰塞坝在 2008 年 6 月 7 日 7:00 发生自然过流,在 10 日 11:00 达到峰值流量,峰值流量为 6 841 m^3/s,实际监测峰值流量为 6 500 m^3/s,发生在 10 日 12:30,峰值流量计算值与实测值误差为 5.2%,时间误差为 1.9%。11 日 7:00,坝址处溃决洪水基本恢复到正常流量。

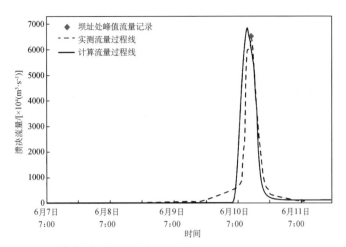

图 6-44　唐家山堰塞坝溃决流量过程线

参考文献

刘宁,杨启贵,陈祖煜,2016.堰塞湖风险处置[M].武汉:长江出版社.

刘杰,1992.土地渗透稳定与渗流控制[M].北京:水利水电出版社:2-16.

石振明,马小龙,彭铭,等,2014.基于大型数据库的堰塞坝特征统计分析与溃决参数快速评估模型[J].岩石力学与工程学报,33(9):1780-1790.

ANSARI S A, KOTHYARI U C, RANGA RAJU K G, 2003. Influence of cohesion on scour under submerged circular vertical jets[J]. Journal of Hydraulic Engineering, 129(12): 1014-1019.

CHANG D S, ZHANG L M, 2010. Simulation of the erosion process of landslide dams due to overtopping considering variations in soil erodibility along depth[J]. Natural Hazards and Earth System Science, 10(4):933-946.

CHEN S J, CHEN Z Y, TAO R, et al, 2018. Emergency response and back analysis of the failures of earthquake triggered cascade landslide dams on the mianyuan river, China. Natural hazards review, 19(3): 05018005.

CLARK L A, WYNN T M, 2007. Methods for determining streambank critical shear stress and soil erodibility: implications for erosion rate predictions[J]. Transactions of the Asabe, 50(1): 95-106.

COSTA J E, SCHUSTER R L, 1988. The formation and failure of natural dams[J]. Geological Society of America Bulletin, 100: 1054-1068.

HANSON G J, COOK K R, 2004. Apparatus, test procedures, and analytical methods[J]. Applied Engineering in Agriculture, 20(4): 455-462.

HYDRAULIC ENGINEERING CENTER (HEC), 2006. User's Manual of HEC-RAS River Analysis System[M]. Version 5.0.

JIANG X G, HUANG J H, WEI Y W, et al, 2018. The influence of materials on the breaching process of natural dams[J]. Landslides, 15(2): 243-255.

KENNEY T C, LAU D, 1985. Internal stability of granular filters[J]. Canadian Geotechnical Journal, 22(2): 215-225.

LI M H, SUNG R T, DONG J J, et al, 2011. The formation and breaching of a short-lived landslide dam at Hsiaolin Village, Taiwan—Part II: Simulation of debris flow with landslide dam breach[J]. Engineering Geology, 123(1-2): 60-71.

MITCHENER H, TORFS H, 1996. Erosion of mud/sand mixtures[J]. Coastal Engineering, 29(1-2): 1-25.

NEILL C R, 1973. Guide to bridge hydraulics[M]. Toronto: University of Toronto Press, 191.

PENG M, ZHANG L M, 2012. Breaching parameters of landslide dams[J]. Landslides, 9(9): 13-31.

RIJN V, LEO C, 1985. Sediment Transport, Part I: Bed Load Transport[J]. Journal of Hydraulic Engineering, 110 (10): 1431-1456.

SCHOKLISTCH A, 1914. On the drag force of sediment movement. Engelmann, Leipzige, Germany (in German).

SHI Z M, GUAN S G, PENG M, et al, 2015. Cascading breaching of the Tangjiashan landslide dam and two smaller downstream landslide dams[J]. Engineering Geology, 193: 445-458.

SMERDON E T, BEASLEY R P, 1961. Critical tractive forces in cohesive soils[J]. Agricultural Engineering, 42(1): 26-29.

VALLEJO L E, MAWBY R, 2000. Porosity influence on the shear strength of granular material-clay mixtures[J]. Engineering Geology, 58(2): 125-136.

第7章
堰塞坝的溃决洪水演进快速评估

堰塞坝溃决洪水的主要危害在于造成下游大范围的淹没,开展堰塞坝溃决洪水演进分析,获得下游河道洪水峰值流量、洪水流速、到达时间和水深等参数,进而预估可能的淹没区域及受灾面积,可以为下游群众疏散及财产转移提供决策依据。

雅鲁藏布江流域拥有众多重要的已建或待建的基础设施。川藏铁路沿线共穿越雅鲁藏布江16次,在"十四五"规划中明确提出实施雅鲁藏布江下游水电开发,然而由于复杂的地质构造运动和冰川活动,雅鲁藏布江流域干流和支流多次发生堰塞坝溃决洪水,洪水演进达数百公里,造成下游区域的大面积淹没(Shang et al., 2003;Delaney and Evans, 2015;Turzewski et al., 2019)。2000年,位于雅鲁藏布江二级支流易贡藏布江的易贡堰塞坝发生溃决,洪水沿着雅鲁藏布江下游蔓延近500 km,造成印度北部至少94人死亡(Delaney and Evans, 2015);2018年,雅鲁藏布江主流加拉堰塞坝溃决,溃坝洪水导致下游6 000余人被紧急疏散(Chen et al., 2020)。由此可见,雅鲁藏布江流域内堰塞坝的溃决可能会对下游人民群众和已建或待建的工程项目造成不可估量的影响。因此,对雅鲁藏布江流域内堰塞坝溃决洪水演进的影响进行快速评估具有重要的工程价值。

本章在系统总结现有溃决洪水演进分析方法的基础上,提出溃坝洪水演进快速评估方法。研究雅鲁藏布江干流、一级支流帕鲁藏布江、二级支流易贡藏布江产生的堰塞坝溃决洪水在下游河道演进,探讨洪水演进中的衰减及叠加效应。研究成果可以为流域内堰塞坝洪水演进分析提供指导和依据。

7.1 主支流溃坝洪水演进快速分析方法

基于流域内突发型堰塞坝的洪水演进模拟方法,主要分为三个步骤(图7-1):首先,采用稳定性和寿命快速评估模型预测堰塞坝的稳定性和寿命;其次,采用考虑材料侵蚀特性的DABA溃坝物理模型进行溃坝模拟(Shi et al., 2015);最后,采用HEC-RAS水动力模型建立包括河流和河流交汇点的流域模型(HEC, 2016),将DABA模型计算得到的坝址溃决流量随时间变化曲线作为边界条件,输入HEC-RAS模型,分析下游洪水演进过程。如果坝址下游存在多座堰塞坝,则将下游坝址处的溃决流量过程线再次输入 HEC-RAS 模型,分析洪水演进过程。

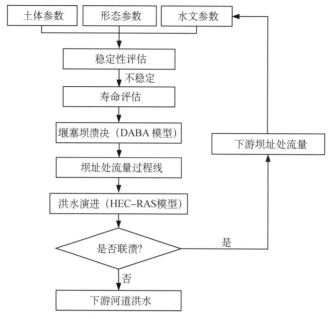

图 7-1　堰塞坝下游溃决洪水演进分析流程图

这种方法具有三个优点:①基于稳定性和寿命预测模型可以快速分析堰塞坝是否会发生溃决和多久会发生溃决,为制定开挖泄流槽等工程措施及下游地区受灾群众转移方案提供指导;②通过预先建立流域模型,将堰塞坝坝址处流量过程线作为边界条件输入,模拟下游洪水演进,可以大大提高突发型堰塞坝的溃坝洪水在流域内的演进分析效率;③考虑了流域内主流和支流的汇流,对于支流堰塞坝溃决洪水对主流的影响分析具有重要意义;④可以用于级联溃决的堰塞坝分析,对于研究堰塞坝联溃的洪水演进具有一定的参考价值。

7.1.1　DABA 溃坝物理模型

采用 DABA 溃坝物理模型对堰塞坝单坝和级联溃决坝址处的溃决洪水进行模拟(Chang and Zhang,2010)。DABA 溃坝物理模型的具体介绍见第 6.1.3 节,此处不再赘述。

7.1.2　HEC-RAS 水动力学模型

在第 6.6.2 节中已经介绍了 HEC-RAS 模型的基本信息,本节重点介绍 HEC-RAS 模型在溃坝洪水沿流域河道演进的应用。HEC-RAS 模型采用由连续性和动量方程控制的非定常明渠流。模型中采用不同曼宁糙率系数将河流断面划分为河道和漫滩,二者的曼宁糙率系数随表面糙率的改变而变化。

　　程序中"Junction"表示两条或多条河流的汇合处,可以用基于能量的方法或基于动量的方法计算汇合处的流量(HEC,2016)。其中,基于能量的方法主要通过该节点标准的回水步和前水步来求解汇合点的水位;基于动量的方法主要通过动量方程来求解汇合点的水位。由于雅江流域河道坡度较大,导致河流交汇处水位变化大,且主支流汇流的角度会造成较大的能量损失。因此,本章采用基于动量的方法求解,如图 7-2 所示。下面具体说明求解过程。

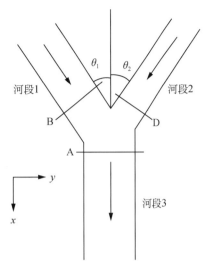

图 7-2　河流交汇点示意图

$$SF_A = SF_B \cos\theta_1 - F_{f_{B-A}} + G_{x_{B-A}} + SF_D \cos\theta_2 - F_{f_{D-A}} + G_{x_{D-A}} \qquad (7\text{-}1)$$

式中　SF_A,SF_B,SF_D——比力;

$F_{f_{B-A}}$,$F_{f_{D-A}}$——摩擦力;

$G_{x_{B-A}}$,$G_{x_{D-A}}$——x 方向上的重力(基于河段 3 中 A 断面的水流流动方向);

θ_1,θ_2——河段 1 与河段 3 水流方向的夹角,以及河段 2 与河段 3 水流方向的夹角。

$$SF_A = \frac{Q_A^2 \upsilon}{g A_A} + A_{tA}\overline{H_A} \qquad (7\text{-}2)$$

$$SF_B = \frac{Q_B^2 \upsilon}{g A_B} + A_{tB}\overline{H_B} \qquad (7\text{-}3)$$

$$SF_D = \frac{Q_D^2 \upsilon}{g A_D} + A_{tD}\overline{H_D} \qquad (7\text{-}4)$$

式中　Q_A,Q_B,Q_D——各河流的流量;

υ——动量系数;

A_A,A_B,A_D——水流流动区域面积;

A_{tA},A_{tB},A_{tD}——总流动区域面积,包括无效区域面积;

$\overline{H_A}$,$\overline{H_B}$,$\overline{H_D}$——从水面到河道质心的水深。

$$F_{f_{B-A}} = \bar{S}_{f_{B-A}} \frac{L_{B-A}}{2} A_B \cos\theta_1 + \bar{S}_{f_{B-A}} \frac{L_{B-A}}{2} A_A \frac{Q_B}{Q_A} \qquad (7\text{-}5)$$

$$F_{f_{D-A}} = \bar{S}_{f_{D-A}} \frac{L_{D-A}}{2} A_D \cos\theta_2 + \bar{S}_{f_{D-A}} \frac{L_{D-A}}{2} A_A \frac{Q_D}{Q_A} \qquad (7\text{-}6)$$

式中　$\bar{S}_{f_{B-A}}$，$\bar{S}_{f_{D-A}}$——两段能坡之间的斜率(摩擦坡度)；

L_{B-A}，L_{D-A}——沿 x 轴方向两河段之间的到达长度。

$$G_{x_{B-A}} = S_{0_{B-A}} \frac{L_{B-A}}{2} A_B \cos\theta_1 + S_{0_{B-A}} \frac{L_{B-A}}{2} A_A \frac{Q_B}{Q_A} \tag{7-7}$$

$$G_{x_{D-A}} = S_{0_{D-A}} \frac{L_{D-A}}{2} A_D \cos\theta_1 + S_{0_{D-A}} \frac{L_{D-A}}{2} A_A \frac{Q_D}{Q_A} \tag{7-8}$$

式中，$S_{0_{B-A}}$，$S_{0_{D-A}}$ 为河道的坡度。

7.2　研究区域及区域内堰塞坝概况

7.2.1　研究区域概况

研究区域位于雅鲁藏布江流域,包括雅鲁藏布江主流从米林县到巴昔卡村范围,总长496.30 km;一级支流帕隆藏布江从然乌湖到与雅江主流汇流处,总长 236.20 km;二级支流易贡藏布江从扎木弄沟到通麦大桥,总长 17.45 km(图 7-3)。

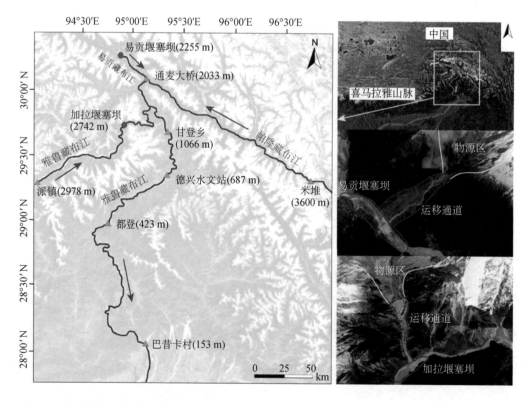

图 7-3　研究区域地理位置图及堰塞坝位置及洪水演进路径

1. 地形地质条件

研究区域主要位于喜马拉雅山脉东部构造区域,属于青藏高原典型的高山峡谷地貌,面积约为 54 114 km²,穿越南迦巴瓦峰(海拔 7 782 m)和加拉白垒峰(海拔 7 294 m)。区域内河流海拔最高处位于然乌湖,达 3 600 m;海拔最低处位于巴昔卡村,仅 153 m。河流两岸山体陡峭,自然地形坡度以 30°~50°为主,部分地区可以达到 60°~70°(邹子南 等,2019)。

研究区域新构造运动强烈,板块挤压带附近快速抬升,第四纪以来发生大范围的间歇性抬升,断裂带或块体的走滑运动剧烈,断陷盆地发育。该地区主要受嘉黎断裂、喀喇昆仑断裂和主前锋逆冲断裂三大走滑及逆冲断裂控制,由此地震活动频发。研究区的地震加速度主要集中在(0.2~0.4)g 范围,地震在发震频率以及震级方面都较大。历史上最大的一次地震发生在 1950 年 8 月,位于墨脱察隅县,震级达到 8.6 级,导致雅鲁藏布江多处崩滑堵江。此外,从 1970 年到 2021 年,研究区域内共发生了 400 多次 4.5 级以上的地震和 20 次 5.5 级以上的地震(辛聪聪,2019)。

2. 气象水文条件

研究区域属于东南亚温暖湿润气候,主要受印度洋暖流影响,年平均气温 8.7℃,1 月平均气温 0.2℃,7 月平均气温 16.6℃。自 1980 年到 2005 年,区域内气温逐渐上升,大约每年升高 0.03℃。印度洋气候沿着大拐弯峡谷输送通道由南向北移动的过程中受到高山的阻挡,给大拐弯带来了充沛的降雨量以及热量。其中,墨脱县平均年降水量约为 3 500 mm,巴昔卡村平均年降水量达 5 000 mm。从 1980 年到 2005 年,平均年降水量增加 5.30 mm。此外,研究区域内 6—9 月的降水量在全年降水量中的占比约为 60%~90%,在每年的 7—8 月大多会出现最大的降雨量和洪水峰值流量。相比于流域内其他地区,极端降雨更易发生在下游朗县—墨脱县等海拔较低的区域内。

流域内径流由降水、地下水和冰雪融水组成,易贡藏布江和帕隆藏布江的年平均径流量分别为 1.2×10¹⁰ m³ 和 3.1×10¹⁰ m³,年平均流量分别为 378 m³/s 和 973 m³/s(刘洋,2013)。雅鲁藏布江下游巴昔卡村年平均径流量约为 1.7×10¹¹ m³,年平均流量为 5 240 m³/s(王欣 等,2016)。

3. 堰塞坝灾害分布

由于局部复杂的构造作用和气候变化,研究区内崩滑灾害链广泛分布。据调查,在过去的 70 年里,至少形成了 15 个大型堰塞坝,其中 1 个位于易贡藏布江,9 个位于帕隆雅鲁藏布江,5 个位于雅鲁藏布江干流(李滨 等,2020)(图 7-4)。一些地区曾多次发生堵江事件。例如,1900 年和 2000 年,易贡藏布江在扎木弄沟处两次发生堵江;2018 年,雅鲁藏布江在 2 周内连续发生两次堵江。此外,该地区的帕隆藏布江沿线、雅鲁藏布江沿线和易贡藏布江沿线分别存在 31 处、23 处和 5 处特大地质灾害隐患点,且有 12 处仍处于变形发展阶段。其中,色东普、扎木弄、古乡、米堆弄巴及然乌湖口具有极高的灾害链成灾风险(李滨 等,2020)。

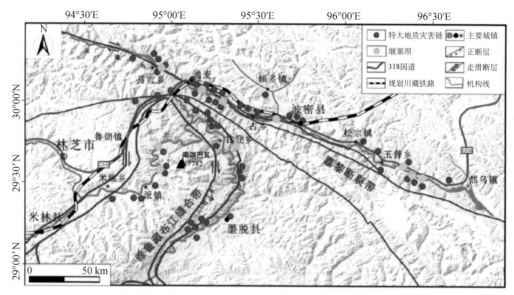

图 7-4 研究区域内堰塞坝分布及潜在滑坡危害(李滨 等,2020)

7.2.2 易贡堰塞坝

2000 年 4 月 9 日,受气温转暖、冰雪消融及地质等因素影响,西藏自治区波密县扎木弄沟源区易贡藏布江左岸(30°12′11″N,94°58′03″E)发生大型山体崩塌滑坡,滑坡水平移动距离约 8 km,堵塞易贡藏布江形成易贡堰塞坝(Shang 等,2003)(图 7-3)。易贡堰塞坝坝体体积 $3×10^8$ m³,坝高 59 m,坝宽 2 500 m,坝长 2 500 m,堰塞湖库容 $2.015×10^9$ m³,平均入库流量 378 m³/s(表 7-1)。堰塞坝坝体材料主要包括砂土夹杂块石,其中砂性土占主要部分,块石体积巨大,最大的体积达到百立方米的级别,母岩为大理岩、花岗岩和板岩(图 7-5)。坝体材料重度为 2.72,内摩擦角为 37°。

表 7-1 易贡和加拉堰塞坝坝体形态和水文参数

类别	参数	堰塞坝	
		易贡	加拉
坝体形态和水文参数	坝底高程:H_v(m)	2 196	2 758
	坝顶高程:H_t(m)	2 265	2 837
	初始坝顶长度:L_c(m)	320	300
	水位:H_w(m)	2 240	2 836
	入库流量:Q_{if}(m³/s)	378	2 222
泄流槽	初始溃口顶宽:w_t(m)	150*	5*
	初始溃口底宽:w_b(m)	20*	2*

（续表）

类别	参数	堰塞坝	
		易贡	加拉
泄流槽	初始溃口深度：h_b(m)	24.1*	1*
	初始溃口底部坡度：β_b(°)	0.006	0.006
	临界溃口边坡：α_i(°)	45	45
	坝体下游坡面临界坡度：β_c(°)	30	30

注：* DABA 模型计算时的初始溃口尺寸。

图 7-5　易贡堰塞坝坝体材料现场照片（Xu et al., 2012）

易贡堰塞坝形成后,堰塞湖湖水持续上涨,最大日涨幅为 2.37 m。6 月 3 日,采取工程措施在坝顶开挖泄流槽,泄流槽长 1 000 m,槽深 24.1 m,槽顶宽 150 m,槽底宽 20 m（Shang et al., 2003）。泄流槽的开挖使堰塞湖的最大蓄水量减少约 $1×10^9$ m^3（Delaney and Evans, 2015）。8 日 6:40,堰塞湖湖水开始经人工泄流槽发生过流,水流初始流速为 1.0 m/s,下泄流量约 1.2 m^3/s。10 日 20:00,堰塞坝溃决速度加快,溃口位置的瞬时流量达到 2 940 m^3/s。随后,溃决流量进一步增大,达到峰值流量 124 000 m^3/s,对应的最大水流流速为 9.5 m/s。11 日 2:50,洪水到达易贡堰塞坝下游约 17 km 的通麦大桥处,导致通麦大桥水位升高约 41.77 m,高出桥面约 32 m。在溃坝洪水演进过程中,通麦大桥处的峰值流量高达 120 000 m^3/s。11 日 24:00,巴昔卡村水位开始上升,洪峰流量为 44 200 m^3/s（Tewari, 2004）。溃坝洪水造成易贡堰塞坝下游的帕隆藏布江和易贡藏布江等河段水位暴涨,严重破坏了下游沿线公路和光缆等通信设施,摧毁了下游 5 座桥梁,直接影响群众达 4 000 人。

7.2.3　加拉堰塞坝

2018 年 10 月 17 日,西藏自治区林芝市米林县派镇加拉村下游约 7 km 处,易贡堰塞坝西南约 48 km 处,雅鲁藏布江左岸支沟发生崩塌（29°47′7″N,94°55′24″E）,携带冰碛物运移,堵塞雅江主流形成加拉堰塞坝(图 7-3)。加拉堰塞坝坝体体积约 5×10^7 m³,坝高 79 m,坝宽 465 m,堰塞湖库容 6.05×10^8 m³,入库流量约 2 222 m³/s(表 7-1)。坝体材料主要为砂砾石夹碎石土(图 7-6)。

图 7-6 加拉堰塞坝坝体材料现场照片(Chen 等,2020)

加拉堰塞坝形成后,墨脱县德兴水文站水位由 16 日 20:00 的 74.28 m 下降到 17 日 14:00 的 71.27 m,相应的流量从 3 430 m³/s 下降到 1 580 m³/s(Chen et al.,2020)。19 日 13:30,堰塞坝在没有任何人工干预的条件下,开始发生漫顶溢流,坝址处出库流量逐渐增加,洪峰流量约为 32 000 m³/s。19 日 21:30,洪水到达距离堰塞坝坝址下游 168 km 的墨脱县德兴水文站,19 日 23:40,德兴水文站最高水位上涨 19.76 m,最大出库流量约为 23 400 m³/s。20 日 16:00,德兴水文站水位下降到 725.59 m,相应的出库流量约为 3 030 m³/s。至此,德兴水文站所测得的通过的水量为 5.8×10^8 m³,堰塞湖上游水位降落 72 m,入库流量和出库流量相等(Chen et al.,2020)。此次堰塞坝造成的受影响群众达 20 000 余人。

7.3 堰塞坝坝址处溃决流量

DABA 溃坝物理模型输入的参数包括形态参数、水文参数和土体参数。其中,形态参数和水文参数如表 7-1 所示。易贡堰塞坝和加拉堰塞坝的土体可蚀性系数和临界剪切应力见表 7-2,两个深度之间的参数值通过线性插值法获得。根据 Chen 等(2020)的研究,雅鲁藏布江流域的加拉堰塞坝和易贡堰塞坝的坝体材料均来自高度崩解的冰土混合物,并在其研究中给出了加拉堰塞坝的可蚀性系数和临界剪切应力。因此,本章易贡堰塞坝和加拉堰塞坝的可蚀性系数、临界剪切应力直接选取 Chen 等(2020)研究中的参数。

采用 DABA 溃坝物理模型,可以计算获得易贡堰塞坝坝址处的溃决洪水流量过程线,如图 7-7 所示。易贡堰塞坝在 2000 年 6 月 10 日 20:00 发生自然过流。过流后溃决流量逐渐增加,在 11 日 2:44 达到峰值流量,计算峰值流量为 120 227 m³/s。Delaney 等(2015)估算的峰值流量为 124 000 m^3/s,计算峰值流量与记录值相差 3.0%。溃决洪水在 12 日 2:00 恢复到正常水位范围。溃决结束后溃口深度为 58.2 m,溃口顶宽为 657.8 m,底宽为 560.1 m。

表 7-2　易贡堰塞坝和加拉堰塞坝可蚀性系数、临界剪切应力参数(Chen et al., 2020)

深度/m	可蚀性系数/[mm・(N・s)$^{-1}$]	临界剪切应力/Pa
10	2 600	1.8
18	150	130
60	50	220
90	10	6 000

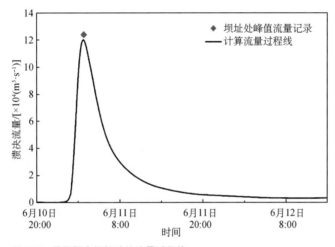

图 7-7　易贡堰塞坝坝址处流量过程线

根据计算结果,加拉堰塞坝在 2018 年 10 月 19 日 13:30 发生溃决,计算得到的溃坝峰值流量为 31 641 m^3/s,发生在 19 日 19:25,与实测时间 19:11 达到峰值流量 32 000 m^3/s 非常接近(图 7-8)。20 日 9:42,加拉堰塞坝坝址下游洪水威胁被解除。溃坝结束后残余坝体溃口深度为 64.5 m,溃口顶宽为 258.6 m,溃口底宽为 151.9 m。

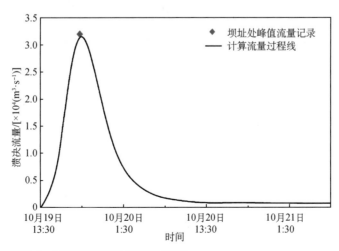

图 7-8　加拉堰塞坝坝址处流量过程线

7.4　下游河道洪水演进分析

7.4.1　流域模型构建

采用 HEC-RAS 水动力学模型分析易贡和加拉堰塞坝溃决后下游河道的洪水演进过程。选取河道的典型断面,在典型横截面之间插值,共获得 15 853 个河道断面。其中,通麦大桥、德兴水文站、都登镇和巴昔卡村的河道断面如图 7-9 所示。一般而言,对于有深水池或有大量木材和灌木的主河道,曼宁系数的取值在 0.07～0.15 之间,而对于有中等到密集的灌木、少量灌木丛或支流以下水流的河道,曼宁系数的取值在 0.07～0.16 之间。本章曼宁系数取值依据张云成(2016)的研究选取,具体河段曼宁系数值见表 7-3。

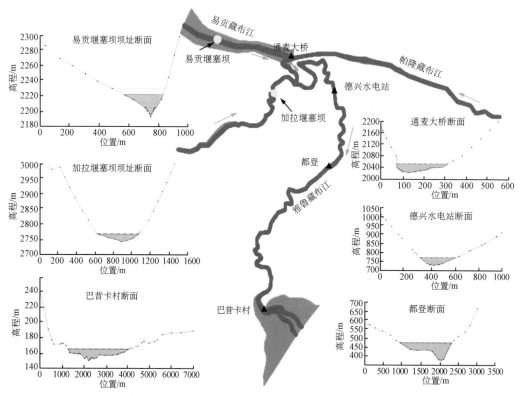

图 7-9　HEC-RAS 模型中研究区域及典型河道断面

表 7-3　曼宁系数取值

位置	曼宁系数 n		
	左侧河漫滩	河道	右侧河漫滩
易贡藏布江	0.12	0.076 4	0.12

（续表）

位置	曼宁系数 n		
	左侧河漫滩	河道	右侧河漫滩
帕隆藏布江	0.12	0.076 4	0.12
雅鲁藏布江（派镇—都登镇段）	0.12	0.076 4	0.12
雅鲁藏布江（都登镇—巴昔卡村段）	0.16	0.12	0.16

易贡藏布江、帕隆藏布江和雅鲁藏布江交汇点处流线的夹角如表 7-4 所示。在 HEC-RAS 模型中分析下游洪水演进时，将 DABA 模型计算得到的坝址处流量过程线输入 HEC-RAS 模型。

表 7-4　不同河流流线夹角

示意图	角度/(°)
	θ_1　　29.5
	θ_2　　44.6
	θ_3　　27.7
	θ_4　　14.1

7.4.2　洪水演进过程分析

图 7-10(a)为易贡堰塞坝溃决后洪水沿河道演进过程中不同位置洪水流量过程线及洪水到达时间。其中，2000 年 6 月 11 日 2:50，洪峰到达通麦大桥(坝址下游 17.45 km)处，计算的峰值流量为 118 753 m^3/s，与 Shang 等(2003)报道的洪峰流量基本一致。11 日 7:48，洪水到达德兴水文站(坝址下游 165.73 km)，峰值流量为 103 741 m^3/s。11 日 10:57，洪水到达都登镇(坝址下游 253.24 km)，峰值流量为 89 663 m^3/s。12 日 2:19，洪水到达巴昔卡村(坝址下游 450.24 km)，峰值流量下降至 44 640 m^3/s；实际峰值流量记录值为 44 200 m^3/s，到达时间为 11 日 18:00(Delaney and Evans, 2015)。峰值流量的模拟结果与记录值较为接近，但洪峰时间存在一定差异。根据模拟结果，洪水将淹没巴昔卡村，淹没面积为 25.36 km^2，占总面积的 39.90%，淹没区域最大水深为 11.68 m，平均流速为 2.04 m/s[图 7-11(a)]。

对河道沿线不同位置的洪峰流量进行分析，发现都登镇和巴昔卡村之间的洪峰流量衰减

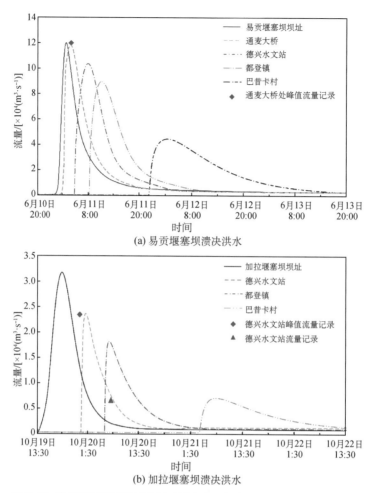

(a) 易贡堰塞坝溃决洪水

(b) 加拉堰塞坝溃决洪水

图 7-10　雅鲁藏布江流域堰塞坝溃决洪水演进流量过程线

明显[图 7-10(a)]。洪水通过都登镇—巴昔卡村河段时,洪峰流量衰减达 50.21%,其原因主要是都登镇到巴昔卡村河段的水力梯度较小,水流势能转化为动能的能量转化较小,且该河段曼宁系数较大,水流动能损失较大(图 7-12)。

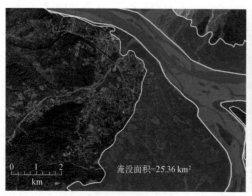

(a) 易贡堰塞坝溃决淹没区域

(b) 加拉堰塞坝溃决淹没区域

图 7-11　巴昔卡村洪水淹没区域

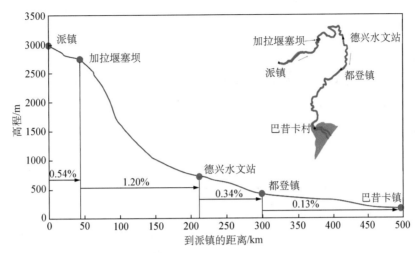

图 7-12　雅鲁藏布江大峡谷纵剖面

图 7-10(b)为加拉堰塞坝溃决后沿河道的洪水演进流量过程线。2018 年 10 月 20 日 0:57,洪水到达德兴水文站(坝址下游 168.00 km),峰值流量为 23 606 m³/s;报道的峰值流量为 23 400 m³/s,发生在 19 日 23:40,二者结果非常接近(Chen et al.,2020)。20 日 5:18,洪水到达都登镇(坝址下游 255.50 km),峰值流量为 18 187 m³/s。20 日 7:00,德兴水文站计算得到的洪水流量显著下降,约为 7 399 m³/s,而央视新闻报道的流量为 6 230 m³/s,相差约 18.7%(Chen et al.,2020)。21 日 6:35,洪水到达巴昔卡村(坝址下游 452.50 km),峰值流量为 7 075 m³/s。根据分析结果,洪水将淹没巴昔卡村,淹没面积为 15.70 km²,占总面积的 24.70%,淹没区域最大水深 5.07 m,平均流速为 1.30 m/s[图 7-11(b)]。洪峰最大衰减段及其原因与易贡堰塞坝溃坝洪水衰减结果相同(图 7-12)。

7.4.3　下游河道洪水叠加

当发生地震时,山区流域范围内可能会形成多个堰塞坝。一旦流域内主流、支流同时形成多个堰塞坝,并在一段时间内连续发生溃决,下游河道洪水可能会产生叠加效应。在这种情况下,下游河道的洪峰将在很大程度上取决于洪水达到主流、支流交汇点的时间。此外,当一个堰塞坝的下游形成另外一个堰塞坝,上游堰塞坝的溃决将会导致下游堰塞坝的溃决,进而形成级联溃决现象。

为了更好地研究堰塞坝溃决洪水的叠加效应,以易贡堰塞坝和加拉堰塞坝为例,假设 3 种情况,研究下游洪水的叠加效应。情况 1:在雅鲁藏布江主流和易贡藏布江支流同时形成两个大型堰塞坝;情况 2:两个堰塞坝的溃决洪水在主支流交汇处完全叠加;情况 3:沿河流上下游形成的两个堰塞坝发生级联溃决。

在情况 1 中,由于两个堰塞坝的库容不同导致汇水时长不同,易贡堰塞坝在加拉堰塞坝溃坝后 59 d 15 h 30 min 后发生溃决。模拟得到下游德兴水文站、都登镇、巴昔卡村的峰值流量,以及巴昔卡村的洪水淹没区域与易贡和加拉两个堰塞坝单独溃决的结果基本一致(图 7-13、表 7-5)。洪水在德兴水文站、都登镇、巴昔卡村均存在两个洪峰。其主要原因是两个堰塞坝的溃决时间间隔足够长,下游洪水不会发生相互叠加作用。在该情况下,下游风险影响范围内的人群应注意多个洪峰的洪水信息,避免被第一个洪峰误导而造成生命财产损失。

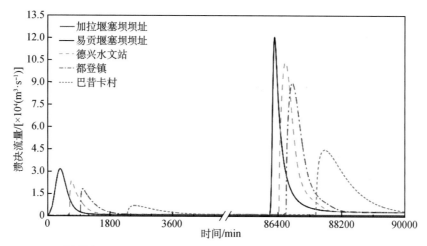

图 7-13　雅鲁藏布江下游洪水模拟结果情况 1

在情况 2 中,设定易贡堰塞坝在加拉堰塞坝溃决 15 min 后溃决,使两个堰塞坝的溃决洪水在河流交汇处完全叠加,在下游形成单一洪峰流量(图 7-14)。洪水重叠后在下游德兴水文站和都登镇的峰值流量分别为 122 819 m³/s 和 104 670 m³/s(表 7-5),分别比仅发生易贡堰

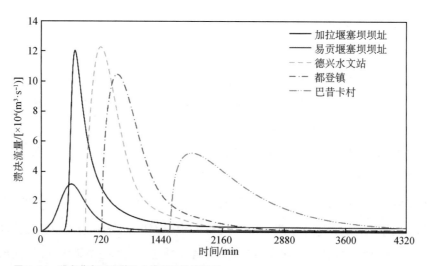

图 7-14　雅鲁藏布江下游洪水模拟结果情况 2

塞坝溃决的峰值流量高 18.39％和 16.74％。洪水在巴昔卡村的峰值流量达 52 532 m³/s,比仅发生易贡堰塞坝造成的峰值流量高 17.68％。洪水淹没巴昔卡村,淹没区域最大水深为 12.54 m,比易贡堰塞坝溃决造成的淹没水深高 0.86 m,流速为 2.16 m/s。计算得到的淹没面积为 26.47 km²,占巴昔卡村面积的 41.70％,比易贡堰塞坝溃决造成的淹没面积大 1.80％。在这种溃坝情况下,下游潜在洪水洪峰流量更高,淹没区域面积更大,需要格外关注下游洪水情况。

在情况 3 中,假设与加拉堰塞坝相同大小的堰塞坝发生在甘登村下游 1 800 m 处 (图 7-3)。自 2008 年以来,该地区已至少形成三次堰塞坝,但没有详细的堰塞坝资料记录(王治华,2009)。假设下游堰塞坝发生溃决的时间是易贡堰塞坝溃决洪水到达该位置的时间,且下游堰塞坝的入库流量等于易贡堰塞坝溃决洪水在该位置的洪水流量(Shi et al.,2015)。计算得到的下游坝址处的溃决洪水峰值流量由易贡堰塞坝单独溃决时的 112 532 m³/s 增加到 139 127 m³/s,德兴水文站和都登镇的峰值流量分别为 120 974 m³/s 和 102 749 m³/s。巴昔卡村的峰值流量达 52 305 m³/s(图 7-15、表 7-5)。洪水在巴昔卡村的水深为 12.51 m,平均流速为 3.03 m/s。淹没区域的面积为 26.17 km²,占全镇面积的 41.20％。

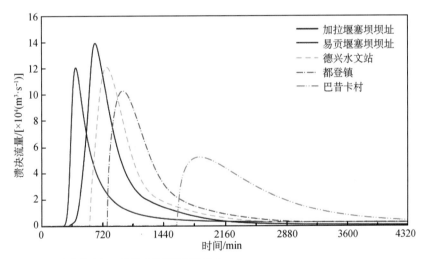

图 7-15　雅鲁藏布江下游洪水模拟结果情况 3

表 7-5　三种情况下不同位置的洪峰流量

情况	洪峰流量/(m³·s⁻¹)					
	德兴水文站		都登镇		巴昔卡村	
	1st 洪峰流量	2st 洪峰流量	1st 洪峰流量	2st 洪峰流量	1st 洪峰流量	2st 洪峰流量
1	23 606	103 741	18 187	89 663	7 075	44 640
2	122 819	—ᵃ	104 670	—ᵃ	52 532	—ᵃ
3	120 974	—ᵃ	102 749	—ᵃ	52 305	—ᵃ

注:ᵃ 在该情况中只有一个洪峰流量。

在这种情况下,三个位置的峰值流量都大于易贡堰塞坝和加拉堰塞坝单独溃决的洪峰流量,但略小于两个堰塞坝单独溃决的峰值流量之和。由此可见,级联溃决洪水并不是两个堰塞坝单独溃决洪水的完全重叠。有两个原因可以解释这种现象:①下游堰塞坝的存在具有阻挡效果,消耗了上游堰塞坝溃决洪水的动能;②下游堰塞坝在溃决过程中坝体材料的侵蚀和运移会造成一定的动能损失。

参考文献

李滨,高杨,万佳威,等,2020.雅鲁藏布江大峡谷地区特大地质灾害链发育现状及对策[J].水电与抽水蓄能,6(2):11-14,35.

刘洋,2013.基于 RS 的西藏帕隆藏布流域典型泥石流灾害链分析[D].成都:成都理工大学.

王立辉,胡四一,2007.溃坝问题研究综述[J].水利水电科技进展,27(1):80-85.

王欣,覃光华,李红霞,2016.雅鲁藏布江干流年径流变化趋势及特性分析[J].人民长江,47(1):23-26.

王治华,2009.西藏墨脱县甘登乡滑坡遥感应急调查[J].遥感信息,(4):71-74.

辛聪聪,2019.基于 DEM 雅鲁藏布江东构造结河谷地貌及其地质环境效应研究[D].成都:成都理工大学.

张云成,2016.支沟堰塞湖溃决引发主河洪水演进分析[D].成都:西南交通大学.

邹子南,王运生,辛聪聪,等,2019.雅鲁藏布大峡谷高位岩质崩塌影响因素分析[J].中国地质灾害与防治学报,30(1):20-29.

CHEN C, ZHANG L M, XIAO T, et al, 2020. Barrier lake bursting and flood routing in the Yarlung Tsangpo Grand Canyon in October 2018. Journal of Hydrology, 583: 124603.

DELANEY K B, EVANS S G, 2015. The 2000 Yigong landslide (Tibetan Plateau), rockslide-dammed lake and outburst flood: review, remote sensing analysis, and process modelling[J]. Geomorphology, 246: 377-393.

SHANG Y, YANG Z, LI L, et al, 2003. A super-large landslide in Tibet in 2000: Background, occurrence, disaster, and origin[J]. Geomorphology, 54(3-4): 225-243.

TEWARI P, 2004. A study on soil erosion in Pasighat town (Arunachal Pradesh) India[J]. Nature Hazards, 32: 257-275.

TURZEWSKI M, HUNTINGTO K, LEVEQUE R, 2019. The geomorphic impact of outburst floods: Integrating observations and numerical simulations of the 2000 Yigong flood, eastern Himalaya[J]. Journal of Geophysical Research Earth Surface, 124(5): 1056-1079.

XU Q, SHANG Y, VAN A, et al, 2012. Observations from the large, rapid Yigong rock slide-debris avalanche, southeast Tibet[J]. Canadian Geotechnical Journal, 49 (5): 589-606.

第 8 章
堰塞坝下游河道物质运移快速分析
——以唐家山堰塞坝为例

唐家山滑坡是典型的中陡倾角顺层高速滑坡。地震触发的滑坡体整个滑行时间约为 0.5 min,相对滑动高度为 900 m,推测整个滑动速度约为 30 m/s,滑坡体快速下滑堵塞河道形成堰塞坝。其纵向长 803.4 m,横向最大宽度为 611.8 m。推测坝体体积为 2 037 万 m³。截至 2008 年 6 月 6 日,堰塞湖蓄水量已达到 2.425 亿 m³,相应水位为 740 m,堰塞坝上游集水面积为 3 550 km²。自 2008 年以来,尽管不少专家及工程技术人员对唐家山堰塞坝进行了多次稳定性分析和引水泄流方案等研究工作,并取得了显著成效,但唐家山堰塞湖目前的库容依然高达 1.45 亿 m³,坝高约为 82.65~124.4 m,故依然存在较大的灾害风险。

堰塞坝形成至今经历了多次重大事件,其中降雨诱发的泥石流堵江至少 2 次,残余堰塞坝溃决至少 3 次,降雨和河道冲刷诱发的河岸滑坡崩塌泥石流大小数十次,河道土石物质沉积和冲刷脉冲式运移至今仍非常活跃。唐家山堰塞坝溃决洪水威胁下游 80 km,影响面积近 100 km²。在潜在风险方面,唐家山滑坡已导致数十人丧生,而且溃决洪水威胁让至少 20 万人面临疏散风险;在灾害机制方面,由于堰塞坝坝体结构和材料组成的复杂性,唐家山堰塞坝的溃坝过程存在很大不确定性。唐家山堰塞坝下游有人工构筑物,溃坝产生的洪水会引起洪峰,甚至会引起更严重的放大效应。堰塞坝堵江回水和溃坝对岸坡冲刷都可能诱发大量的崩滑灾害,堰塞坝引起的水土物质运移会导致流域范围的水文地质环境的破坏和重构。

本章以唐家山堰塞坝为典型案例,采用 Mike21 建立唐家山堰塞坝下游河道数字高程模型,研究不同降雨条件下,不同流量大小的溃坝洪水在下游河道演进引发的河床变形和泥沙冲淤的变化规律,并探讨降雨量和溃口流量对洪水演进以及泥沙冲淤的影响规律。

8.1 唐家山堰塞坝人工泄洪工程基本情况概述

8.1.1 研究区域的气象水文

唐家山堰塞坝所处通口河流域属山地亚热带湿润季风气候,具有终年温暖、雨量丰沛且垂直变化明显的特点。根据北川县气象站(高程 630 m)1961—1990 年资料统计,通口河流域多年平均气温为 15.6℃,极端最高气温为 36.1℃,极端最低气温为－4.5℃;多年平均相对湿度为 76%,历年最小相对湿度为 15%;多年平均年蒸发量为 992.9 mm;多年平均年降水量为 1 355.4 mm,降雨主要集中在 5—9 月,占全年降水的 86.3%,历年一日最大降水量为 323.4 mm。多年平均风速 1.3 m/s,最大风速 12 m/s,相应风向 SW,多年平均水温 13.2℃。

通口河流域地表径流主要由降雨形成,其次为冰雪融化和地下水补给,径流的年际变化与流域内降水变化相一致。根据茅坝水文站 1958—2003 年资料,多年平均流量 82.4 m³/s。最丰水年(1964 年 5 月—1965 年 4 月)年平均流量 115 m³/s,最枯水年(2002 年 5 月—2003 年 4 月)年平均流量 48.4 m³/s,二者之比为 2.38。年最小流量多出现在 2 月或 3 月上旬。

通口河流域洪水由暴雨形成,主要出现在 6—9 月。其特点是集流时间短,陡涨陡落,一次洪水过程线多为双峰型,主峰高尖瘦,历时 3~5 日。将军石水文站洪峰流量实测最大值 5 390 m³/s(1995 年 8 月 11 日),实测最小值 505 m³/s(1991 年 9 月 16 日),二者之比为 10.7,洪水的年际年变化较大。

8.1.2 研究区域的地形地貌

研究区地理位置处于中高山峡谷地区,总体地势北面和西面高南面和东面低,山岭的海拔高度一般介于 1 500~2 389 m 之间,相对高差范围在 400~1 000 m。通口河的两岸山体规模较大,山谷谷底宽度为 50~180 m,枯水期河面宽度为 40~70 m。河的左岸岸坡较右岸陡峻,多数基岩裸露,坡度 50°~70°,右岸较左岸平缓,坡度 35°~60°。干流(即治城)以下河流总体由西向东展布。河两岸冲沟发育较为明显,多为常年性流水。沿河两岸Ⅰ Ⅱ级阶地较为发育,局部河岸可见Ⅲ Ⅳ级阶地,阶地类型多为基座阶地。Ⅰ级阶地高 5~10 m,Ⅱ级阶地高 15~30 m,Ⅲ Ⅳ级阶地高 50~100 m。

地震之前,唐家山堰塞湖及其下游堤岸陡峭,基岩暴露。局部河谷边坡受层面、构造和自重应力的影响,表面变形和塌陷等地质现象较小。此外,虽然库区内有许多沟壑,但每个沟壑中的疏松沉积物很少,植被茂盛。沟内没有大规模的泥石流堆积,泥石流不发育。地震发生后,由于受地震影响及唐家山堰塞湖水位突然下降,北川县附近的草山沟,山体滑坡及崩塌极为发达,规模较大,造成唐家山、苦竹坝、东溪沟三个山体滑坡堵塞江体。此外,山脊附近的坍塌和破坏非常普遍。

8.1.3 唐家山堰塞坝人工泄洪工程概况

2008 年汶川地震形成的唐家山堰塞湖,在泄洪以前受上游来水影响,堰塞湖水位每天上涨 1～2 m。2008 年 6 月 7 日 07 时 08 分,泄流渠开始过流泄洪;至 6 月 10 日 01 时 30 分,最高水位为 743.10 m;6 月 10 日 11 时 30 分,泄流渠最大下泄流量为 6 600 m³/s,是唐家山 6 月上旬多年平均流量的 79 倍,超过唐家山百年一遇洪峰流量(唐家山堰塞湖坝址百年一遇设计洪峰流量 6 040 m³/s),泄洪现场照片见图 8-1。截至 6 月 11 日 14 时,唐家山堰塞湖坝前水位下降至 714.10 m。下泄洪峰于 6 月 10 日 17 时 18 分到达涪江桥,最高洪水位 465.28 m,洪峰流量 6 040 m³/s。根据实测降雨资料分析,6 月 7 日 08 时至 6 月 11 日 08 时,唐家山堰塞湖以上流域共计入湖水量约 4 700 万 m³,通过泄流渠下泄总水量约 1.86 亿 m³。堰塞湖坝前水位从 6 月 10 日 1 时 30 分最高水位 743.10 m 降低至 11 日 08 时 714.62 m。

图 8-1　2008 年唐家山堰塞湖人工泄洪现场航拍图

由于应急处置工程的实施,堰塞坝过流水位从 755.2 m(相应库容 3.18 亿 m³)降低至 740 m(相应库容 2.24 亿 m³),至 6 月 10 日 1 时 30 分堰塞湖内最高水位 743.10 m(相应库容 2.47 亿 m³),降低水头 9.1 m,减少蓄水量 0.71 亿 m³。

如不实施唐家山应急疏通工程,6 月 11 日 08 时坝前水位将达 746.62 m(相应库容 2.74 亿 m³),按历年同期平均来水考虑,至 6 月 17 日 10 时左右坝前水位将达 752.20 m,堰塞坝会发生漫流。由于应急处置工程已按预期发挥效益,至 6 月 11 日 08 时,坝前水位已降至 714.62 m。

唐家山堰塞坝的泄洪降低了堰塞湖水头,减小了湖内蓄水量,大大降低了堰塞湖洪水对下游人民生命财产安全的威胁。唐家山堰塞湖入库流量及出库流量过程线见图 8-2,最大流量为 6 600 m³/s。

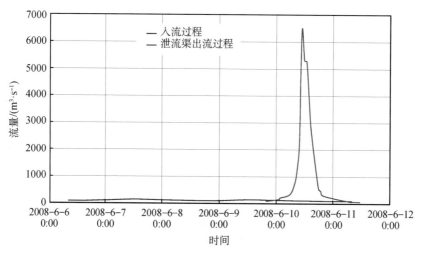

图 8-2 唐家山堰塞湖入库流量及出库流量过程

根据实地考察,堰塞坝在过流后已形成较宽的新河道,平面上呈向右岸凸出的弧形,中心线长度约 890 m;在断面形态上,呈上宽下窄的"倒梯形",开口宽 145～235 m,底宽 80～100 m,左侧坡度 35°～50°,右侧坡度 45°～60°,坡高 10～60 m。冲刷后新河道带走堰塞坝堆积物质约 500 万 m³,约占堰塞坝总体积的 25%。

据实地调查,新河道左右侧坡呈上下游较低中部较高的特征,最大冲刷深度约 60 m。其物质组成在左右岸相对对称,上部 20～40 m 厚为黄色碎石土,中部 10～20 m 厚为孤块碎石,坡脚和河道出露灰黑色硅质岩巨石和孤块碎石,局部保留原岩层状结构。

根据检测结果,得到不同时刻溃口水位及流量随时间变化表格见表 8-1。

表 8-1 不同时刻溃口水位及流量随时间变化表

日期	时间	水位/m	流量/(m³·s⁻¹)	水面宽/m	水深/m
6 月 10 日	06:00	743	337		
	08:00	742.80	730		
	09:00	742.18	1 210		
	10:00	740.51	2 190		
	10:30	738.23	4 900		
	11:12	737.56	6 500	100	11
	11:30	737.10	6 500	129	11
	12:00	734.30	5 260	130	8.5
	13:00	730.48	5 310	132	8.5
	14:00	727.94	3 880	145	6.5
	14:15				

（续表）

日期	时间	水位/m	流量/(m³·s⁻¹)	水面宽/m	水深/m
6月10日	15:00	725.80	2 630	145	4.6
	16:00	723.75	1 680	145	2.5
	16:24				
	17:00	722.08	904	145	1.8
	18:00	721.4	566	145	1.4
	19:00	720.25	454		
	20:00	719.3	290	80	1.15
6月11日	8:00	714.62	74		
	10:00	714.51	68.40		
	14:00	714.13			
	20:00	713.79			

在无大的降雨情况下，入出库流量将很快趋于平衡。当河道内泄流量为 100 m³/s 时，河道内平均流速为 3～5 m/s，正常水深仅 0.8 m，水流基本被限制在岩石河道范围之内，不会对新河道两岸造成大的冲刷。当汛期泄流量变化为二十年一遇，即洪峰流量 3 920 m³/s 时，新河道内流速为 10.9 m/s；为五十年一遇，即洪峰流量 5 120 m³/s 时，新河道内流速为 12.1 m/s；为一百年一遇，即洪峰流量 6 040 m³/s 时，新河道内流速为 12.82 m/s；为二百年一遇，即洪峰流量 6 970 m³/s 时，新河道内流速为 13.4 m/s，在以上流速情况下渠身断面将进一步扩大，河道也将进一步下切。右岸（凹岸）碎石土边坡将产生一定的冲刷坍塌。

8.2　唐家山堰塞坝人工泄洪工程模拟

本书将分析在不同洪水条件下，唐家山堰塞坝下游溃坝洪水的演进及泥沙冲淤过程，以及溃口流量和降雨的影响，因此所选用的洪水数值模拟模型需要更多地考虑水动力学过程。通过对比各类软件，选用 Mike21 作为本书的研究工具，进行堰塞坝溃坝洪水模拟工具的比较分析。

8.2.1　计算原理

1. 控制方程

Mike21 水动力模型的计算是在 Boussinesq 假定和静水压力假定下进行，将三维不可压缩的 Reynolds 值均匀分布型 Navier-Stokes 方程沿水深积分得到的。

二维非恒定流质量和动量守恒方程组如下式所列:

$$\frac{\partial H}{\partial t} + \frac{\partial P_x}{\partial x} + \frac{\partial P_y}{\partial y} = S \tag{8-1}$$

$$\frac{\partial P_x}{\partial t} + \frac{\partial}{\partial x}\left(\frac{P_x^2}{H_w}\right) + \frac{\partial}{\partial y}\left(\frac{P_x P_y}{H_w}\right) + gH_w\frac{\partial H}{\partial x} + \frac{gP_x\sqrt{P_x^2 + P_y^2}}{C_x^2 H_w^2} -$$

$$\frac{1}{\rho}\left[\frac{\partial}{\partial x}(H_w\tau_{xx}) + \frac{\partial}{\partial y}(H_w\tau_{xy})\right] - \delta_Q - \tau_w V_x + \frac{H_w p_a}{\rho}\left(\frac{\partial}{\partial x}\right) = S_{ix} \tag{8-2}$$

$$\frac{\partial P_y}{\partial t} + \frac{\partial}{\partial y}\left(\frac{P_y^2}{H_w}\right) + \frac{\partial}{\partial x}\left(\frac{P_x P_y}{H_w}\right) + gH_w\frac{\partial H}{\partial y} + \frac{gP_y\sqrt{P_x^2 + P_y^2}}{C_x^2 H_w^2} -$$

$$\frac{1}{\rho}\left[\frac{\partial}{\partial y}(H_w\tau_{yy}) + \frac{\partial}{\partial x}(H_w\tau_{xy})\right] - \delta_P - \tau_w V_y + \frac{H_w p_a}{\rho}\left(\frac{\partial}{\partial y}\right) = S_{iy} \tag{8-3}$$

式中 T——时间,单位为 s;

   H——水深,单位为 m;

   P_x——x 方向上的流密度,单位为 m^2/s;

   P_y——y 方向上的流密度,单位为 m^2/s;

   C_x——谢才系数,单位为 $m^{\frac{1}{2}}/s$;

   H_w——水位,单位为 m;

   ρ——水密度,单位为 kg/m^3;

   g——重力加速度,单位为 m/s^2;

   τ_w——科氏力,单位为 N;

   V_x, V_y——x 和 y 方向上的风速。

2. 数值解法

(1) 空间离散。模型在计算域内采用有限体积法对二维潜水控制方程进行离散求解,在二维状态下,计算单元可以为任何形状,但主要考虑三角形单元和四边形单元。

浅水方程组的通用格式见式(8-4)。

$$\frac{\partial \boldsymbol{U}}{\partial t} + \nabla \cdot \boldsymbol{F}(U) = S_i(U) \tag{8-4}$$

式中 $\boldsymbol{U}$——守恒型物理向量;

   $\boldsymbol{F}$——通量向量;

   S_i——源项。

在笛卡尔坐标系中,二维浅水方程组见式(8-5)。

$$\frac{\partial U}{\partial t} + \frac{\partial(F_x^I - F_x^V)}{\partial x} + \frac{\partial(F_y^I - F_y^V)}{\partial y} = S_i \tag{8-5}$$

式中,上标 I 和 V 分别为无黏性和黏性的流体。各项展开式分别见式(8-6)—式(8-11)。

$$U = \begin{bmatrix} H \\ H\bar{u} \\ H\bar{v} \end{bmatrix} \tag{8-6}$$

$$F_x^{I} = \begin{bmatrix} H\bar{u} \\ H\bar{u}^2 + \dfrac{1}{2}g(H^2 - H_j^2) \\ H\overline{uv} \end{bmatrix} \tag{8-7}$$

$$F_x^{V} = \begin{bmatrix} 0 \\ HA\left(2\dfrac{\partial \bar{u}}{\partial x}\right) \\ HA\left(\dfrac{\partial \bar{u}}{\partial y} + \dfrac{\partial \bar{v}}{\partial x}\right) \end{bmatrix} \tag{8-8}$$

$$F_y^{I} = \begin{bmatrix} H\bar{v} \\ H\overline{uv} \\ H\bar{v}^2 + \dfrac{1}{2}g(H^2 - H_j^2) \end{bmatrix} \tag{8-9}$$

$$F_y^{V} = \begin{bmatrix} 0 \\ HA\left(\dfrac{\partial \bar{u}}{\partial y} + \dfrac{\partial \bar{v}}{\partial x}\right) \\ HA\left(2\dfrac{\partial \bar{v}}{\partial x}\right) \end{bmatrix} \tag{8-10}$$

$$S_i = \begin{bmatrix} 0 \\ gH_w\dfrac{\partial H_j}{\partial x} + f\bar{v}H - \dfrac{H}{\rho_0}\dfrac{\partial p_a}{\partial x} - \dfrac{gH^2}{2\rho_0}\dfrac{\partial \rho}{\partial y} - \dfrac{1}{\rho_0}\left(\dfrac{\partial s_{xx}}{\partial x} + \dfrac{\partial s_{xy}}{\partial y}\right) + \dfrac{\tau_{sx}}{\rho_0} - \dfrac{\tau_{bx}}{\rho_0} + Hu_s \\ gH_w\dfrac{\partial H_j}{\partial y} + f\bar{u}H - \dfrac{H}{\rho_0}\dfrac{\partial p_a}{\partial y} - \dfrac{gH^2}{2\rho_0}\dfrac{\partial \rho}{\partial y} - \dfrac{1}{\rho_0}\left(\dfrac{\partial s_{yx}}{\partial x} + \dfrac{\partial s_{yy}}{\partial y}\right) + \dfrac{\tau_{sy}}{\rho_0} - \dfrac{\tau_{by}}{\rho_0} + Hv_s \end{bmatrix} \tag{8-11}$$

式中　x, y——笛卡尔坐标系坐标;

　　　H_j——静止水深;

　　　u, v——x, y 方向上的速度分量;

　　　f——科氏力系数($f = 2\omega \sin \varphi$,其中,ω 为地球自转角速度,ψ 为当地纬度);

　　　s_{xx}, s_{xy}, s_{yy}——辐射应力分量;

　　　u_s、v_s——源项水流流速。

此外字母上带横杠的是平均值,如 u、v 为沿水深平均的流速。

(2) 时间积分。在二维模型的计算中,浅水方程常用一阶 *Euler* 方法和二阶 *RimgeKuta* 方法进行求解。

(3) 边界条件。*Mike*21 模型中包含五种类型的边界:开放边界、闭合边界、干湿边界、自由表面边界和底床边界。其中,开放边界条件可以对流量或水位进行设定。闭合边界是指所有垂直于该边界流动的变量为 0,沿闭合边界的动量方程是完全稳定的。干湿边界是为了保证模型计算的稳定性而存在,通过设定干湿水深来确定。当某单元实际水深小于干水深时,会被终止计算;当某单元水深大于湿水深时,计算中会同时考虑连续方程和动量方程;当某单元水深小于湿水深时,该单元上的水流计算逻辑会发生变化,只考虑连续方程的计算。

3. 堰流公式

模型采用 Villemonte 方程进行洪水经过人工坝体时的水流计算,方程如式(8-12):

$$Q = WC_d(H_{us} - H_{dw})^k \left[1 - \left(\frac{H_{ds} - H_{dw}}{H_{us} - H_{dw}}\right)\right]^{0.385} \tag{8-12}$$

式中　Q——出库流量;

W——宽度;

C_d——堰流系数,系数值根据张绍芳统计的表格计算;

K_a——堰流指数;

H_{us}——上游水位;

H_{ds}——下游水位;

H_{dw}——堰顶高程。

4. 泥沙输运方程

泥沙输运模型是在水动力模型的基础上代入了泥沙传输扩散方程,方程如式(8-13):

$$\frac{\overline{\partial c}}{\partial t} + u\frac{\overline{\partial c}}{\partial x} + v\frac{\overline{\partial c}}{\partial y} = \frac{1}{h}\frac{\partial}{\partial x}\left(hD_x\frac{\overline{\partial c}}{\partial x}\right) + \frac{1}{h}\frac{\partial}{\partial y}\left(hD_y\frac{\overline{\partial c}}{\partial y}\right) + Q_L C_L\frac{1}{h} - S_i \tag{8-13}$$

式中　$\bar{c}$——平均浓度,单位为 g/m³;

u,v——平均流速,单位为 m/s;

D_x,D_y——分散系数,单位为 m²/s;

H——水深,单位为 m;

S_i——表示沉积/侵蚀源汇项,单位为 g/(m³·s);

Q_L——单位水平区域内点源排放量,单位为 g/(m³·s);

C_L——点源排放浓度,单位为 g/m³。

5. 泥沙沉积侵蚀公式

在泥沙输运模型中,判断淤积和侵蚀的标准为水流床面剪切应力与泥沙临界淤积剪切应力之间的大小关系(何文社 等,2003;York,2007)。当泥沙临界淤积剪切应力大于水流床面剪切应力时,河床床会发生泥沙淤积,反之,泥沙则冲刷河床。

(1) 沉积速率公式

$$S_D = w_s c_b P_d \tag{8-14}$$

式中　ω_s——沉降速度,单位为 m/s;

　　　c_b——底床泥沙浓度,单位为 kg/m³;

　　　P_d——沉降概率。

(2) 底床侵蚀公式

① 密实固结底床侵蚀

$$S_E = E\left(\frac{\tau}{\tau_c} - 1\right)^{n_e}, \tau > \tau_c \tag{8-15}$$

② 软部分固结底床侵蚀

$$S_E = E \cdot \exp\left[\alpha(\tau - \tau_c)^{\frac{1}{2}}\right], \tau > \tau_c \tag{8-16}$$

式中　E——侵蚀速率,单位为 kg/(m²·s);

　　　τ——土-水界面上的剪切应力,单位为 N/m²;

　　　τ_c——临界剪切应力,单位为 N/m²;

　　　n_e——侵蚀能力;

　　　α——参考系数。

6. 河床变形方程

$$\gamma' \frac{\partial \eta}{\partial t} = \alpha \omega_s (S_s - S_*) - \frac{\partial G_b}{\partial x} \tag{8-17}$$

式中　γ'——底床泥沙干重度,单位为 N/m³;

　　　η——冲淤厚度;

　　　S_s——单位水体含沙量,单位为 kg/m³;

　　　S_*——水流挟沙力;

　　　α_s——泥沙恢复饱和系数;

　　　G_b——推移质输沙率。

推移质输沙率的计算见式(8-18):

$$G_{b}=0.95D^{\frac{1}{2}}(U-U_{C})\left(\frac{U}{U_{C}'}\right)^{3}\left(\frac{D}{h}\right)$$ (8-18)

式中　D——泥沙等效的球形颗粒的粒径；

　　　U_{C}'——泥沙止动流速。

泥沙止动流速计算公式见式(8-19)：

$$U_{C}'=\frac{1}{1.2}U_{C}=3.83D^{\frac{1}{2}}h_{w}^{\frac{1}{4}}$$ (8-19)

式中，h_{w} 为水深。

8.2.2　唐家山堰塞坝建模

1. 计算范围

本章研究区域为唐家山堰塞坝所处的通口河及周边河岸，起点为唐家山堰塞坝坝体与下游河道交接处，终点为棉角坪滑坡，河道主线全长 15.9 km，研究区域在图 8-3 中红框范围内。

图 8-3　建模区域

建模范围的起点为唐家山坝体与下游河道的交界处，终点为东西沟沟口滑坡，途经水磨沟小水弯沟苦竹坝老电厂厂房老北川县城。

2. 地形条件

模型采用的地形数据来自 2008 年唐家山流域的卫星图及中国电建集团成都勘测设计研究院于 2008 年 9 月编制的《唐家山堰塞湖库区及下游岸坡稳定性研究报告》中的地形图资料，本章地形条件包含岸坡地形和河床地形两方面。

1）岸坡地形

建模区域 CAD 等高线图见图 8-4。

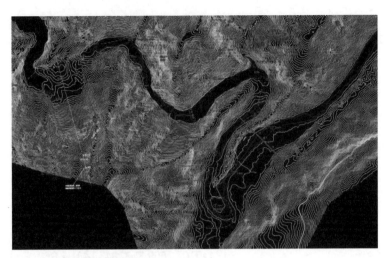

图 8-4　建模区域 CAD 等高线图

根据建模需要,删除图 8-4 中多余的线、文字、标注等不必要内容,得到建模使用的 CAD 等高线图如图 8-5 所示。

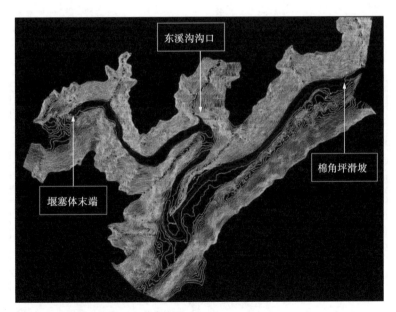

图 8-5　建模选定范围 CAD 等高线图

把 CAD 等高线图中包含的高程点用 dxf2xyz 软件转换成 xyz 文件,生成 88 648 个高程点,如图 8-6 所示。

文件第一列为 x 坐标,第二列为 y 坐标,第三列为等高线起止控制点,其中 1 代表连续,0 代表终止,第四列为 z 坐标,将 Excel 文件保存成 xyz 格式文本文件,即生成了可导入 Mike21

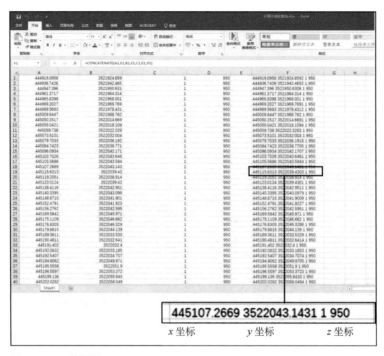

图 8-6   *xyz* 数据图

的高程数据文件。

通过 Mike21 网格生成器模块（Mesh Generator），打开高程数据文件，生成研究区域的高
程散点图，如图 8-7 所示，图中横纵坐标均以米（m）为单位。

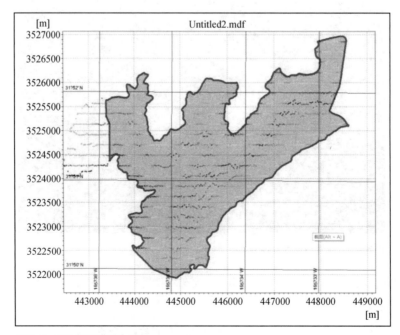

图 8-7   研究区域高程散点图

2）河床地形

考虑到河床形状会随时间发生演变（Partheniades，1965；Minghui et al.，2013；Xie et al.，2017），为保证模型的准确性，河床的建模采用 2008 年 6 月 6 日（人工泄洪前 1 d）的实测高程数据，其中包含沿主河道方向的河底纵剖面曲线（称河底高程纵剖面曲线图）与河床横剖面数据，河底高程纵剖面曲线图见图 8-8，坝体末端溃口位于图中坝墙下游 1.7 km 处。

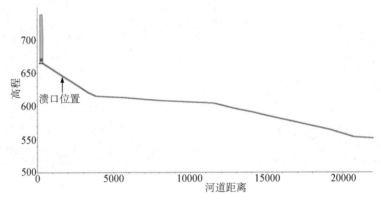

图 8-8　河底高程纵剖面曲线图

图 8-8 曲线由 Hec-Ras 软件基于成都勘测设计研究院提供的现场数据生成，曲线左端溃口位置高程 648 m，代表模型起始点，右端终点处距离起点 15.9 km，高程为 575 m，代表建模终点，整个研究区域河道底部高差为 65 m。基于河床横断面数据生成的三维河床示意图见图 8-9。

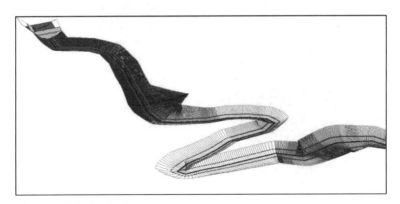

图 8-9　三维河床示意图

3）人工构筑物

研究范围内主要人工构筑物为苦竹坝，苦竹坝与唐家山堰塞坝坝顶的河道距离为 4 km，与唐家山堰塞体末端河道距离 2.3 km，苦竹坝坝顶高程为 662.5 m，坝宽 120 m，卫星图位置见图 8-10 中红圈位置，对应软件设定位置见图 8-11。

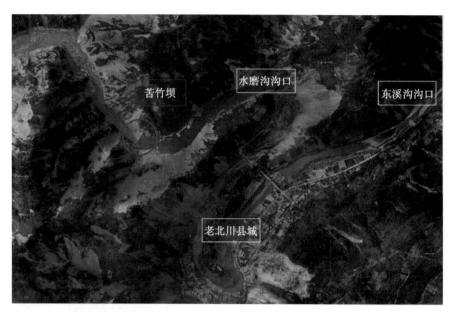

图 8-10　苦竹坝位置卫星图

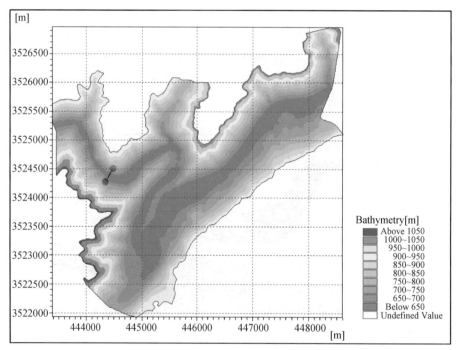

图 8-11　苦竹坝模型位置图

设定苦竹坝后河底高程纵剖面曲线图(含苦竹坝),如图 8-12 所示。

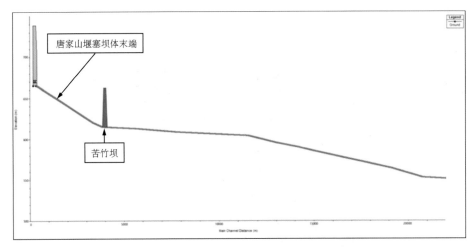

图 8-12　河底高程纵剖面曲线图(含苦竹坝)

3. 网格划分

模型采用三角网格进行划分,由于研究区域较大,最大控制三角形网格边长 6.5 m,共生成 453 212 个网格,见图 8-13,不同的海拔高度用不同颜色进行渲染,最终得到下游河道区域高程云图,见图 8-14。

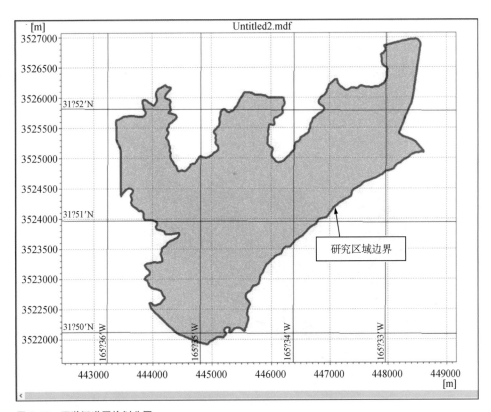

图 8-13　下游河道网格划分图

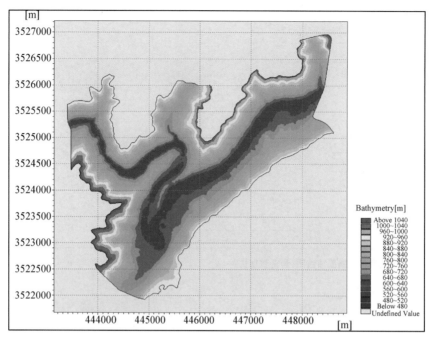

图 8-14　下游河道高程云图

4. 边界条件设置

Mike21 中的边界条件形式有五种类型,本模型对应闭合边界、开边界和干湿边界,本模型对与闭合边界和开边界的设定见图 8-15,图中蓝色线(Land boundry)表示闭合边界,也称"陆地边界",图中红色和绿色线代表开边界,干湿边界是 Mike21 对于水深动边界条件的处理方式,由 h_{dry}、h_{flood}、h_{wet} 3 个设置参数控制。

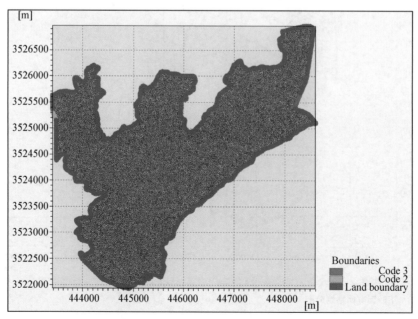

图 8-15　模型边界条件示意图

　　1）闭合边界

　　Mike21 中默认所有垂直于闭合边界流动的变量为 0,闭合边界可分为为两种类型,第一种是闭合边界上任何方向流动的变量为 0;第二种是只有垂直于闭合边界流动的变量为 0,其他方向的变量可以沿闭合边界滑动。为避免闭合边界滑动水流的影响,本章模型采用第一种闭合边界类型。

　　2）开边界

　　本章模型设置的开边界由图 8-13 中的绿色和红色线表示,分别编号为 Code2 和 Code3。其中,Code2 位于唐家山堰塞体末端产生溃口位置,为入水开边界;Code3 位于棉角坪滑坡,为出水开边界。

　　3）干湿边界

　　在 Mike21 中,每个单元及单元面的水深都会被监测,单元会被定义为干、半干湿和湿三种状态。干水深、淹没水深、湿水深分别由 h_{dry}, h_{flood}, h_{wet} 表示。

　　当单元的一边水深小于 h_{dry},另一边水深大于 h_{flood} 时,此时该类型单元组成的边界被定义为淹没边界。

　　当单元中的水深小于 h_{dry},且该单元的三个边界中没有一个是淹没边界。此时该类型单元被定义为干的单元,在计算中会被忽略不计。

　　如果单元水深介于 h_{dry} 和 h_{flood} 之间,或是当水深小于 h_{dry},但有一个边界是淹没边界时,软件中动量通量被设定为 0,只有质量通量会被计算。

　　如果单元水深大于 h_{wet}。此时动量通量和质量通量都会在计算中被考虑。

　　本文模型区域最大高程为 1 070 m,即为干湿边界设定中"水深"0 点。考虑到在本章模拟过程中不约束洪水淹没深度,因此,本章模型中设置 h_{dry} 为 270 m,即高程 800 m(1 070 与 570 之差)以下区域都可以被淹没,h_{flood} 设置为 280 m。由于本章模型河底高程为 575~637 m,预估按表面水位最大值 20 m 计算,所以 h_{dry} 设为 475 m。

　　5. 水文参数

　　1）曼宁系数

　　曼宁系数是反映河床粗糙程度的参数(王英和孙良刚,1997),计算公式见式(8-20):

$$n = \frac{k}{\varepsilon_n} R_h^{2/3} \cdot S^{1/2} \tag{8-20}$$

式中　k——转换常数,国际单位制中值为 1;

　　　　ε_n——糙率,是综合反映管渠壁面粗糙情况对水流影响的一个系数;

　　　　R_h——水力半径,是流体截面积与湿周长的比值,湿周长指流体与明渠断面接触的周长,不包括与空气接触的周长部分;

　　　　S——河道坡度。

曼宁系数值常介于 20~40 m$^{1/3}$/s 之间,本章河床及岸坡的曼宁系数采用 Mike21 软件的推荐值 32 m$^{1/3}$/s。

2）涡黏系数

为描述变量在时间和空间上的不确定性,Mike21 软件在计算时会将水流拆分成平均流和紊流,但这种拆分造成了附加剪力项的出现,附加剪力项包含层流建立和紊流雷诺剪力。通过引入涡黏系数,可以降低多余剪力造成的影响。

涡黏系数通常采用 Smagorinsky 公式定义取值,一般采用初始设定值 0.28。

3）其他参数

本章选用的其他水文参数,均基于中国电建集团成都勘测设计研究院提供的现场实测数据得到,见表 8-2。

表 8-2　水文参数

参数名称	取值
风速,风向	1.3 m/s,225°
降雨	3.71 mm/d
蒸发率	2.72 mm/d
陆地边界	滑动
水位边界	实测
流量边界	流量曲线

采用的流量曲线数据来自 2008 年唐家山堰塞坝人工泄洪的入水口流量监测数据,见图 8-16。

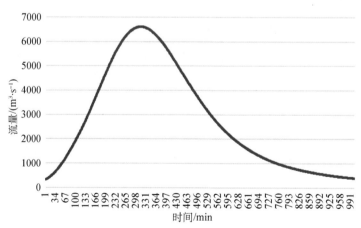

图 8-16　入水口流量监测数据

6. 地质参数

1）含沙浓度

由于缺少汶川地震前通口河流域河水含沙浓度数据,因此初始河水含沙浓度采用

Mike21 推荐值 0.01 kg/m³。

对于溃坝洪水含沙浓度,采用唐家山堰塞坝人工泄洪溃口含沙率曲线,见图 8-17。为便于进行洪水含沙率分析,故溃坝洪水含沙浓度采用恒定值 10 kg/m³。

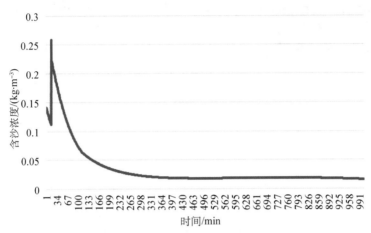

图 8-17　唐家山堰塞坝人工泄洪溃口含沙率曲线

2)临界剪切应力

临界剪切应力是影响泥沙悬浮与沉积的重要因素,取值取决于泥沙的固结度和密度(Wang et al.,2012),根据楚君达(1993)、张兰丁等(2000)学者的汇总及分析,综合考虑洪水所含泥沙临界冲刷剪切应力为 0.1 N/m²,临界淤积剪切应力为 0.07 N/m²。

3)其他参数

模型中沙颗粒密度、软硬泥层密度、沙的空隙率、粒径及均方差均来自 Mike21 软件对于河道底床及河水含沙数据库的推荐值。其他参数取值来自经验值及相关文献资料,见表 8-3。

表 8-3　地质参数

参数名称	取值	参数名称	取值
河床层数	2	下游河水初始含沙率	0.01 kg/m³
沙颗粒密度	2 650 kg/m³	软泥层厚度	1 m
临界淤积剪切应力	0.07 N/m²	硬泥层厚度	2 m
临界冲刷剪切应力	0.1 N/m²	沙孔隙率	0.4
软泥层密度	180 kg/m³	含沙平均粒径	3 mm
硬泥层密度	300 kg/m³	沙粒径均方差	1.45
溃坝洪水含沙率	含沙率曲线		

4）河床构造

本章将河床底部构造分为 2 层，上层为软泥层，厚度为 1 m，下层为硬泥层，厚度为 2 m，因通口河河床泥沙构造采集较为困难，缺少实测资料，且数值模拟尝试试验中河床冲刷深度

较小，结合经验值及软件预设值，设定该两层结构，如图 8-18 所示。

将所有参数输入模型后，为验证模型参数的准确性，对 2008 年 6 月 7 日唐家山堰塞坝人工泄洪过程进行模拟。

图 8-18　河床结构图

8.2.3　堰塞坝模型的验证

根据表 8-2—表 8-4 确定的水文及地质参数，输入泄洪过程流量曲线及含沙率曲线进行数值模拟，得到溃坝洪水随时间运动过程分布图见图 8-19。

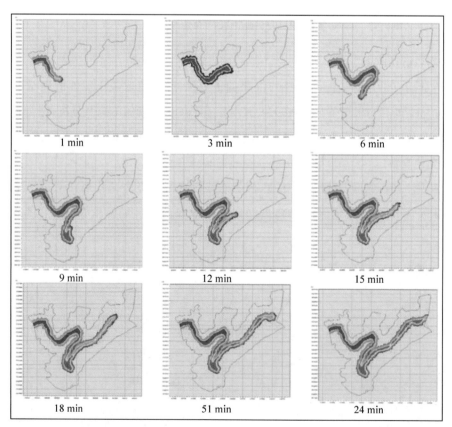

图 8-19　溃坝洪水随时间运动过程分布图

从图 8-19 中可以看出，泄洪洪水 1 min 时到达苦竹坝上游位置，3 min 时到达东溪沟沟口滑坡，9 min 时到达老北川县城，24 min 流完整个研究区域，截至整个泄洪过程，平均流速为

11 m/s,与实测数据基本吻合。

图 8-20 中蓝色为模拟过程溃口流量线,红色为实测流量线,可见模拟数据与实测数据基本吻合。

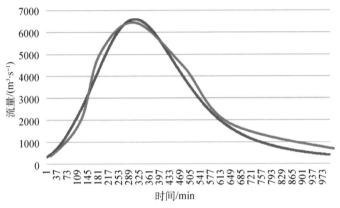

图 8-20　流量曲线对比图

8.2.4　洪水演进快速分析

本小节选取流量、水深、河床厚度 3 个方面分析 2008 年 6 月 7 日唐家山堰塞坝人工泄洪的数值模拟结果,并结合实测数据进行验证。选取 7 个典型断面位置如图 8-21 所示,图中数字①~⑦分别表示断面 1~7,断面 1、4、6、7 表示河道弯曲位置断面,断面 2、3 分别表示苦竹坝上、下游断面,断面 5 表示老北川县城区域断面。

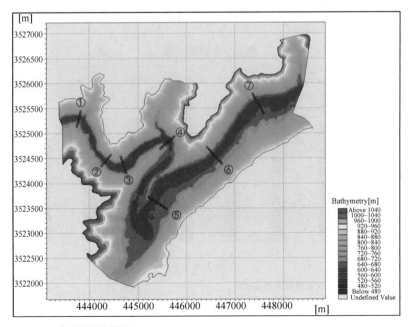

图 8-21　典型断面位置图

1. 流量

整个运算过程共计 6 000 时步,步长 10 s,共 1 000 min。各典型断面的河水流量随时间变化曲线如图 8-22 所示。

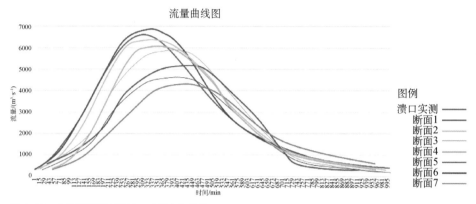

图 8-22 典型断面河水流量—时间变化曲线

由图 8-22 可知,各断面流量曲线与溃口实测流量曲线变化趋势相同,流量先升高,到达峰值,然后下降。且随着各断面与溃口距离的增加,曲线起落点逐渐滞后,流量增加速率逐渐下降,同时断面 1~7 峰值流量依次下降,分别为 6 520 m³/s、6 023 m³/s、5 780 m³/s、5 710 m³/s、4 935 m³/s、4 387 m³/s、4 090 m³/s。图 8-23 为各断面的峰值流量柱状图,断面 3(苦竹坝下游)的峰值流量相比断面 2(苦竹坝上游)的峰值流量下降 4%,断面 6(老北川县城下游)的峰值流量相比断面 4(老北川县城上游)的峰值流量下降 23.2%。通过对比发现,由于泄洪溃口流量峰值高达 6 600 m³/s,因此在大流量过水条件下,苦竹坝对洪水流量影响较小,而北川县城区域整体海拔较低,大范围区域容易淹没,因此洪水经过后峰值流量下降明显。

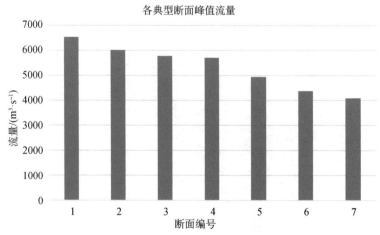

图 8-23 典型断面峰值流量柱状图

2. 水深

图 8-24 为 1 000 min 时刻的河道水深分布,从图中可知苦竹坝位置水深存在明显跳跃,由坝上游的 45 m 跳到坝下游的 48 m,水深增加约 3 m。由于另外断面 3～4 及断面 5～7 两段区域水深明显较大,超过 48 m,而苦竹坝初始设定高度为 50 m,因此可以断定苦竹坝上下游附近位置已发生明显的河道淤积。

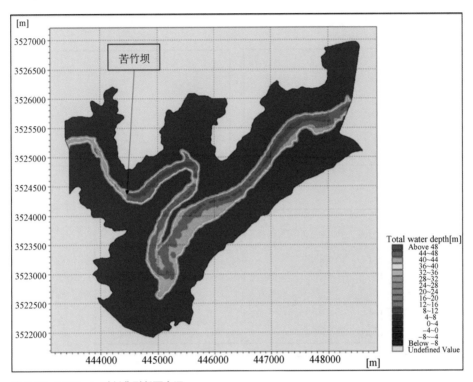

图 8-24　1 000 min 时刻典型断面水深

各典型断面水位如图 8-25—图 8-31 所示,图中蓝色区域表示原始水位,蓝色线表示 1 000 min 时刻水位线。

根据图 8-25—图 8-31,统计初始水位高程、1 000 min 水位高程、水深、水深变化见表 8-4。

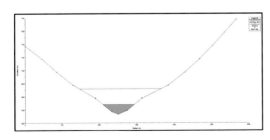

图 8-25　断面 1 洪水水位图

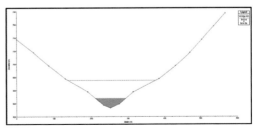

图 8-26　断面 2 洪水水位图

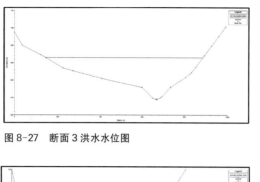

图 8-27　断面 3 洪水水位图

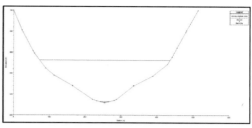

图 8-28　断面 4 洪水水位图

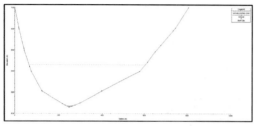

图 8-29　断面 5 洪水水位图

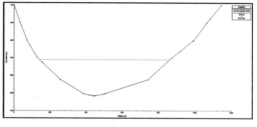

图 8-30　断面 6 洪水水位图

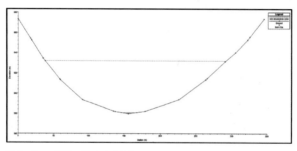

图 8-31　断面 7 洪水水位图

表 8-4　1 000 min 水深变化汇总

编号	初始水位高程/m	1 000 min 水位高程/m	河底高程/m	最大水深/m	水深变化/m
1	648	672	634	38	24
2	648	675	633	42	27
3	619	666	616	50	47
4	614	652	612	40	38
5	608	646	606	40	38
6	593	637	592	45	44
7	582	632	580	52	50

3. 河床厚度

1 000 min 时河床厚度变化分布如图 8-32 所示。

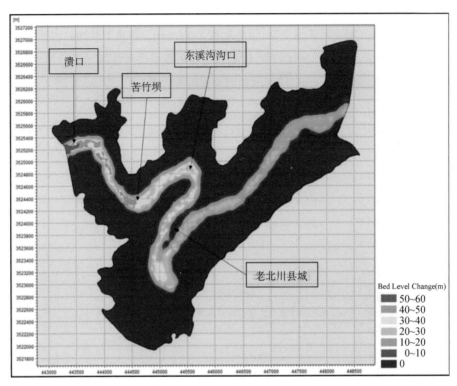

图 8-32　1 000 min 时河床厚度变化

　　从图 8-32 可知,整个研究区域河床厚度变化以增加为主,且增加幅度沿着河道向下游逐渐下降,其中溃口位置河川厚度增加最大,达到 55 m。其余位置以苦竹坝为分界点,苦竹坝上游河床厚度增加范围主要在 30～50 m 之间,其中溃口下游附近及苦竹坝上游附近增加幅度可逾 40 m,苦竹坝下游河川厚度增加范围主要在 10～30 m 之间,局部位置厚度增加可达 30 多米。沿河底纵剖面河床厚度增加分布如图 8-33 所示。

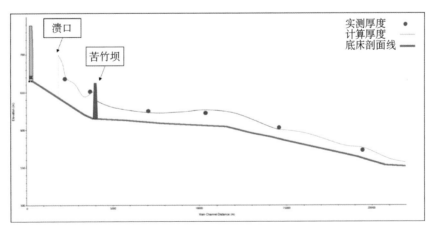

图 8-33　1 000 min 河底纵剖面河床厚度变化分布图

图 8-33 中,红点为现场实测后河床高程点,与曲线线基本吻合。从图 8-33 中可以发现,苦竹坝前后的淤积厚度发生跳跃性下降,下降幅度为 19.5 m。各典型断面处河床最大淤积厚度变化如图 8-34 所示,反映了河床沉积厚度随着与溃口距离增加整体下降的趋势,由于断面4 所处位置为河道弯曲幅度较大处,因此沉积厚度有上升趋势。

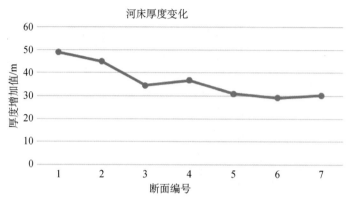

图 8-34   1 000 min 洪水流完全程瞬间河床厚度变化实测点图

8.3   唐家山堰塞坝泥沙冲淤快速分析

8.3.1   参数设定

在泥沙冲淤的分析中,为有效分析洪水含沙量的变化,把溃坝洪水含沙率由之前的含沙曲线替换成固定的 10 kg/m³,并设置 4 种不同工况,各参数见表 8-5,具体工况见表 8-6。

表 8-5   建模参数表

建模参数	
曼宁系数	$32 \text{ m}^{\frac{1}{3}}/\text{s}$
风速与风向	1.3 m/s,225°
降雨	变量
蒸发率	2.72 mm/d
初始水位	实测值
初始流速	0.05 m/s
陆地边界	滑动
流量边界	800 m³/s、6 500 m³/s
河床层数	2
沙颗粒密度	2 650 kg/m³
临界淤积剪切应力	0.07 N/m²

（续表）

建模参数	
临界冲刷剪切应力	0.1 N/m²
软泥层密度	180 kg/m³
硬泥层密度	300 kg/m³
溃坝洪水含沙率	10 kg/m³
下游河水初始含沙率	0.01 kg/m³
软泥层厚度	10 m
硬泥层厚度	20 m
沙孔隙率	0.4
含沙平均粒径	3 mm
沙粒径均方差	1.45

表 8-6　工况条件表

	工况 1	工况 2	工况 3	工况 4
溃口流量/（m³·s⁻¹）	800	6 500	6 500	6 500
降雨强度/（mm·d⁻¹）	无降雨	无降雨	3.71	323.4
依据	平均泄洪流量	多年峰值流量	多年年均雨量	多年峰值雨量

8.3.2　洪水含沙率分析

　　为对不同工况下的溃坝洪水在不同位置的含沙率变化规律，继续选用第 4 章中设定的 7 个观测点，各点间距 387.5 m。根据模拟结果，得到点 1 处洪水含沙率随时间的变化曲线如图 8-35 所示。

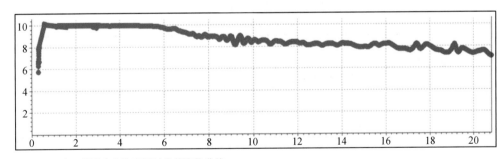

图 8-35　点 1 处洪水含沙率随时间的变化曲线

　　在图 8-35—图 8-40 中，纵坐标代表洪水含沙率，单位是 kg/m³；横坐标代表时间，单位是 min。洪水流向点 1 后，点 1 位置的洪水含沙率立刻增至 10 kg/m³，随着时间的推移，动态稳定的洪水中泥沙逐渐沉积点 1 位置的洪水含沙率缓慢下降，从 6 s 开始含沙率开始明显下降,9 min 前后洪水含沙率上下浮动明显,10 min 后含沙率下降幅度较为平缓,趋于不变。17.5 min 和 19 min 处,含沙率有较明显浮动,浮动值在 1 kg/m³ 上下。20 min 之后,点 1 处洪水含沙率趋于 7.3 kg/m³,整体下降 27%。

相似地,还有 2、3、5 号点的变化,如图 8-36 所示,图中红色曲线代表点 2 处洪水含沙率变化,绿色曲线代表点 3,浅蓝色曲线代表点 5。

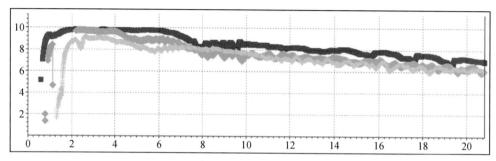

图 8-36   点 2、3、5 处洪水含沙率随时间的变化曲线

点 2、3、5 的洪水含沙率曲线与点 1 变化规律相似,洪水含沙率立刻增至峰值,随着时间的推移,动态稳定的洪水中泥沙逐渐沉积洪水含沙率缓慢下降。从图 8-36 中可以发现,红色曲线整体高于绿色曲线,绿色曲线整体高于浅蓝色曲线,点 2 的稳定含沙率相比峰值下降 27.8%,点 3 的稳定含沙率相比峰值下降 38.1%,点 5 的稳定含沙率相比峰值下降 33.3%,这说明,测量点含沙率的变化曲线与其和溃口的距离呈一定相关性,具体体现在四个方面。

(1) 各点在含沙洪水流过河道的过程中,最大含沙率随着与溃口距离的增加而减小。

(2) 随着时间的推移,各点含沙率的趋近值随着与溃口距离的增加而减小。

(3) 各点整体含沙率的值随着与溃口距离的增加而减小。

(4) 距离溃口越远的测量点,溃坝含沙洪水到达的时间越长,对应含沙率的突增越滞后。

点 4 的含沙率曲线特征与点 1、2、3、5 有所不同,如图 8-37 所示。

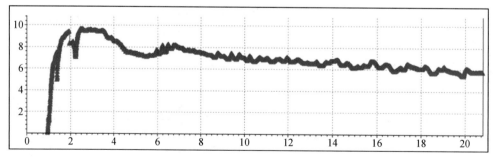

图 8-37   点 4 处洪水含沙率随时间的变化曲线

溃坝含沙洪水在 1 min 左右时到达测量点 4,点 4 的洪水含沙率迅速增加至 9.5 kg/m³,之后在 2 min 时下跳至 7 kg/m³,然后再次迅速回升,在大约 3.6 min 时,曲线有一个持续的下降过程,到 5.5 min 时,曲线再次升高至 8 kg/m³,之后平缓下降,最后接近稳定值 6 kg/m³,相比峰值下降 36.8%,主要原因在于点 4 位于河道入弯处,含沙洪水来临流速减慢,增加了单位时间的沉积量,因此含沙率减少,随着后续洪水的到来,含沙率有所提升,之后达到平衡,稳定缓慢下降。规律类似的还有点 7,如图 8-38 所示。

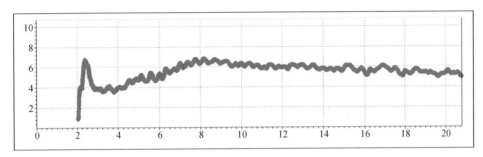

图 8-38　点 7 处洪水含沙率随时间的变化曲线

在点 7 的洪水含沙率曲线中,点 4 所呈现的曲线变化规律更加明显,当洪水含沙率提升到 7 kg/m³ 后,虚线突然下降,下降幅度远远高于点 4,之后缓慢提升至峰值,再平缓下降,最终趋于 5.6 kg/m³,相比峰值下降 20%。产生点 7 现象的原因主要有两个方面,一方面是东溪沟区域容纳的河水会增加溃坝含沙洪水的稀释程度,水源会使溃坝洪水含沙率快速下降,但随着后面洪水源源不断的到来,洪水含沙率继续增加,因东溪沟水源流入的作用,本次含沙率增加的时间较长,从 4 min 持续到 8 min,之后由于沉积作用,含沙率缓慢下降;另一方面,由于点 7 的东部面临弯曲河道(通过出水口的阻尼来实现),导致水流速度减慢,水中沙的沉积增加,导致含沙率下降,此原因和点 4 相似。

把点 4 和点 7 的含沙率变化曲线放在一起做对比分析,紫色曲线代表点 4,绿色曲线代表点 7,如图 8-39 所示。

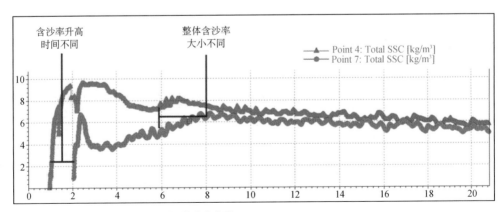

图 8-39　点 4、7 处洪水含沙率随时间的变化曲线

从图 8-39 中可以看出,点 4 的含沙率升高比点 7 早 1 min,整体含沙率曲线也比点 7 高。溃坝洪水于 1 min 左右时到达点 4,后经过 1 min 到达点 7,点 4 和点 7 的初始含沙率增加速率

较为接近,但点4的峰值为9.5 kg/m³,点7为6.4 kg/m³,二者相差3.1 kg/m³,1 min的洪水流动引起的差距较为明显。原因在于点4距离溃口更近,含沙洪水先经过点4,同时洪水从点4移动到点7的过程中,所含泥沙发生了明显的沉积作用,洪水的含沙率从9.5 kg/m³降至6.4 kg/m³,下降幅度达32.6%,因此点7的整体含沙率明显低于点4。

把所有点的含沙率变化曲线放到一起分析,如图8-40所示。

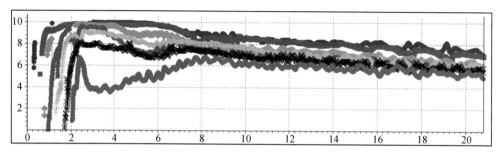

图8-40　全部点洪水含沙率随时间的变化曲线

通过图8-40可以看出,随着与溃口距离的增加,各测量点洪水含沙率随时间变化曲线特征呈规律性变化,结合前面分析,总结可得以下几点规律:

（1）距离溃口越远,含沙率突增时间越滞后,通过不同点的含沙率曲线突增时间节点可以判断溃坝洪水在各段河道的流速变化。

（2）具有稳定初始含沙率的溃坝含沙洪水在河道里运移过程中,随着时间增加,含沙率会最终趋于一个稳定值,这个稳定值以及洪水含沙率的峰值随着测量点离溃口距离的增加而减小,引起这种减小的原因是洪水中泥沙的沉积作用。

（3）河道的形态会影响溃坝洪水含沙率的变化特征,相比直河道,弯曲河道会明显增加洪水中泥沙的沉积,增加洪水含沙率的下降速度。

8.3.3　溃坝洪水溃口流量对泥沙冲淤的影响分析

本节分析洪水流量对泥沙冲淤的影响,主要从两个方面展开,包括溃口流量对洪水泥沙沉积速率的影响分析、溃口流量对河床淤积厚度的影响分析。

1. 溃口流量对洪水泥沙沉积速率的影响

本节的控制变量为洪水流动的距离,截取不同流量下洪水淹没研究区域河道全程瞬间的泥沙冲淤情况,这里采用泥沙沉积速率作为分析指标,单位是 kg/m²/s,图8-41是溃口流量为800 m³/s时(工况1)洪水流完河道瞬间泥沙沉积速率分布图。

从图8-41结果可以发现,溃口东侧河的北岸沉积速率较南岸明显更高,在横坐标443 400～443 800区间,沉积速率由北向南逐渐减少,这是因为地震改变了弯曲河道凹岸陡峭、凸岸平缓的原始样貌,此坐标区间河的北岸存在因地震导致的唐家山对岸滑坡体,整体坡度较南岸更缓,过水深度增加,因此沉积速率更高。从水磨沟沟口到接近东溪沟沟口,此区间的沉积速率较溃口附近相对较小,且相对均衡,大小差距不大,沉积速率主要在 $0.0012\ \mathrm{kg/m^2/s}$～$0.0018\ \mathrm{kg/m^2/s}$ 区间变化,少数区域因河底构造因素低于此区间,沉积速率在 $0.0006\ \mathrm{kg/m^2/s}$～$0.0010\ \mathrm{kg/m^2/s}$ 范围内变化。

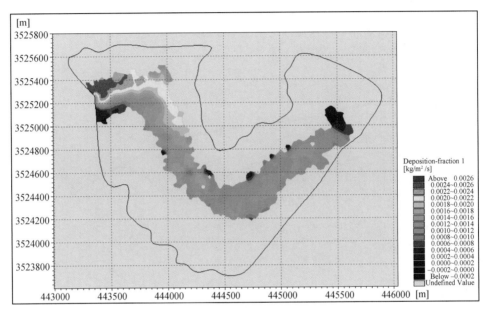

图 8-41　溃口流量 800 m³/s 时泥沙沉积速率分布图

图 8-42 是溃口流量为 6 500 m³/s 时(工况 2)洪水流完河道瞬间泥沙沉积速率分布图。

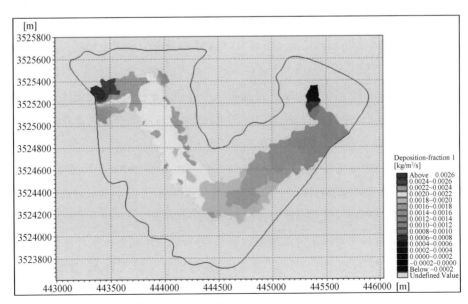

图 8-42　溃口流量 6 500 m³/s 时泥沙沉积速率分布图

从图 8-42 结果可以发现,溃口附近的泥沙沉积规律与工况 1 相似,泥沙沉积速率由被向南逐渐下降,但整个河道的泥沙沉积速率区呈阶梯状下降,从水磨沟沟口到苦竹坝,泥沙沉积速率主要区间为 0.002 0 kg/m²/s～0.002 2 kg/m²/s;从苦竹坝到东溪沟一号滑坡西侧,泥沙沉积速率主要区为 0.001 4 kg/m²/s～0.001 8 kg/m²/s。在研究河道末端,即东溪沟沟口滑坡附近,泥沙沉积速率有所回升,区间为 0.001 8 kg/m²/s～0.001 9 kg/m²/s,同时由于流量较大,洪水淹没区域向东溪沟延伸,存在少量沉积,沉积速率区间为 0～0.000 6 kg/m²/s。

为方便对比两种工况下的洪水泥沙沉积速率分布特征,取观测点 1～7 形成对比折线图如图 8-43 所示。

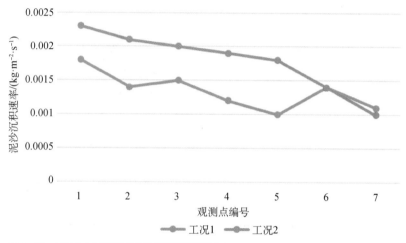

图 8-43 工况 1、2 下观测点泥沙沉积速率折线图

通过图 8-43 中对两种工况的对比可以发现,在不同流量条件下,洪水在流完河道瞬间的泥沙沉积速率分布特征有明显区别。工况 2 沿着河道前进泥沙沉积速率下降较为明显,工况 1 的泥沙沉积速率分布相对工况 2 更均匀,产生这种现象的原因主要是工况 2 洪水流量更大,流完终点瞬间相较工况 1 已携带更多的泥沙进入河道,所以整体的泥沙沉积速率更高,由于苦竹坝后河床高度下降,洪水中泥沙量随着洪水移动逐渐下降,因此整体泥沙沉积速率呈阶梯状下降。根据上一节的分析,随着时间的增加,由于各测量点的洪水含沙率趋近于一个稳定值,因此推测各位置泥沙沉积速率会趋近于零。

2. 溃口流量对河床厚度影响

前一小节分析了溃口流量对洪水中泥沙沉积速率的影响,但由于洪水对河床同时存在冲刷作用,单纯分析洪水中泥沙沉积速率分布特征不足以明晰溃坝含沙洪水对河道地质环境的影响,为直观反映含沙洪水对河床造成的泥沙淤积,分析溃口流量对河床泥沙淤积厚度的影响规律,本章仍取工况 1 和工况 2 为模拟条件,控制研究区域无降雨,溃口流量分别为 800 m³/s 和 6 500 m³/s,以两种工况下洪水流完整个研究河道区域瞬间为采集时间点,以河床厚度变化为研究对象,截取采集时间点的河床厚度变化云图进行分析。

图 8-44 为工况 1 条件下的河床厚度变化分布云图,图中不同颜色代表不同河床厚度变化区间,区间长度为 1.5 m,负值代表河床冲刷深度,正值代表河床淤积厚度。

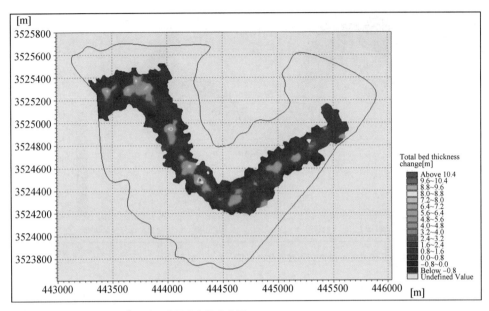

图 8-44　溃口流量 800 m³/s 时河床厚度变化分布图

从图 8-44 整体结果来看,流量为 800 m³/s 的洪水在流完全程瞬间,河床的厚度是增加的,其中厚度增加最大值为 11.6 m,位置处于苦竹坝。多数区域厚度增加值在 0.8～4.0 m 之间,部分区域河床厚度增加可以达到 5.6～10 m,河床边缘区域冲刷比较明显,如唐家山对岸滑坡体前块区域、水磨沟沟口下游 150 m 处区域、苦竹坝及周边区域、老电厂厂房下游区域等。河床淤积厚度从河道中水流中央向两岸逐渐降低。靠近河两岸的位置普遍存在冲刷现象,冲刷深度从 -1.5～0 m 不等,随着向下游移动,河两岸冲刷面积逐渐增大,原因和洪水含沙率相关,距离溃口越远的洪水,含沙率越低,因此冲刷能力越强。

图 8-45 为工况 2 条件下的河床厚度变化云图,采图时间为洪水流完研究范围内河道全程的瞬间,图中不同颜色代表不同河床厚度变化区间,区间长度为 1.5 m,负值代表河床冲刷深度,正值代表河床淤积厚度。但由于工况 2 与工况 1 相比河床变化厚度范围不同,因此图 8-44 与图 8-45 各颜色所代表厚度变化范围也不相同,具体以图例为准。

工况 2 条件下的河床增加厚度整体高于工况 1,其中最大变化厚度高达 21 m,地点位于水磨沟沟口区域,河床厚度增加量多在 1.5～6.0 m 之间,部分区域可达 10～15 m,如唐家山对岸滑坡附近、东溪沟沟口附近、苦竹坝、老电厂厂房、东溪沟 1 号滑坡及其上游 100 m 处等。两岸附近沿河道下游冲刷程度和面积逐渐增大,与工况 1 类似。

图 8-46 是不同流量条件下,洪水在流完河道瞬间,各观测点河床厚度变化对比折线图,

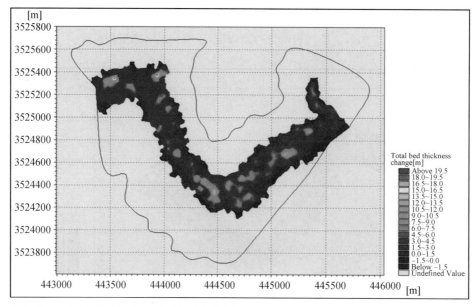

图 8-45　溃口流量 6 500 m³/s 时河床厚度变化分布图

可以发现,工况 1 和工况 2 的泥沙均在河道中产生了明显淤积,但区别较大,工况 2 的最大泥沙淤积厚度明显高于工况 1。

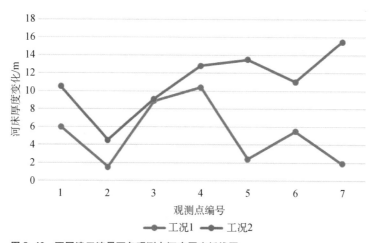

图 8-46　不同溃口流量下各观测点河床厚度折线图

当溃口流量为 800 m³/s 时,淤积最为明显的区域为唐家山对岸滑坡附近及苦竹坝,当溃口流量为 6 500 m³/s 时,苦竹坝及东溪沟 1 号滑坡上游 100 m 处淤积最为明显。综上所述,建议在具有溃坝风险的堰塞坝下游河两岸设置护堤设施,以防止溃坝后会迅速发生的两岸侵蚀,同时留意因河床因洪水中泥沙快速淤积造成的河床厚度增加所引发的地质环境改变,需进一步采取有效措施。

8.3.4 降雨对溃坝洪水泥沙冲淤的影响分析

唐家山堰塞坝所处的通口河流域,具有终年温暖雨量丰沛垂直变化较为明显的特点,同时由于降雨会对岸坡稳定性、河道水位、坝体稳定性都造成不利影响,因此研究降雨量对溃坝洪水泥沙冲淤的影响至关重要。

1. 降雨量对溃坝洪水含沙率的影响

本小节将采用表 8-6 的三种工况进行数值模拟分析。为控制变量,方便规律性分析,溃口处洪水含沙率设置为 10 kg/m³ 保持不变,持续稳定出水。

图 8-47 为工况 2 条件下洪水含沙率分布云图(无降雨),时刻采用 6 500 m³/s 洪水流完研究范围内河道全程瞬间,图例中不同颜色代表不同区间的洪水含沙率,洪水含沙率单位区间为 0.4 kg/m³。

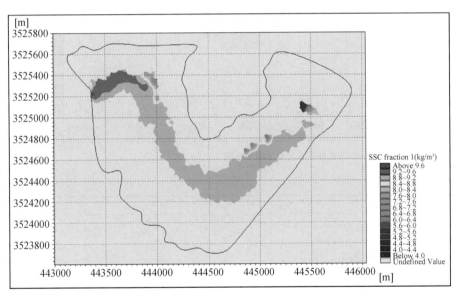

图 8-47 无降雨条件下洪水含沙率分布图

在无降雨条件下,溃口处洪水的含沙率在整个云图中最高,处于 9.2~10 kg/m³ 之间,洪水流入后,所含泥沙在两岸迅速沉积,因此溃口附近接近两岸处的洪水含沙率低于中心水流,由于中心水流流速比两侧高,因此所含泥沙被带往更远的距离,直至水磨沟沟口。之后洪水含沙率整体下降至 8.8~9.2 kg/m³ 区间,一直延伸至东溪沟沟口附近,此区间洪水中所含泥沙与河床的侵蚀沉积作用已达平衡,因此含沙率维持稳定的区间。但在接近河岸位置的洪水含沙率普遍在 8.4~8.8 kg/m³ 区间,甚至更低(图中河北岸部分洪水含沙率为绿色,即 6.6~8.0 kg/m³),原因在于越接近岸边,河水水位越低,洪水中所含泥沙更容易沉积。在接近东溪沟沟口的位置,洪水整体含沙率再次下降,范围在 8.4~8.8 kg/m³,流入东溪沟夹角内的洪水,含沙率逐渐降至 4.8～5.6 kg/m³，由此可见，在浅水区域和狭窄区域，洪水泥沙更易沉积。

图 8-48 和图 8-49 为两种降雨工况下的洪水含沙率分布云图，时刻采用 6 500 m³/s 洪水流完研究范围内河道全程瞬间，降雨时限采用全研究区域持续性降雨，为控制变量，降雨量保持恒定值不变。其中，图 8-48 的洪水含沙率单位区间为 0.6 kg/m³，图 8-49 的洪水含沙率单位区间为 0.5 kg/m³。

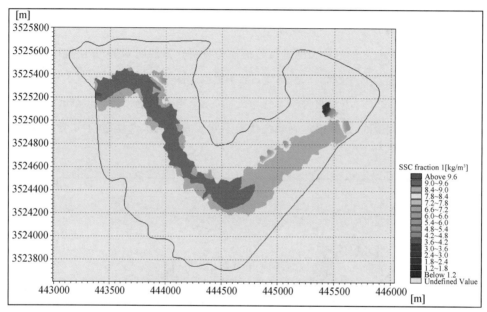

图 8-48　降雨量 3.71 mm/d 条件下洪水含沙率分布图

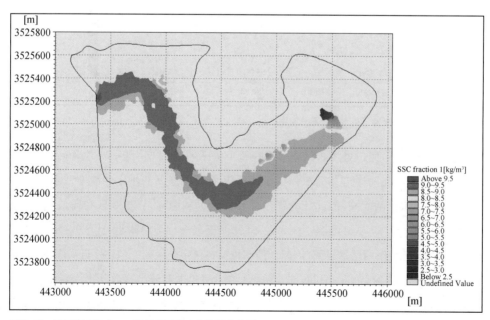

图 8-49　降雨量 323.4 mm/d 条件下洪水含沙率分布图

由图 8-48 可知,在降雨量 3.71 mm/d 的条件下,洪水的整体含沙率比无降雨条件下高,从溃口到老电厂厂房,水流中心区域洪水的含沙率普遍在 9.0~9.6 kg/m³,之后下降至 8.4~9.0 kg/m³。在其他任何条件不变的情况下,图 8-49 和图 8-48 不同的是,高含沙率洪水被带到了更远的地方(老电厂厂房),因此可以判定降雨的出现减缓了溃坝洪水含沙率的下降,增加了洪水的持沙能力。

由图 8-49 可知,在降雨量 323.4 mm/d 的条件下,从溃口到老电厂厂房,水流中心区域洪水的含沙率普遍在 9.0~9.5 kg/m³,之后下降至 8.5~9.0 kg/m³,和图 8-48 较为相似。由此可见,高含沙率洪水的覆盖范围并未因降雨量的增加而增加。因此,在有降雨的条件下,降雨量的变化对洪水持沙能力影响不明显。

图 8-50 是以上三种不同降雨工况下,各观测点洪水含沙率对比折线图。

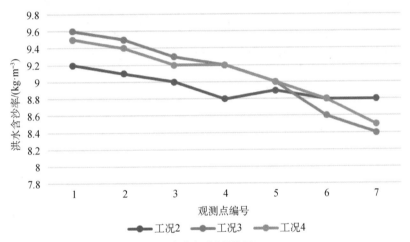

图 8-50　工况 2、3、4 各观测点洪水含沙率对比折线图

通过对比及以上分析,可以得出以下结论:

(1)在含沙率恒定的洪水输入下,随着与溃口距离的增加,溃坝洪水含沙率逐渐下降。溃坝洪水的含沙率由河中央向两岸逐步降低。

(2)在浅水区域和狭窄区域,洪水中泥沙更易沉积。

(3)降雨的出现可以明显增加溃坝洪水的持沙能力,但降雨量的增加对溃坝洪水的持沙能力影响不明显。

2. 降雨量对溃坝洪水冲刷速率的影响

本小节采用模拟工况表 8-6,以反映三种不同的降雨条件。洪水冲刷速率单位为 kg/m²/s,表示溃坝洪水每秒钟对每平方米河床冲刷的质量。各工况的采集时间点均为洪水流完研究区内河道全程的瞬间,洪水流量为恒定值 6 500 m³/s,初始含沙率为 10 kg/m³。

图 8-51 为工况 2 条件下洪水对河床冲刷速率分布云图,河床冲刷速率单位区间为 0.000 04 kg/m²/s。图例中"Below 0.000 00"代表无冲刷。

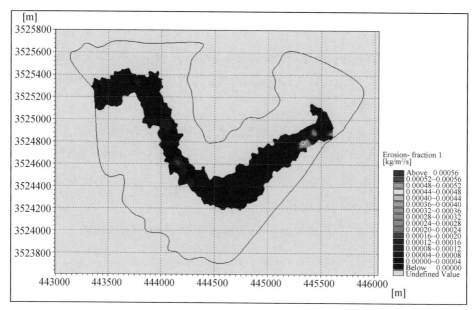

图 8-51　工况 2 降雨条件下洪水对河床冲刷速率分布图

图 8-51 的结果显示,无降雨条件下溃坝洪水只对研究范围的河道内局部区域产生了冲刷效应,大部分区域显示为"Below 0.000 00",代表没有产生冲刷,发生河床冲刷的区域主要发生在河道上半段,包括溃口、水磨沟沟口、苦竹坝上游 100 m 处、苦竹坝及周边,另外河道下半段的东溪沟沟口及上游 80 m 范围内区域也产生了河床冲刷。最大冲刷速率为 0.000 56 kg/m²/s。在苦竹坝上游 100 m 处、苦竹坝及周边,冲刷覆盖宽度较大,但主要集中在河床中央,导致此现象的原因与河床海拔下降、水流速度增加、直线河道有关,其余位置的冲刷主要发生在靠近河岸侧。

图 8-52 为降雨量 3.71 mm/d 条件下河床冲刷速率分布云图,河床冲刷速率单位区间为 0.000 04 kg/m²/s。图 8-52 反映的结果与图 8-51 较为相似,溃坝洪水只对研究范围的河道内局部区域产生了冲刷效应,但发生河床冲刷的区域与图 8-51 有所区别,但程度不大,河床冲刷作用依然主要发生在河道上半段。

在工况 4 的降雨条件下,河床局部发生冲刷,冲刷位置与工况 2 和工况 3 极为相似,但冲刷量整体增加,增加量约在一个单位区间左右,即 0.000 04 kg/m²/s,最大冲刷速率也由 0.000 56 kg/m²/s 增至 0.000 78 kg/m²/s。

图 8-54 是不同降雨工况下的河床冲刷速率场对比图。

根据各工况对比及上述分析,可以得出如下结论:

(1)暴雨会增加洪水对河床的冲刷速率,但对冲刷的区位影响不大。

(2)少量降雨不会增加河床的冲刷。

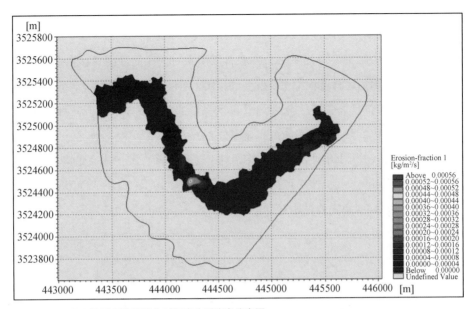

图 8-52　工况 3 降雨条件下洪水对河床冲刷速率分布图

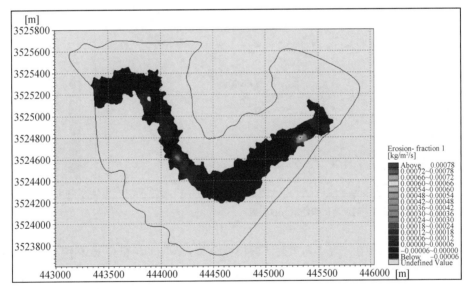

图 8-53　工况 4 降雨条件下洪水对河床冲刷速率分布图

工况2	工况3	工况4
无降雨	3.71 mm/d	323.4 mm/d

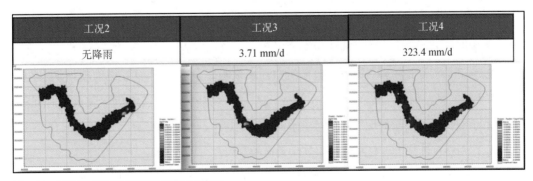

图 8-54　不同降雨条件下河床冲刷速率分布图

（3）存在一个临界降雨量，决定河床是否会增加冲刷速率。

3. 降雨量对溃坝洪水中泥沙沉积速率的影响

由上一小节的模拟结果可知，工况2、3、4条件下洪水对河床的冲刷只存在于局部区域，因此泥沙淤积是洪水在河道运移过程中主要发生的作用。对应河床冲刷速率，本小节以泥沙沉积速率作为研究对象，单位是 kg/m²/s，表示含沙洪水每秒钟在每平方米河床沉积的泥沙质量。

图8-55表示工况2条件下的泥沙沉积速率分布云图，由结果可知，河道上半段洪水泥沙沉积速率整体高于下半段，洪水泥沙沉积速率沿河道逐渐下降。沉积速率最高的位置在溃口和唐家山对岸滑坡的位置，沉积速率可达 0.002 08～0.002 16 kg/m²/s。沉积速率沿河道逐渐下降的原因是洪水含沙率随着洪水运移而逐步下降，泥沙沉积作用减弱。

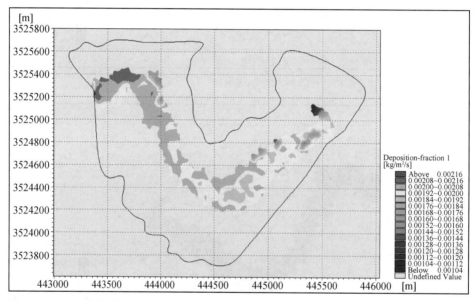

图 8-55　工况 2 条件下的泥沙沉积速率分布云图

相似的结果也出现在工况3和工况4的模拟分布云图上，如图8-56和图8-57所示，河道上半段洪水泥沙沉积速率整体高于下半段，洪水泥沙沉积速率沿河道逐渐下降，但因为降雨作用，洪水中泥沙整体沉积速率略低于无降雨条件。

图8-58是不同降雨工况下各观测点河床沉积速率折线图。

分析可知，有降雨条件下的河床沉积速率低于无降雨条件，这是因为降雨增加了洪水的持沙能力，和前面结论吻合。河道上段的沉积速率都明显高于下段，这是因为溃坝洪水初期会携带大量的颗粒物质，随着洪水含沙率的下降，这些物质在洪水进入后半段前快速沉积。有降雨的条件下，降雨量的增加并未对洪水泥沙沉积速率产生明显影响。

4. 降雨量对溃坝洪水引发的河床厚度变化的影响

在降雨量对洪水引发河床厚度变化的影响研究中，所采用工况同前几小节，即工况

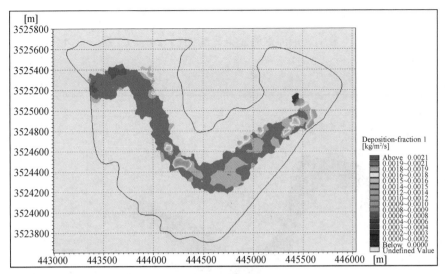

图 8-56　工况 3 条件下的泥沙沉积速率分布云图

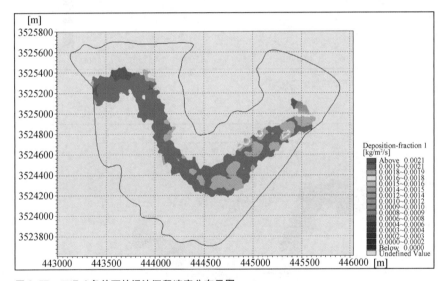

图 8-57　工况 4 条件下的泥沙沉积速率分布云图

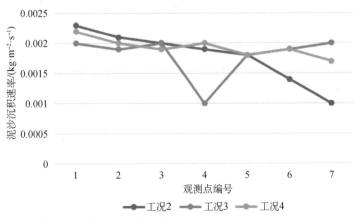

图 8-58　不同降雨条件下各观测点泥沙沉积速率折线图

2、3、4。溃坝含沙洪水在河道中输移所引发的河床厚度变化与冲刷速率和泥沙沉积速率密切相关。图 8-59—图 8-61 分别表示河水流完全程瞬间(5.2 min)工况 2、3、4 条件下河床厚度变化总量场。

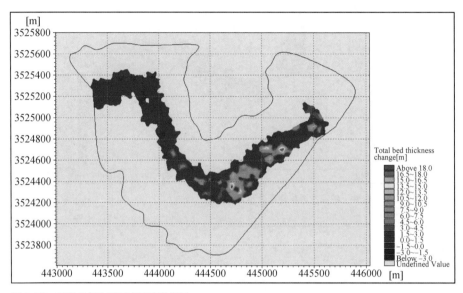

图 8-59　工况 2 条件下河床厚度变化场

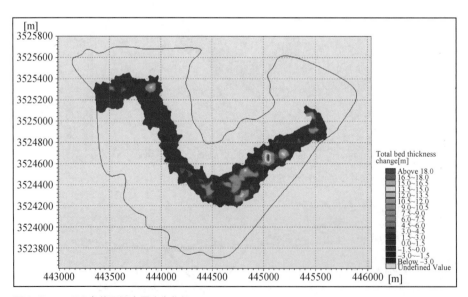

图 8-60　工况 3 条件下河床厚度变化场

由图 8-59—图 8-61 可知,无论有无降雨,河道后半段的河床厚度增加明显,这是因为河道后半段的冲刷较小,以泥沙淤积为主,3 种工况下,河道前半段冲刷较为明显,所以抵消了部分淤积,导致厚度增加不如后段明显。降雨量越大,河床的厚度增加越明显。为进一步观察弯曲河道处河床沉积物的分布规律,截取第 4 章图 4-2 中的观测点 1、5 对应的

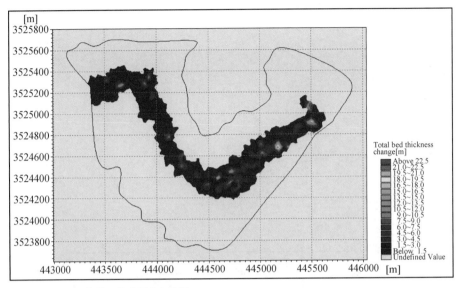

图 8-61　工况 4 条件下河床厚度变化场

河床横剖面，剖面方向朝向下游，在各横剖面上用 3 种不同线型描绘不同工况下沉积物的轮廓，如图 8-62 和图 8-63 所示。洪水泥沙在凸河岸沉积效应明显，且范围更广。在观点 1 处，工况 4 洪水泥沙的沉积厚度明显高于工况 2 和工况 3，且工况 2 洪水在到了观测点 5，各工况条件下泥沙沉积厚度相比观测点 1 整体增加，但降雨对泥沙沉积分布的影响不再明显。

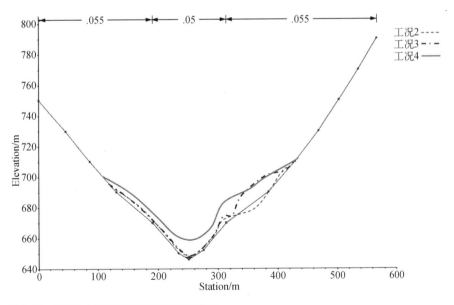

图 8-62　观测点 1 处河床横剖面沉积物轮廓图

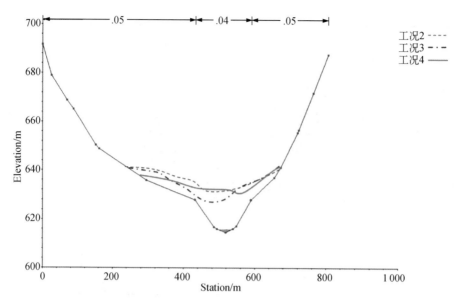

图 8-63　观测点 5 处河床横剖面沉积物轮廓图

参考文献

楚君达,1993.无粘性均匀泥沙的起动条件[J].水科学进展,(I):37-43.

何文社,曹叔尤,刘兴年,等,2003.泥沙起动临界切应力研究[J].力学学报,(3):326-331.

王英,孙良刚,1997.模糊数学理论在施工导流中的应用[J].人民长江,(2),22-23.

张兰丁,2000.粘性泥沙起动流速的探讨[J].水动力学研究与进展 A 辑,15(1):1-8.

MINGHUI Y U, SHEN K, SONGBAI W U, et al, 2013. An experimental study of interaction between bank collapse and river bed evolution[J]. Advances in Water Science, 24(5): 675-682.

PARTHENIADES E, 1965. Erosion and deposition of cohesive Soils[J]. World Journal of Biological Psychiatry the Official Journal of the World Federation of Societies of Biological Psychiatry, 2(4): 190-192.

WANG J, GUO W, XU H T, et al, 2012. Study on Incipient Motion of Consolidated Cohesive Fine Sediment[J]. Applied Mechanics & Materials, 204-208: 354-358.

XIE D, GAO S, WANG Z B, et al, 2017. Morphodynamic modeling of a large inside sand bar and its dextral morphology in a convergent estuary: Qiantang Estuary, China[J]. Journal of Geophysical Research: Earth Surface.

YORK S N, 2007. Critical shear stress[M]. New York: Springer.

第 9 章
堰塞坝泄流槽的快速处置技术

堰塞坝的管控措施分为短期措施与长期措施(Peng et al.，2014；Schuster and Evans，2011；石振明 等，2016)。短期措施主要是入库流量分流，水泵和虹吸管抽水，用于堰塞坝溃坝时坝体冲刷控制。短期措施只是临时性的措施，不能彻底治理堰塞坝。长期措施主要是泄流洞、排水管道与泄流槽(石振明 等，2022)。泄流槽是最常用的堰塞湖管控措施。与其他长期措施相比，泄流槽施工工期短、施工简便、灵活。若施工设备因道路堵塞无法到达，可采用爆破开渠，更适用于山区紧急排险。在汶川地震形成的 37 个高危险堰塞坝中，工程排险措施均为开挖泄流槽(You et al.，2012)。

堰塞坝一般形成于交通不便，地质环境恶劣的山区，且往往可能在短时间内发生漫顶溃决，导致堰塞坝溃决前土方开挖量非常有限(Fan et al.，2022；Xu et al.，2009)。因此，需充分利用有限的开挖量，考虑泄流槽自身的冲刷作用，对其设计方案进行优化。在泄流槽对堰塞坝溃坝影响研究方面，赵万玉等(2010)及陈晓清等(2010)对泄流槽横、纵断面优化初步分析，认为增大泄流槽纵向坡度，可有效提升泄流初期泄流槽的过流能力，有利于尽快泄洪；同时认为复合断面泄流槽与梯形单槽相比增大了过水面积，增加初期泄流量，但没有考虑后期峰值流量降低的效果。Yang 等(2010)和周宏伟等(2009)认为泄流槽横断面面积相同时，不同槽深及槽宽下初始库容、单位宽度的出库流量及侵蚀率有所差异，进而影响着溃坝洪峰流量。上述泄流槽研究主要是定性分析，可为泄流槽设计提供经验借鉴，但仍需依据溃坝水力学进行定量分析。

本章依据唐家山堰塞坝案例，提出一种考虑不同泄流槽方案的堰塞坝溃决机理分析方法，运用考虑溃口及坝顶侵蚀的水土抗冲刷物理溃坝模型，分别探讨梯形单槽、复合槽和坝体特征参数对溃决洪峰的影响。

9.1 考虑泄流槽设计的堰塞坝溃决分析

本章提出一个考虑不同泄流槽方案的堰塞坝溃决分析方法，并对泄流槽各参数对堰塞坝溃决的影响进行分析。首先，给出以最小溃坝峰值流量为目标的泄流槽优化设计思路。然后,分别阐述该思路的两个模块:泄流槽优化设计准则和考虑泄流槽的溃坝分析模型。最后,简要介绍堰塞坝泄流槽 MATLAB 分析程序。

9.1.1 泄流槽优化设计准则

通过对已有堰塞坝泄流槽设计分析,可将泄流槽设计分为两大类:梯形单槽和复合槽。与梯形槽相比,三角形槽的过流面积较小且矩形槽侧岸的稳定性较低,故不在本章讨论。如图 9-1 所示,梯形单槽的设计参数定义如下(石振明 等,2014)。

(1)泄流槽底宽 W_b:溃口底部的宽度,影响泄流槽的出库流量。

(2)泄流槽槽深 B_u:溃口底部到原始坝高的垂直距离,决定堰塞湖初始库容。

(3)泄流槽两侧开挖坡度 α_0:溃口槽底与侧边的夹角,影响溃口出流的水力半径。

(4)纵坡率 G_s:泄流槽在河流上、下游高差与水平距离的比值,显著改变溃口的冲刷作用。

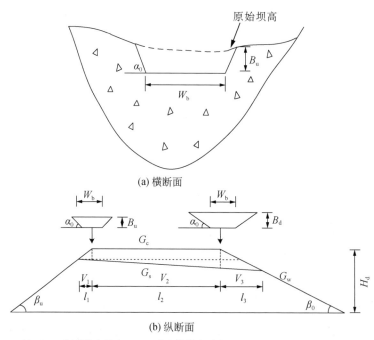

(a) 横断面

(b) 纵断面

注:G_c—坝顶纵向坡度;G_s—泄流槽纵向坡度。

图 9-1　梯形单槽截面

如图 9-2 所示,堰塞坝复合槽的设计参数包括大、小槽底宽 W_{bt}、W_{bc},大、小槽槽深 B_{ut}、B_{ud},大、小槽泄流槽两侧开挖坡度 α_1、α_2,纵坡率 G_1、G_2,各参数意义与对应梯形单槽相同。

泄流槽优化设计的目标是在有限开挖量下通过优化泄流槽几何参数使溃坝峰值流量 Q_p

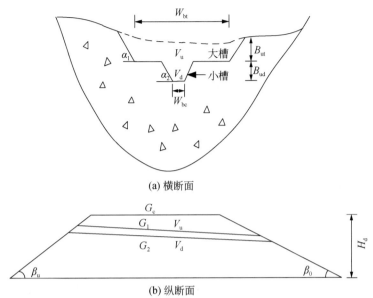

(a) 横断面

(b) 纵断面

注：G_c—坝顶纵向坡度；G_1、G_2—大、小槽纵向坡度；
V_u、V_d—大、小槽体积。

图 9-2　复合槽断面

达到最小值。梯形单槽优化参数有底宽 W_b，槽深 B_u，泄流槽两侧开挖坡度 α_0，纵坡率 G_s。单槽优化设计方程如下：

$$\min(Q_p) = \min\left[Q_p(W_b,\ B_u,\ G_s,\ \alpha_0)\right]\big|_{V_s,\,W_b,\,B_u,\,G_s,\,\alpha_0} \tag{9-1}$$

式中　Q_p——溃坝峰值流量，它是变量 W_b、B_u、G_s、α_0 的函数；

　　　V_s——开挖土方量。

　　函数有以下五个限制条件：V_s 受开挖时间限制，存在一个最大值；W_b 受施工设备限制，存在最小值；α_0 受边坡稳定性的限制，存在最大坡角 α_{cr}；泄流槽的纵坡率不小于坝顶的初始纵坡率 G_c，即不设反坡；B_u 应大于 0，确保水流向泄流槽汇集。

　　如图 9-1 所示，开挖土方量计算如下：

$$V_s = V_1 + V_2 + V_3 \tag{9-2}$$

式中，V_1、V_2、V_3 分别是泄流槽纵向上游、中间及下游的体积，上游开挖体积 V_1 通过积分如下：

$$V_1 = \int_0^{l_1}\left[W_b + \frac{l(\tan\beta_u + G_d)}{\tan\alpha_0}\right]\left[l(\tan\beta_u + G_d)\right]dl = \frac{l_1^3}{3}\frac{(\tan\beta_u + G_d)^2}{\tan\alpha_0} + \frac{l_1^2}{2}W_b(\tan\beta_u + G_d)$$

$$\tag{9-3}$$

式中　l_1——泄流槽纵向上游的距离；

l——积分横截面到堰塞坝上游的距离；

G_d——$G_d = G_s - G_c$，为泄流槽与坝顶纵坡率的差值；

β_u——坝体上游坡度。

同理积分可得泄流槽中间和下游开挖体积 V_2、V_3。

对于堰塞坝复合槽，为便于施工，假定大槽与小槽有相同的泄流槽两侧开挖坡度 α_0 和纵坡率 G_s，则复合槽的约束几何参数有大、小槽底宽 W_{bt}、W_{bc}，大、小槽槽深 B_{ut}、B_{ud}，坡度 α_0，纵坡率 G_s。复合槽优化设计方程如下：

$$\min(Q_p) = \min[Q_p(W_{bt}, W_{bc} B_{ut}, B_{ud} G_s, \alpha_0)]\big|_{V_s, W_{bl}, W_{bc}, B_{ut}, B_{ud}, G_s, \alpha_0} \quad (9\text{-}4)$$

与梯形单槽相比，复合槽增加一个小槽，增加 W_{bc}、B_{ud}、B_{ut} 3 个参数，其限制条件与梯形单槽对应参数相同。另外，小槽顶宽应不大于大槽的底宽，即 $W_{bc} + 2B_{ud}/\tan(\alpha) \leqslant W_{bt}$。复合槽的开挖量 $V_c = V_u + V_d$，V_u 和 V_d 是复合槽大槽和小槽的开挖量，由式(9-2)分别计算。

本优化方法需解决两个关键问题：如何获取各参数下的溃坝峰值流量；如何优化泄流槽设计参数得到最小峰值流量。峰值流量 Q_p 是由改进的溃坝物理模型 DABA 计算得到。关于此模型的理论基础、溃坝机理及其改进将在后文简要介绍。溃坝峰值流量 Q_p 的优化利用 MATLAB 软件中的非线性优化函数实现。

9.1.2 堰塞坝溃决 DABA 模型

如第 6 章所介绍，DABA 溃坝模型是基于土体抗冲刷机理建立的(Chang et al. 2010)，它将溃口横、纵截面尺寸变化分为不同的溃坝阶段。如图 9-3(a)所示，对于一个典型横截面溃口尺寸的变化假定分为三个阶段：第一阶段，泄流槽的槽底及侧面同时侵蚀，直至侧面的角度达到坡面能够自稳的最大临界角 α_c；第二阶段，槽底和侧面保持临界角 α_c 平行扩张，当遇到基岩或者弱侵蚀土层时此阶段停止；第三阶段，槽底侵蚀停止，侧面继续侵蚀直至侵蚀力不能造成侧面侵蚀为止。

如图 9-3(b)所示，溃口纵向几何尺寸的变化也分为三个阶段，前两个阶段是溃口形成阶段，包括纵向坡度增加和以临界角度 β_f 平行向上侵蚀，此阶段横截面尺寸及流量变化不显著。第三阶段为溃口发展阶段，即溃坝阶段，坝顶高度快速减小，溃口迅速发展，溃决流量急剧增加，溃坝峰值流量出现在此阶段。

土体侵蚀定义如下(Annandale, 2005; Singh and Scarlatos, 1988)：

$$E = K_d(\tau - \tau_c) \quad (9\text{-}5)$$

式中 E——土体侵蚀速率($\mathrm{mm^3/m^2 - s}$)；

τ——土水接触面的剪应力(Pa)；

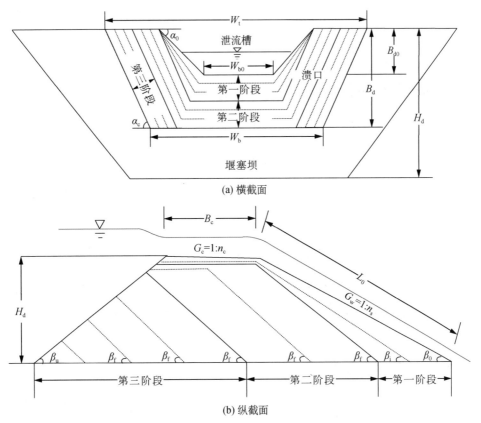

图 9-3　堰塞坝溃口 DABA 发展过程

K_d——侵蚀系数($\mathrm{mm^3/N-s}$);

τ_c——起始剪切应力(Pa)。

K_d、τ_c 反映了土体的抗侵蚀性,可由经验方程估算。剪应力 τ 计算如下:

$$\tau = \gamma_w R_h S \tag{9-6}$$

式中　γ_w——水的重度;

　　　R_h——水力半径;

　　　S——能量坡度。

如图 9-1 所示,计算坝顶侵蚀量时能量坡度 $S = G_c$,计算下游坝体的侵蚀量时 $S = G_w$,由于 G_w 比 G_c 大,因此下游坝体的侵蚀比坝顶快。如图 9-3(a)所示,对于梯形横截面,R_h 计算如下:

$$R_h = \frac{(H_w - H_z)\cos\alpha + W_b\sin\alpha_c}{2(H_w - H_z) + W_b\sin\alpha_c}(H_w - H_z) \tag{9-7}$$

式中　H_w——水位高程;

　　　H_z——槽底高程;

$H_w - H_z$——溃口内的水深；

W_b——槽底宽度；

α_c——泄流槽两侧开挖坡度。

梯形截面泄流量计算如下：

$$Q_b = 1.7 A_b \sqrt{H_w - H_z} = 1.7 [W_b + (H_w - H_z)\tan\alpha_c](H_w - H_z)^{\frac{3}{2}} \quad (9-8)$$

由质量守恒定律可得堰塞湖水的水位如下：

$$A_l \frac{dH}{dt} = Q_{in} - Q_{out} \quad (9-9)$$

式中　A_l——湖水的表面积；

　　　Q_{in}, Q_{out}——水库的入库流量和出库流量。

DABA 溃坝模型的输入参数包括泄流槽的几何尺寸及坝体的土体参数，输出参数是计算迭代过程中每步的溃坝参数，如溃口的几何尺寸、溃坝时间及出库流量等。

9.1.3　堰塞坝 DABA 模型改进

DABA 初始模型假设堰塞坝的出库流量仅限泄流槽内，没有考虑坝顶的流量及其侵蚀。当槽深较小或入库流量较大时可能发生漫顶溢流。另外，DABA 模型只适用于梯形单槽，不能模拟复合槽下的堰塞坝溃坝过程。基于上述情况，将 DABA 模型在两个主要方面加以改进。

为计算坝顶出库流量，泄流槽横截面分为三大部分：坝顶左侧、溃口及坝顶右侧，总出库流量为三部分之和，如图 9-4(a)所示。

$$Q_p = Q_l + Q_b + Q_r \quad (9-10)$$

式中，Q_b，Q_l，与 Q_r 分别是溃口、坝顶左侧及右侧的流出量。对于复合槽，

$$Q_b = Q_{bl} + Q_{bm} + Q_{br} \quad (9-11)$$

式中，Q_{bm}，Q_{bl} 与 Q_{br} 分别是小槽、大槽左侧及右侧的流出量，各个部分的出库流量由式(9-10)计算得到。注意到各部分的土体侵蚀参数 K_d、τ_c 不相同，应根据土水相互作用分别计算。

纵向上溃口和坝顶的侵蚀也需分别计算，如图 9-4(b)所示。一般情况下，由于泄流槽内流速较大，溃口的侵蚀作用强于坝顶，溃坝阶段溃口与坝顶的水深相差越来越大。当溃口发展到一定尺寸，坝顶侵蚀将会停止，因此溃口与坝顶的发展过程应分别定义。同理，对于复合槽，大槽与小槽的侵蚀速率也不相同，发展过程也需根据水土侵蚀机理分别计算。

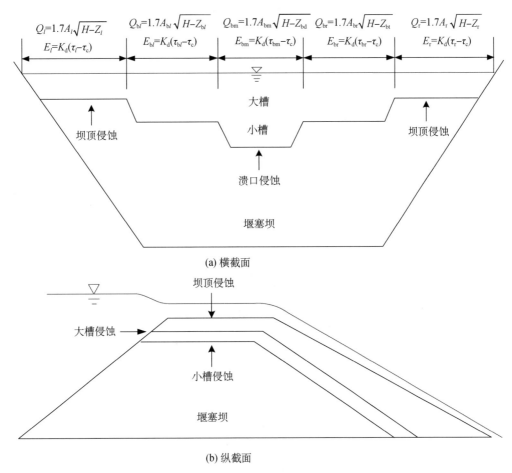

$$Q_l = 1.7 A_l \sqrt{H - Z_l} \qquad Q_{bl} = 1.7 A_{bl} \sqrt{H - Z_{bl}} \qquad Q_{bm} = 1.7 A_{bm} \sqrt{H - Z_{bd}} \qquad Q_{br} = 1.7 A_{br} \sqrt{H - Z_{bt}} \qquad Q_r = 1.7 A_r \sqrt{H - Z_r}$$

$$E_l = K_d(\tau_l - \tau_c) \qquad E_{bl} = K_d(\tau_{bl} - \tau_c) \qquad E_{bm} = K_d(\tau_{bm} - \tau_c) \qquad E_{br} = K_d(\tau_{br} - \tau_c) \qquad E_r = K_d(\tau_r - \tau_c)$$

(a) 横截面

(b) 纵截面

图 9-4　堰塞坝 DABA 模型改进

9.1.4　堰塞坝泄流槽优化方法

DABA 改进模型是在原程序基础上实现的。如图 9-5 所示,在程序迭代计算中,每次迭代判断水位与坝高的大小关系。漫顶时,由式(9-7)计算坝顶侵蚀量,由式(9-10)计算漫顶流量,水位在溃口内(坝顶以下)时,坝顶的流量和侵蚀量为 0。复合截面实现,与坝顶侵蚀类似,每次迭代判断截面形式及水位与大、小槽槽底高程大小关系。水位在小槽内时,小槽在它所处阶段迭代计算,大槽侵蚀和流量为 0,水位在大槽内时,大、小槽分别进行迭代计算,当小槽槽顶等于大槽槽底或小槽深度为 0 时,复合槽变为梯形单槽,此后以梯形单槽形式进行迭代计算,直至剪应力 τ 小于临界剪应力 τ_c 时停止计算。

DABA 源程序使用 VBA 编程为 Excel 表格输出形式,不能进行参数全局优化分析。为此,运用 MATLAB 软件重新编写程序,将溃坝峰值流量 Q_p 编码为截面设计参数的函数。

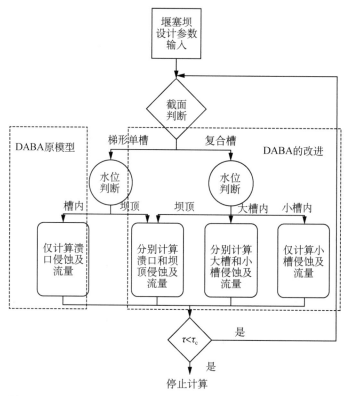

图 9-5　堰塞坝 DABA 改进模型计算流程

对于梯形单槽 W_b、B_u、G_s、α_0 为函数变量,复合槽 W_{bt}、W_{bc}、B_{ut}、B_{ud}、α_1、α_2、G_1、G_2 为函数变量。在优化设计方程的约束下利用 MATLAB 软件中的非线性优化函数 fmincon 实现溃坝峰值流量 Q_p 的优化。优化函数采用内点算法进行全局优化,防止局部产生极小值而停止计算。

9.2　唐家山堰塞坝泄流槽优化设计

汶川地震诱发通口河右岸唐家山部位形成高速滑坡并堵江成坝(Cui et al., 2009；Liu et al., 2010)。形成的堰塞坝在平面形态为长条形,顺河向长 803.4 m,横河向最大宽度 611.8 m,与原河床高程相比,堰塞坝高 82～124 m,堵塞河道面积约为 3×10^5 m²,推测体积为 2.04×10^6 m³,库容为 3.16×10^8 m³(胡卸文 等,2009；李守定 等,2010；罗刚 等,2012)。如图 9-6 所示,坝体在深度方向上主要包括 3 个土层:上层为厚度 5～20 m 的碎石土;中层为厚度 1～15 m 的强风化碎裂岩;底层为厚度 50～80 m 的弱风化碎裂岩。土层参数如表 9-1 所示 (Chang and Zhang, 2010),其中不同深度坝体的侵蚀系数 K_d 与临界剪应力 τ_c 由经验公式分别计算。

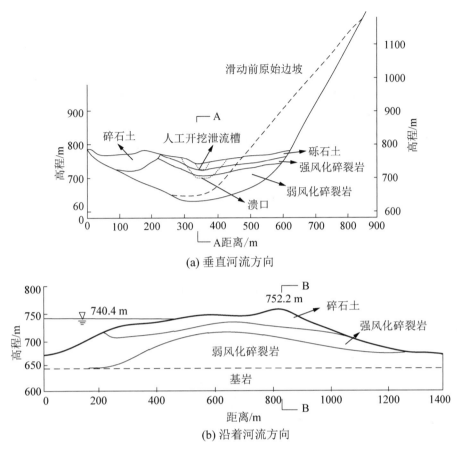

图 9-6　唐家山堰塞坝横截面图

表 9-1　唐家山堰塞坝土体参数

深度 /m	孔隙比 e	不均匀系数 C_u	塑性指数 Ip/%	细粒含量 P/%	内摩擦角 f/(°)	平均粒径 D_{50}/mm	比重 G_s	侵蚀系数 K_d/ $(m^3 \cdot N^{-1} \cdot s^{-1})$	临界剪应力 τ_c/Pa
10	0.95	610	15	11.5	22	10	2.65	1.20E−07	9.9
20	0.82	680	21	10.8	22	6.45	2.695	5.48E−08	22.4
21	0.61	122	—	—	36	26	2.67	4.93E−08	206.1
50	0.61	900	—	—	36	700	2.67	1.08E−08	5 548.9

9.2.1　溃坝模型验证

为降低溃坝洪峰流量及其溃决风险,应急指挥部紧急开挖出一个底宽 8 m、顶宽 44 m、坡角 α_0 = 33.7°、槽深 12 m、纵向长度约 475 m、纵坡率 G_s 约 0.006 的泄流槽,库容下降至 2.47×10^8 m^3。溃坝后溃口深度为 42 m,底宽 100～145 m,顶宽 145～225 m,溃坝峰值流量为 6 500 m^3/s。

现以唐家山堰塞坝的实际溃口参数及流量来验证 DABA 改进模型的可靠性。将唐家山堰塞坝实际坝体参数输入 DABA 改进模型中,模拟唐家山堰塞坝溃坝过程,得到溃口发展过程中流量和溃口尺寸,如图 9-7 所示。DABA 模型预测峰值流量为 6 698 m³/s,预测溃口底宽为 104.6 m,顶宽为 183 m,如表 8-2 所示。预测值与实测值能够很好地吻合,验证了 DABA 改进模型模拟溃坝过程的可靠性。$A \sim B$、$B \sim C$ 阶段(图 9-7)为泄流槽纵向溃口变化的第一、第二阶段,即溃口形成阶段。期间溃口尺寸增加缓慢,泄流槽出库流量小,与唐家山堰塞坝实际情况一致。$C \sim D$ 阶段为溃口发展阶段即溃坝阶段,下切侵蚀强,横断面迅速扩大,溃坝洪峰流量出现,之后泄流槽出库流量逐渐减小,侵蚀作用减弱直至停止。

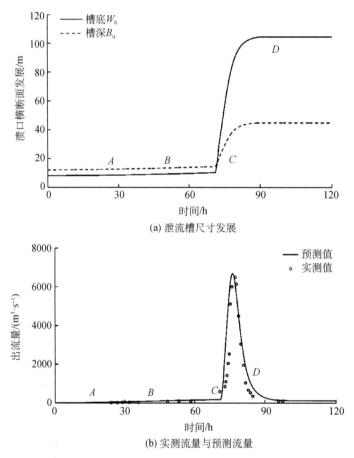

图 9-7 唐家山堰塞坝溃口发展

表 9-2 唐家山堰塞坝记录与模拟的溃口参数对比

参数	峰值流量 /(m³·s⁻¹)	溃口深度 /m	溃口底宽 /m	溃口顶宽 /m	溃坝形成时间/h	溃口发展时间/h
记录值	6 500	42	80~100	145~235	72	14
模拟值	6 698	44.9	104.6	183	71.2	16.2

9.2.2　堰塞坝梯形单槽优化分析

唐家山堰塞坝开挖泄流槽之后,峰值流量依然较大,以致部分老北川县城淹没。能否优化泄流槽断面尺寸,进一步降低峰值流量? 本节将利用DABA改进模型探究堰塞坝泄流槽梯形单槽优化设计规律。

唐家山堰塞坝梯形单槽优化设计有如下约束条件:$V_s \leqslant V_0$(实际开挖量),V_s的最大值即为唐家山堰塞坝实际开挖量 1.2×10^5 m³;$W_b \geqslant 2$ m,确保运输工具可以通过泄流槽;$B_u \geqslant 0.001$(不是0)确保初始水流通过且向泄流槽汇集;$\alpha_0 \leqslant 50°$(唐家山堰塞坝溃坝后实际边坡角度);$G_s \geqslant G_c = 0.006$,泄流槽纵向不设反坡。考虑上述约束条件后,目标方程(8-1)的优化设计如下所示:

$$\min(Q_p) = \min[Q_p(W_b, B_u, G_s, \alpha)] \mid_{V_s \leqslant V_0, w_b \geqslant 2, B_u \geqslant 0.001, G_s \geqslant G_c, \alpha \leqslant 50°} \tag{9-12}$$

式(9-2)—式(9-4)中参数 $L_2 = 350$ m,$G_c = 0.006$,$\beta_u = 20°$。

在上述优化方程约束下,利用 MATLAB 优化函数进行优化,得到堰塞坝泄流槽最优设计方案为槽底 $W_b = 5.6$ m,槽深 $B_u = 6$ m,纵坡率 $G_s = 0.06$,横断面坡度 $\alpha_0 = 50°$(开挖量为 V_0),溃坝峰值流量为 1700 m³/s,小于实际值 6500 m³/s。在此方案下,老北川县城则不受溃坝洪水影响。

唐家山堰塞坝泄流槽最优设计与实例模拟出库流量如图 9-8 所示,最优设计方案的溃决过程中形成 2 个交错洪峰,分别为 1600 m³/s 和 1700 m³/s。第一个洪峰产生于溃口形成阶段,这是因为较大的纵坡率 G_s(0.06)使得泄流槽在溃口形成阶段产生显著下切侵蚀,库容迅速下降,从而形成一次"溃前溃坝"。之后侵蚀面进入第3层低侵蚀性碎屑岩中(图 9-6),槽深越深,土体越难侵蚀,导致槽底的侵蚀率逐渐减小,出库流量随之降低。但坝体下游梯度 G_w(0.58)很大,因此下游坡脚继续冲刷。当溯源侵蚀[图 9-3(b)第二阶段]达到上游坝体时(坝

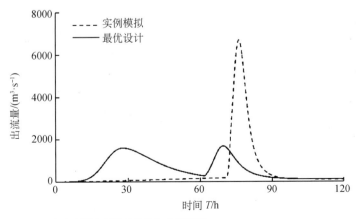

图 9-8　唐家山堰塞坝最优设计与实例模拟

顶宽度为 0),堰塞坝再次发生溃决,并形成第 2 个洪峰。与实际溃坝峰值流量(6 500 m³/s)相比,第 2 洪峰显著降低。这是因为在第 2 次溃决开始时,溃口已经被冲刷至深 29 m,宽 27 m,堰塞湖库容降至 1.28×10^8 m³。因此,泄流槽最优设计方案主要因为较大的纵坡率,使堰塞坝溃决形成双峰,避免一次性溃坝而产生较大洪峰。另外,泄流槽的其他参数,如泄流槽两侧开挖坡度,槽深和底宽也对溃决峰值流量有不可忽视的影响,将在下文分别探讨。

9.2.3　梯形单槽设计参数影响分析

唐家山堰塞坝最优梯形单槽尺寸为:$\alpha_0 = 50°$,$B_u = 6$ m,$W_b = 5.6$ m,$G_s = 0.06$,本节进一步探讨泄流槽各设计几何参数对堰塞坝溃坝峰值流量的影响。

1. 泄流槽两侧开挖坡度

如上所述,泄流槽尺寸最优时泄流槽两侧开挖坡度为最大值(50°),因此有必要探究坡度(边坡系数)对溃决峰值流量的影响。以唐家山堰塞坝泄流槽实际参数为依据,即开挖量 V_s、槽深 B_u 及纵向坡度 $G_s = G_c$ 不变,侧向坡角 α_0 分别取为 33.69°、40°、45°、50°,各个侧向坡角 α_0 下的溃坝峰值流量如图 9-9 所示。溃决峰值流量随着泄流槽两侧开挖坡度的增加逐渐减小。一方面,随着侧向坡度的增加,泄流槽底宽 W_b 逐渐增加,出库流量也相应增加;另一方面,缩短横断面第一阶段[图 9-3 (a)]侧蚀达到临界角的时间,加速进入第二阶段下切侵蚀阶段,扩大过水断面,增大溃前出库流量,降低溃坝峰值流量。下面对泄流槽梯形截面及复合截面优化时坡角均取最大坡角 α_{cr}(50°)。

2. 泄流槽纵坡率影响

纵坡率主要决定溃口形成阶段的冲刷作用,本节讨论 $V_s = V_0$ 时纵坡率对溃坝峰值流量的影响。如图 9-10 所示,峰值流量随着泄流槽纵坡率 G_s 的增加而减小。增大 G_s 能够显著增加溃口形成阶段侵蚀剪应力[式(9-6)],提高侵蚀速率[式(9-5)],扩大横截面过水断面,有效提升溃口形成阶段泄流槽的过流能力[式(9-8)]。堰塞坝溃坝前的出库流量增加,提高泄洪效率,减小溃坝时的库容[式(9-9)],从而降低溃坝峰洪流量。

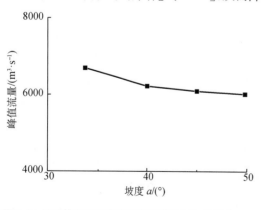

图 9-9　泄流槽两侧开挖坡度对峰值流量 Q_p 的影响

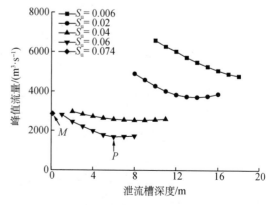

图 9-10　槽深与纵坡率对溃坝峰值流量的影响

然而,纵坡率最大(图 9-10 中 M)时的峰值流量(2 900 m³/s)不是最小溃坝峰值流量(1 700 m³/s)。如图 9-11 所示,与最优泄流槽尺寸相比,泄流槽纵坡率最大时(W_b = 2 m,B_u = 0.001 m,G_s = 0.074,α_0 = 50°)虽然能够显著提升溃口形成阶段的出库流量(最大是 1 800 m³/s),但受开挖量的限制,泄流槽上游入口槽深小,堰塞湖初始库容大,溃坝开始时水位(731 m)较高。因此,纵坡率最大时的溃坝峰值流量大于最优泄流槽尺寸。

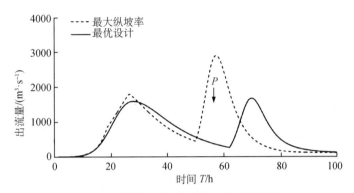

图 9-11 唐家山堰塞坝最优设计和最大纵坡率的出库流量

3. 槽深与底宽影响

泄流槽深度决定堰塞湖初始库容,底宽影响出库流量。泄流槽开挖总量一定时增大槽深意味着减小底宽,本节讨论槽深与底宽对溃坝峰值流量的影响。如图 9-10 所示,当纵坡率 G_s = 0.006(坝顶纵坡率)时,峰值流量随槽深增加而逐渐减小;当 G_s = 0.02、0.04 及 0.06 时,峰值流量随槽深增加先减小后增加。G_s 较小(0.006)时溃口发展阶段侵蚀力较小,侵蚀速率低,此时主要控制因素是堰塞湖初始库容(槽深),而非出库流量(底宽)。增加槽深减小堰塞湖初始水位,降低溃坝时堰塞湖库容,因此溃决峰值流量随着槽深的增加逐渐减小。

G_s = 0.02,槽深小于 14 m 时,峰值流量逐渐减小,槽深大于 14 m 时,峰值流量逐渐增加。如图 9-12 所示,在一定范围内增加槽深,减小溃坝时库容,降低溃坝峰值流量。然而当槽深大于 14 m 时,增加槽深虽能降低初始过流水位,但因侵蚀速率较大,横断面下切侵蚀可至第

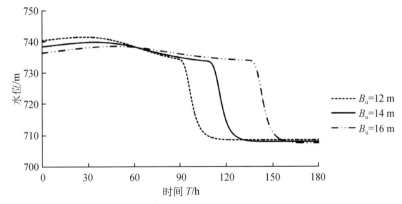

图 9-12 堰塞坝泄流槽不同深度下的库水位

3 层低侵蚀性碎屑岩中,之后不能继续向下侵蚀,不能降低溃坝时库容。泄流槽开挖断面一定情况下,较大的开挖深度导致较小的槽宽,使溃坝时过水断面减小,不能充分发挥泄流槽冲刷作用,峰值流量随之增加。当 $G_s = 0.04$ 和 0.06 时,具有相同的规律,最小的峰值流量对应的槽深分别为 9 m 和 7 m。

因此,泄流槽底宽与槽深设计需要考虑纵坡率的影响。纵坡率较小时,增加泄流槽深度比增加底宽有利于降低溃决峰值流量;纵坡率较大时,因低侵蚀性土层的抑制侵蚀作用,下切侵蚀存在临界值,需要平衡槽深和底宽的关系。

4. 两个泄流槽

唐家山堰塞坝应急抢险时,在原泄流槽 30～40 m 外修建了一条新的小泄流槽。2008 年 6 月 6 日(竣工后 5 d)堰塞湖从主溢洪道泄洪(Peng et al.,2014)。然而,小的泄流槽几乎没有用处,这是因为大泄流槽的溃口降低了水位。水流没有流过小的泄流槽(图 9-13)。因此,两个平行泄流槽的设计可能没有达到降低溃决洪峰的效果。

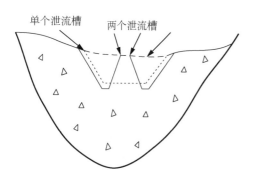 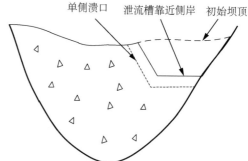

图 9-13　堰塞坝两个泄流槽设计　　　　　图 9-14　泄流槽靠近侧岸设计

5. 泄流槽靠近侧岸

假设唐家山堰塞坝右岸为基岩,则右侧岸不产生侵蚀。这种情况下堰塞坝的溃决峰值流量降低至 6 080 m³/s。泄流槽靠近右岸的溃口深度更大,但是溃口的宽度小于实际模拟案例(图 9-14)。这表明泄流槽靠近侧岸的设计会更好。

9.2.4　堰塞坝泄流槽复合槽分析

唐家山堰塞坝复合槽优化设计的约束条件与梯形单槽对应相同。另外,小槽顶宽应不大于大槽底宽,即 $W_{bc} + 2B_{ud}/\tan(a) \leqslant W_{bt}$。由梯形单槽优化分析取 α_0 为 $50°$,考虑上述约束条件后,目标方程式(9-4)的优化设计如下所示:

$$\min(Q_p) = \min[Q_p(W_{bt}, W_{bc}, B_{ut}, B_{ud}, G_s)]\big|_{V_sV_0, w_{bt}, W_{bc} \geqslant 2, B_{ut}, BB_{ud} \geqslant 0.001, G_s \geqslant G_c = 0.006} \quad (9\text{-}13)$$

在上述优化方程约束下,利用 MATLAB 优化函数进行优化,得到泄流槽最优设计为大、

小槽底宽 $W_{bt} = 9.6$ m、$W_{bc} = 5.6$ m,大、小槽槽深 $B_{ut} = 3.6$ m、$B_{ud} = 2.4$ m,纵坡率 $G_s = 0.06$,横断面坡度 $\alpha_0 = 50°$,溃坝峰值流量为 1 700 m³/s。发现小槽的顶宽等于大槽的底宽,即复合槽变成梯形单槽时溃坝峰值流量最小,此时复合槽最优设计方案和梯形单槽完全一致。

　　为比较这两种断面降低溃坝峰值流量的效果,令复合槽的大、小槽深度 B_{ut}、B_{ud} 和底宽 W_{bt}、W_{bc} 为变量,其他泄流槽参数(纵坡率 G_s、槽深 B_u、泄流槽两侧开挖坡度 α_0)保持不变,探究复合槽与梯形单槽对应的峰值流量大小关系。以梯形单槽 $B_u = 12$ m,$W_b = 15.93$ m,$G_s = 0.006$,$V_s = V_0$ 为例,则相同深度复合槽的大小槽深度总和 $B_{ut} + B_{ud} = 12$ m。分别取大槽深度 $B_{ut} = 3,6,9$ m,对应的小槽深 B_{ud} 分别为 9,6,3 m。受开挖量限制,增加小槽底宽 W_{bc} 意味着减小大槽底宽 W_{bt}。峰值流量随小槽底宽 W_{bc} 变化如图 9-15 所示。经过全局优化发现,在边界 $W_{bc} + 2B_{ud}/\tan(a) = W_{bt}$ 上时,溃坝峰值流量取最小值 6 019 m³/s,即复合槽变成梯形单槽时(图中 P 点)有最小值。同理,对其他深度及纵坡率下的梯形单槽所对应的复合槽进行优化计算,梯形单槽对应的峰值流量均是最小值。因为在槽深相同时,同一水位下复合槽的过水面积始终小于梯形单槽,而且复合槽边数较多,过流的水力半径较小[式(9-7)],降低溃口下切侵蚀作用,导致复合槽溃口形成阶段出库流量小,溃坝时库容大,溃坝峰值流量也较大,溃坝风险的降低效果不如梯形单槽。

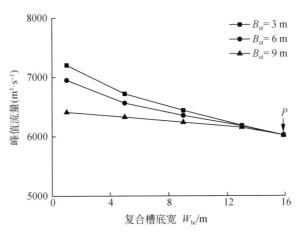

图 9-15　堰塞坝复合槽槽深 12 m 的峰值流量

表 9-3　增加三角槽方案

深度/m	体积增加比/%	峰值流量降低比/%	效率比
1	0.25	0.2	0.8
2	1.06	1	0.94
3	2.4	2.4	1.0

　　为进一步验证梯形单槽优于复合槽,在梯形单槽下面增挖一个三角形小槽(图 9-16),在不明显增加开挖量情况下能否有效降低峰值流量。以梯形单槽 $B_u = 12$ m,$W_b = 15.93$ m,

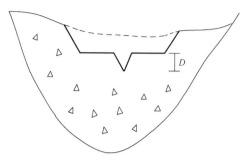

图 9-16　增加三角形槽的复合泄流槽

$G_s = 0.006$（开挖量 $V_s = V_0$）为例，溃坝峰值流量为 6 019 m³/s。增挖一个倾角为 50°的三角形小槽，不同深度下的峰值流量降低效果如表 9-3 所示。表中效率比是指峰值流量降低率与开挖体积增加率的比值，反映了开挖量增量降低峰值流量的效果。该梯形单槽深度增加 1 m，体积增加比为 4.5%，峰值流量降低比为 7%，效率比为 1.5，降低峰值流量的效果优于增挖三角槽。增挖三角槽虽能降低初始库容，但过水面积增量小，出库流量小于入库流量（113 m³/s），小槽内持续壅水，且在此阶段中侵蚀作用弱，小槽断面冲刷速率低，因此增挖三角槽不能有效降低峰值流量，进一步验证了梯形单槽优于复合槽。

9.3　坝体参数对泄流槽处置的影响分析

不仅泄流槽几何尺寸影响堰塞坝的溃决过程，而且泄流槽所处的坝体形态参数与材料参数也影响堰塞坝的失稳过程。本节将以非均质结构的唐家山堰塞坝为代表，利用 DABA 溃坝模型，分别对坝体形态、材料和结构等参数进行敏感分析，对比不同参数对坝体溃决的影响程度，并与模型试验结果规律进行对比。需要在此说明的是，本节提及的"非均质坝"或"非均质结构"，均指唐家山堰塞坝所代表的竖向非均质结构。

9.3.1　几何形态

1. 坝高

为研究坝高对溃决过程及溃决参数的影响，在唐家山堰塞坝的基础上，将坝高分别设定为 61.8 m（减少 25%）、82.4 m（原型）、103.0 m（增加 25%），相应的初始堰塞坝水位分别设定为 53.4 m、71.2 m（原型）、89.0 m，即与坝高成正比。同时，坝体内部沿深度方向分布的各土层厚度也相应减小 25% 或增加 25%，而包括材料土体参数等在内的其他参数均保持不变。不同坝高条件下堰塞坝的溃决参数如表 9-4 所示，溃决流量过程如图 9-17 所示。

表 9-4　不同坝高条件下堰塞坝的溃决参数

溃决参数	坝高/m		
	61.8	82.4	103.0
峰值流量/(m³·s⁻¹)	4 891.68	6 600.15	8 425.27

（续表）

溃决参数	坝高/m		
	61.8	82.4	103.0
峰现时间/h	51.92	76.87	116.73
最终溃口深度/m	36.98	43.43	48.38
最终溃口顶宽/m	167.11	204.36	232.29
最终溃口底宽/m	105.05	131.47	151.10
溃口形成阶段历时/h	45.52	71.23	112.03
溃口发展阶段历时/h	18.17	14.60	11.97
最大水位高程/m	724.4	742.2	762.7
最大槽内水深/m	11.3	12.4	13.6

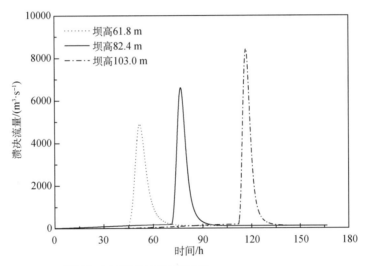

图 9-17　不同坝高对应的溃决流量过程曲线

　　结果表明,坝高对非均质结构堰塞坝的溃决流量、溃口尺寸、溃决历时和槽内水深的影响显著。具体来说,坝高的增加,会使溃坝峰值流量增大、峰现时间推迟、最终溃口尺寸增加(包括溃口深度、顶宽及底宽)、溃口形成阶段历时延长、溃口发展阶段历时缩短、最大水位高程及槽内水深增加(表 9-4)。堰塞坝坝高反映了堰塞湖库容及潜在水力势能的大小,同时非均质坝内部易侵蚀区域的土层厚度也随坝高的增加而增加,导致当坝高较大时,非均质坝的溃口下切深度和下泄库水量明显增加。堰塞坝坝高增加 25%,峰值流量较原型堰塞坝增大了 27.7%,最终溃口深度增加了 11.4%,最大槽内水深升高了 9.7%。与此相应,堰塞坝坝高减小 25%,峰值流量较原型堰塞坝减小了 25.9%,最终溃口深度减小了 14.9%,最大槽内水深降低了 8.9%。另外,增加坝高导致非均质坝体底部抗侵蚀能力强的土层厚度相应增加,对下游坡脚稳定性和残余坝体形态存在显著影响。因此,尽管坝高增加使峰值流量明显增大,但当溃口下切侵蚀至坝体底部土层后,随着溃决流量从峰值开始回落,溃口侵蚀速率会迅速减小,溃口形状尺寸很快趋于稳定,导致非均质坝的溃口发展阶段历时缩短。因此,无论是非均质坝还是均质坝,坝高的增加都会使峰值流量增大、最终溃口尺寸增加,从而显著提高堰塞坝的溃坝危险性,但非均质坝由于自身的颗粒级配空间分布特征,坝体底部抗侵蚀能力强的土层导致溃口发展阶段历时随坝高的增加而缩短,这一点与均质坝表现出的规律有所差异。

2. 坝顶宽

为研究坝顶宽对堰塞坝溃决过程与溃决参数的影响,在唐家山堰塞坝的基础上,将坝顶宽分别设定为 175 m(减小 50%)、350 m(原型)、525 m(增加 50%),其他坝体参数保持不变。不同坝顶宽条件下堰塞坝的溃决参数如表 9-5 所示,溃决流量过程曲线如图 9-18 所示。

表 9-5　不同坝顶宽条件下堰塞坝的溃决参数

溃决参数	坝顶宽/m		
	175	350	525
峰值流量/(m³·s⁻¹)	6 808.27	6 600.15	6 294.82
峰现时间/h	58.52	76.87	95.22
最终溃口深度/m	43.29	43.43	43.57
最终溃口顶宽/m	206.22	204.36	202.52
最终溃口底宽/m	133.57	131.47	129.40
溃口形成阶段历时/h	52.87	71.23	89.50
溃口发展阶段历时/h	14.45	14.60	14.88
最大水位高程/m	742.1	742.2	742.2
最大槽内水深/m	12.5	12.4	12.1

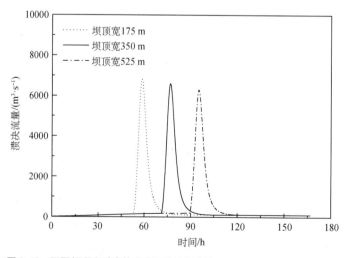

图 9-18　不同坝顶宽对应的溃决流量过程曲线

坝顶宽对非均质结构堰塞坝的峰现时间和溃决历时的影响显著。具体来说,坝顶宽的增加,会使峰现时间推迟、溃口形成阶段历时延长(表 9-5)。但非均质坝峰值流量、最终溃口尺寸(包括溃口深度、顶宽及底宽)、溃口发展阶段历时、最大水位高程及槽内水深受坝顶宽的影响较小。这是因为非均质结构堰塞坝的坝顶宽改变,受影响幅度最大的土层是坝体上部土层,而上部土层的抗侵蚀能力弱。此外,坝顶宽反映了溃口发展过程中溯源侵蚀距离的长短,导致当坝顶宽较大时,非均质坝进入溃口发展阶段的时间明显更早。峰现时间和溃决历时表现为:坝顶宽增加 50%,峰现时间较原型堰塞坝推迟了 23.9%,溃口形成阶段历时延长了 25.6%;坝顶宽减小 50%,峰现时间较原型堰塞坝提前了 23.8%,溃口形成阶段时间缩短了 25.8%。另外,坝顶宽改变对坝体上部以下土层的相对影响幅度沿深度方向逐渐减小。因此,当上部土层被全部侵蚀后,溃口侵蚀速率受中部及底部材料土体性质的影响严重,上游溃口断面下切速度放缓,水力坡降小,导致非均质坝的峰值流量和最终溃口尺寸变化较小。无论是非均质坝还是均质坝,峰现时间、溃决历时与坝顶宽之间均具有较显著的线性对应关系。但是,相比于均质坝,非均质坝峰值流量和最终溃口尺寸受坝顶宽的影响较小。因此,与坝高相比,坝顶宽这一坝体形态参数对非均质结构堰塞坝溃决的影响程度相对较小,即主要影响峰现时间和溃决历时,坝顶宽较小时意味着预警时间紧迫。

3. 下游坝坡坡度

为研究堰塞坝下游坝坡坡度对溃决过程及其溃决参数的影响,在唐家山堰塞坝的基础上,将下游坝坡坡度分别设定为 13.5°(原型)、20.3°(1.5 倍原型)和 27.0°(2 倍原型),相应的下游坝坡长度分别设定为 301.6 m(原型)、203.4 m 和 155.1 m,其他坝体参数保持不变。不同下游坝坡坡度条件下堰塞坝的溃决参数如表 9-6 所示,溃决流量过程曲线如图 9-19 所示。

表 9-6　不同下游坝坡坡度条件下堰塞坝的溃决参数

溃决参数	下游坝坡坡度/(°)		
	13.5	20.3	27.0
峰值流量/(m³·s⁻¹)	6 600.15	7 556.76	8 699.35
峰现时间/h	76.87	65.00	53.88
最终溃口深度/m	43.43	44.07	45.39
最终溃口顶宽/m	204.36	209.80	214.06
最终溃口底宽/m	131.47	135.85	141.29
溃口形成阶段历时/h	71.23	59.55	48.65
溃口发展阶段历时/h	14.60	13.28	11.43
最大水位高程/m	742.2	742.3	742.4
最大槽内水深/m	12.4	13.0	13.8

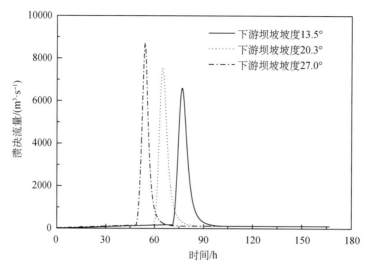

图 9-19 不同下游坝坡坡度对应的溃决流量过程曲线

下游坝坡坡度对非均质结构堰塞坝的峰值流量和槽内水深的影响显著,对峰现时间、溃口尺寸和溃决历时也有一定程度的影响。具体来说,下游坝坡坡度的增加,会使峰值流量增大、最大槽内水深增加,同时会使峰现时间有所提前、最终溃口尺寸略微增加(包括溃口深度、顶宽及底宽)、溃口形成和溃口发展阶段历时缩短(表 9-6)。下游坝坡坡度反映了下游坡面上溃坝水流的侵蚀能力和坝体材料的抗侵蚀特性,导致当下游坝坡坡度较大时,非均质坝的水力坡降增大、水流侵蚀能力增强。下游坝坡坡度增至原型的 1.5 倍,峰值流量较原型堰塞坝增加了 14.5%,最大槽内水深增加了 4.8%;将下游坝坡坡度增至原型的 2 倍后,峰值流量较原型堰塞坝增加了 31.8%,最大槽内水深增加了 11.3%。但是,由于坝体底部土层的自身抗侵蚀能力强,下游坝坡坡度改变对该层材料抗侵蚀特性的实际影响相对较小。因此,当溃口侵蚀至底部土层后,下切侵蚀速率受材料土体参数本身的影响更大。

下游坝坡坡度的增加会使峰值流量增大、峰现时间提前,从而显著提高堰塞坝的溃坝危险性,但非均质坝由于自身的颗粒级配空间分布特征,坝体底部抗侵蚀能力强的土层导致溃决中后期溃口发展受下游坝坡坡度的影响较小,下游坝坡坡度对非均质坝溃决的影响力度不如均质坝。与坝高相比,下游坝坡坡度这一坝体形态参数对非均质结构堰塞坝溃决的影响程度相对较小,即主要影响峰值流量和槽内水深,对峰现时间、溃口尺寸和溃决历时也有一定程度的影响。

9.3.2 坝体材料

为研究坝体材料对堰塞坝溃决过程及溃决参数的影响,在唐家山堰塞坝的基础上,将原型坝体内部所有土层的抗侵蚀能力分别提高 25%、降低 25%,其他坝体参数均保持不变。不同坝体材料条件下堰塞坝的溃决参数如表 9-7 所示,溃决流量过程如图 9-20 所示。

表 9-7　不同坝体材料条件下堰塞坝的溃决参数

溃决参数	材料抗侵蚀特性		
	抗侵蚀能力弱	原型	抗侵蚀能力强
峰值流量/(m³·s⁻¹)	8 407.38	6 600.15	4 792.92
峰现时间/h	63.00	76.87	99.33
最终溃口深度/m	46.08	43.43	40.41
最终溃口顶宽/m	219.56	204.36	186.89
最终溃口底宽/m	142.23	131.47	119.08
溃口形成阶段历时/h	58.20	71.23	92.43
溃口发展阶段历时/h	11.90	14.60	19.08
最大水位高程/m	742.1	742.2	742.5
最大槽内水深/m	13.7	12.4	10.9

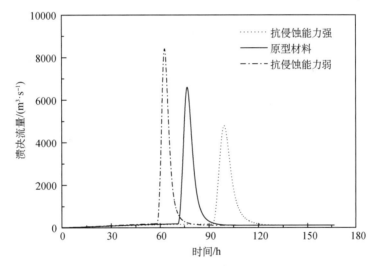

图 9-20　不同坝体材料对应的溃决流量过程曲线

　　坝体材料对非均质结构堰塞坝的溃决流量、溃口尺寸、溃决历时和槽内水深的影响显著。坝体材料整体抗侵蚀能力的增强,会使峰值流量减小、峰现时间推迟、最终溃口尺寸减小(包括溃口深度、顶宽及底宽)、溃口形成与溃口发展阶段历时延长、最大槽内水深减小(表 9-7)。这是因为非均质坝体内部各个土层的抗侵蚀能力,都进行了相同比例的调整(提高 25%或降低 25%),相当于改变了坝体整体的抗侵蚀能力。

　　坝体侵蚀过程受局部区域材料性质的影响严重,各土层对应的溃决特征和溃口侵蚀速率与所在土层的材料土体参数密切相关。当各个土层的抗侵蚀能力同时增强或减弱时,每一层的溃口侵蚀速率将相应地同步减小或增大,反映在溃决流量变化中就是:将坝体材料抗侵蚀能力提高 25%后,峰值流量较原型堰塞坝减小了 27.4%,峰现时间推迟了 29.2%;将坝体材料抗侵蚀能力降低 25％后,峰值流量增加了 27.4％,峰现时间提前了 18.1％。无论是非均质坝还是均质坝,峰值流量、峰现时间与坝体材料整体抗侵蚀能力之间均具有较显著的线性对应关系,但是相比于均质坝,计算非均质结构堰塞坝的整体抗侵蚀能力,需要准确获取坝体内部各个土层的材料土体参数,而这在真实情况下存在一定的技术困难和不便。

9.3.3 坝体结构

为研究坝体结构对溃决过程及溃决参数的影响,在唐家山堰塞坝的基础上,将坝体结构分别设定为竖向非均质结构类型①(原型,坝体材料沿深度方向逐渐变得致密)、竖向非均质结构类型②(坝体内部含有坚硬岩层的情况)和竖向非均质结构类型③(坝体内部含有抗侵蚀能力较弱土层的情况),这 3 种结构类型对应的坝体内部材料土体参数设置分别如图 9-21—图 9-23 所示,其他参数均保持不变。不同坝体结构条件下堰塞坝的溃决参数如表 9-8 所示,溃决流量过程如图 9-24 所示。

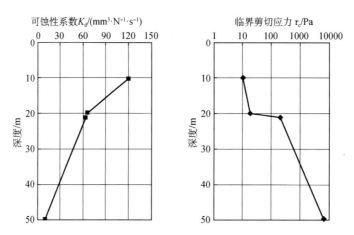

图 9-21　竖向非均质结构类型①的坝体内部土体材料参数设置

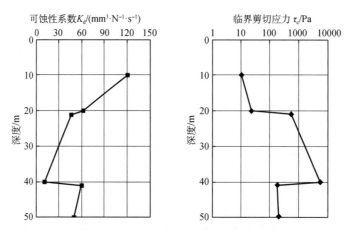

图 9-22　竖向非均质结构类型②的坝体内部土体材料参数设置

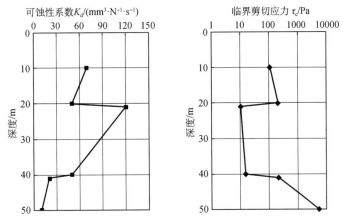

图 9-23　竖向非均质结构类型③的坝体内部土体材料参数设置

表 9-8　不同坝体结构条件下堰塞坝的溃决参数

溃决参数	坝体结构		
	结构类型①	结构类型②	结构类型③
峰值流量/($m^3 \cdot s^{-1}$)	6 600.15	7 329.86	14 343.74
峰现时间/h	76.87	30.32	47.40
最终溃口深度/m	43.43	39.91	48.43
最终溃口顶宽/m	204.36	183.54	235.01
最终溃口底宽/m	131.47	116.56	153.74
溃口形成阶段历时/h	71.23	26.18	42.50
溃口发展阶段历时/h	14.60	11.78	8.73
最大水位高程/m	742.2	741.8	743.1
最大槽内水深/m	12.4	13.1	16.1

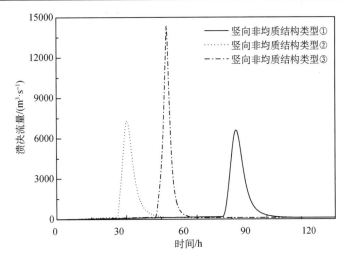

图 9-24　不同坝体结构对应的溃决流量过程曲线

不同竖向非均质结构类型对堰塞坝的溃决流量、溃口尺寸、溃决历时和槽内水深的影响显著。具体来说,结构类型①(原型,坝体材料沿深度方向逐渐变得致密)对应的峰值流量最小,为 6 600.15 m³/s;结构类型③(坝体内部含有抗侵蚀能力较弱土层的情况)对应的峰值流量最大,为 14 343.74 m³/s;结构类型②(坝体内部含有坚硬岩层的情况)对应的峰值流量则居于前二者之间,为 7 329.86 m³/s。对于峰现时间来说,结构类型②最早,为 30.32 h;结构类型①最晚,为 76.87 h;结构类型③则居于前二者之间,为 47.40 h。对于最早溃口尺寸(包括溃口深度、顶宽及底宽)来说,结构类型②最小,结构类型③最大,结构类型①则居于前二者之间。

但是,DABA 物理计算模型仍存在自身的不足和局限性,如未能充分考虑水平非均质结构对堰塞坝溃决过程的影响,即缺少对于坝体横断面两侧材料出现粗细颗粒分选情况的设置和相关模拟,也未能很好地考虑溃决过程中的颗粒沉积作用及其影响,可能造成溃口演变和溃决流量变化与实际情况存在一定差异,这也是堰塞坝溃决数值模拟研究中需要进一步解决的问题。

参考文献

陈晓清,崔鹏,赵万玉,等,2010."5·12"汶川地震堰塞湖应急处置措施的讨论——以唐家山堰塞湖为例[J].山地学报,28(3):350-357.

石振明,郑鸿超,彭铭,等,2016.考虑不同泄流槽方案的堰塞坝溃决机理分析——以唐家山堰塞坝为例[J].工程地质学报,24(5):741-751.

赵万玉,陈晓清,高全,2010.地震堰塞湖人工排泄断面优化初探[J].灾害学,25(2):26-29.

周宏伟,杨兴国,李洪涛,等,2009.地震堰塞湖排险技术与治理保护[J].四川大学学报:工程科学版,41(3):96-101.

CUI P, ZHU Y Y, HAN Y S, et al, 2009. The 12 May Wenchuan earthquake-induced landslide lakes: distribution and preliminary risk evaluation[J]. Landslides, 6(3): 209-223.

FAN X M, DUFRESNE A, SUBRAMANIAN S S, et al, 2020. The formation and impact of landslide dams-State of the art[J]. Earth Science Reviews, 203: 103116.

LIU N, CHEN Z, ZHANG J, et al, 2010. Draining the Tangjiashan barrier lake[J]. Journal of Hydraulic Engineering, 136(11): 914-923.

PENG M, ZHANG L M, CHANG D S, et al, 2014. Engineering risk mitigation measures for the landslide dams induced by the 2008 Wenchuan earthquake[J]. Engineering Geolology, 180, 68-84.

SCHUSTER R L, EVANS S G, 2011. Engineering measures for the hazard reduction of landslide dams [M]. Berlin: Springer Berlin Heidelberg.

XU Q, FAN X M, HUANG R Q, et al, 2009. Landslide dams triggered by the Wenchuan earthquake, Sichuan province, Southwest China[J]. Bulletin of Engineering Geology and the Environment, 68(3): 373-386.

YANG X G, YANG Z H, CAO S Y, et al, 2010. Key techniques for the emergency disposal of quake lakes[J]. Natural Hazards, 52 (1):43-56.

YOU Y, LIU J F, CHEN X C, 2012. Design of Sluiceway Channel in a landslide dam triggered by the Wenchuan earthquake. Disaster Advances, 5(4):241-249.

第 10 章
堰塞坝水位调控及加固技术

堰塞湖的应急处理应按照"科学、安全、主动、快速"的原则,并结合具体地形地质环境条件制定一套操作可行且快速有效的措施,在较短时间内最大可能地降低或排出堰塞湖内拦蓄的大量湖水,使堰塞湖的潜在威胁可调控。工程应急治理措施是降低溃坝风险的常用方法,如在西藏易贡堰塞湖、四川唐家山堰塞湖、云南鲁甸堰塞湖等的排险处置中,中国取得了丰富的经验。除了常用的开挖泄流槽外,引流渠、泄水隧洞、排水涵洞(管)、爆破岩体、水泵和倒虹吸管抽排、坝体临时加固等也是常用的工程除险措施。

本章收集并编译了国内外当前堰塞坝上游、坝址和下游三个位置的工程减灾措施和经验,统计了典型的工程案例,并重点介绍了堰塞坝人工加固技术,以期为今后堰塞坝的应急处置提供依据和参考。

10.1 堰塞坝上游水位调控技术

10.1.1 泵站抽水降低上游水位

泵站抽水降低水位的方法主要适用于河道较狭窄、水面面积不大、水位较深的堰塞湖紧急泄洪。但泵站抽水措施流量较小、流速不大,一般仅适用于来流量小于 5 m³/s 左右的堰塞湖,且抽排进出口应远离堰塞坝体分散布置,避免对堰塞坝体造成冲刷破坏(徐轶 等,2021)。

2009 年 6 月 5 日,重庆市武隆县(现重庆市武隆区)铁矿乡鸡尾山发生严重的山体崩滑灾害,崩滑体堵塞乌江支流石梁河上游支流铁匠沟(和平沟),形成最大库容约 4.9×10^5 m³ 的堰塞湖。为防止堰塞坝的突然溃决对下游的影响,当地水利部门在重庆市政府的领导和国家防总工作组的指导下迅速调集和安装抽水泵抽排湖水,共安装了 2 台 450 m³/h 的抽水泵和 6 台 150 m³/h 的抽水泵,总排水能力达 1 800 m³/h,日抽水量达 4×10^4 m³,为后续堰塞坝的处置增加了时间(图 10-1)(舒金扬,2009)。

图 10-1   重庆鸡尾山堰塞湖抽排应急处置措施(徐轶 等,2021)

10.1.2   虹吸排水降低上游水位

虹吸排水是利用伯努利方程计算排水管道内压力,通过管道、管配件的管径变化来改变排水管道内的压力,形成满管流、在压力的作用下快速排水的系统。虹吸排水可以延缓坝前水位上升或降低坝前水位,避免坝体泄流冲刷过程可控性差等问题,确保流量可控可调,还可同时配置多个泄水管,按需动态排水。该方法具有工程量小、施工方便、节约劳动力的特点,尤其在电力条件不足的情况下,具有明显的优势,是充分依靠自然力优势的堰塞湖应急泄流方式。但该方法抽水高程有限且排水能力有限,一般多用于配合其他方法使用。

2004 年 10 月 23 日,日本寺野堰塞坝就通过安装 16 台排水 0.033 t/s 的水泵,24 h 不间断地进行紧急排水。同时,在排水渠下部填埋了两条直径为 1.2 m、长为 107 m 的排水管,以最大限度地降低水位(刘蒨,2008)来实现排水。

10.1.3   修筑拦水坝调控水位

上游修筑拦水坝的主要目的是降低堰塞湖的入库流量,进而延长堰塞湖的汇水时间,为后续处置措施的开展争取更多时间。

1960 年 5 月 22 日发生在智利的地震是迄今为止世界上强度最大的地震,震级为里氏 9.5 级,此次地震造成特拉孔(Tralcan)山发生多次滑坡,堵塞了里尼韦湖出水口,形成了堰塞坝。在修筑堰塞坝泄洪沟的同时,为了最大限度地减少流入里尼韦湖的水量,控制上游的水位,对上游的其他几个湖都修筑拦水坝。此措施为修建堰塞坝泄洪沟争取了一定时间,降低了堰塞坝溃决风险(徐轶 等,2021)。

10.2 堰塞坝下游水电站调蓄技术

为防止堰塞坝溃坝洪水对下游地区的生命财产安全造成灾难性的伤害,梯级水库群拦洪削峰是当前截断洪水灾害的常用手段。该方法主要利用下游系列梯级水电站腾空库容,承载部分溃坝洪水,降低溃坝洪水的下泄量,进而减小对下游地区的影响。

2014 年 8 月 3 日,云南鲁甸红石岩堰塞坝形成后,有关部门根据牛栏江干流上游的七星桥、德泽、黄梨树、大沙店、天生桥等水文控制站点及堰塞湖水位站观测资料,确定下游水库的 6 次联合调度方案。第 1 次调度中,下游天花板水电站、黄角树水电站加大水库下泄流量,尽可能地腾空库容,以便拦截堰塞湖不确定因素造成的次生灾害。至 8 月 7 日 13:00,德泽水库共拦蓄水量近 0.4×10^9 m^3。天花板水电站、黄角树水电站水位已降至死水位附近。第 2 次调度中,德泽水库 8 月 10 日 08:00—12 日 20:00 期间,拦截强降水造成的洪水;下游天花板水电站水库、黄角树水电站水库控制在死水位运行。至 8 月 12 日 20:00,此次洪水过程中,德泽水库共拦蓄洪水近 0.6×10^9 m^3。第 3 次调度中,德泽水库 8 月 15 日 19:00 提前泄洪,腾出 0.2×10^9 m^3 库容,与 16 日 12:00 以后形成的洪峰错开。第 4 次调度中,天花板水电站可将水位蓄至 1 070.00 m,确保水电站正常运行。第 5 次调度中,德泽水库根据蓄水状况及自身安全,采用先泄后蓄方式进行运行,下泄 0.4×10^9 m^3 水量,应对台风"海鸥"影响区间产生的洪水;天花板水电站控制水位在 1 054.87 m、相应库容 0.362 1 $\times 10^9$ m^3 以下运行,黄角树水电站水库控制在死水位运行。第 6 次调度中,天花板水电站在前期加大泄洪量,腾出库容有效地拦蓄堰塞湖泄洪洞涌水产生的洪水量(王绍志 等,2015)。

2018 年 10 月 10 日,金沙江白格堰塞坝形成后,长江委于 10 月 12 日 17:00 下发调度令,要求即时起逐步降低金沙江中游梨园、阿海、金安桥 3 座水库水位,并在 14 日 8:00 分别降至 1 612 m、1 500 m、1 412 m,3 座水库共将腾出库容近 3×10^9 m^3,以接纳堰塞湖下泄水量。在堰塞湖溃决且巴塘、奔子栏等水文站陆续现峰转退后,14 日再次发出调度令,调度梨园、阿海、金安桥 3 座水库水位,15 日 08:00 前分别按 1 614 m、1 502 m、1 414 m 控制,合计拦蓄约 1×10^9 m^3 水量,之后继续逐步抬升水位,将堰塞湖溃坝洪水拦蓄在水库中,确保了防洪安全(陈敏,2019)。

2018 年 11 月 3 日,金沙江白格在"10·10"堰塞坝位置处再次堵江成坝,水利部、长江委高度重视,根据溃坝洪水分析成果及水库运行情况,提出堰塞体溃决前和溃决后两阶段分四步走的腾库实施方案。第一阶段分三步实施,分别于 11 月 5 日、7 日、9 日下达调度令,逐步降低金沙江中游梯级水库水位。根据堰塞体引流槽开挖进展和梨园水库第一位的迎洪作用,11 月 10 日下达 67 号调度令,将梨园、阿海、金安桥水库应对溃坝洪水起调水位分别调整为

1 592.0 m、1 493.3 m、1 406.0 m。11 月 12 日 14：00，金沙江中游梯级水库全部完成腾库计划，共腾出库容 8.07×10⁹ m³，可用调节库容 13.0×10⁹ m³。第二阶段，堰塞体溃决后，继续密切监视溃坝洪水演进，利用溃坝洪水到梨园水库两天左右的传播时间，制定金沙江中游梯级水库拦洪方案，并分别于 11 月 14 日、15 日下达两道调度令，调度梨园、阿海等水库安全稳妥拦蓄洪水(陈敏，2019)。

10.3 堰塞坝人工加固技术

由于堰塞坝溃决时间短，溃决造成的破坏性较大，形成的高风险堰塞坝需要采用一定的处置措施。根据有关学者的研究，通常采用工程措施和非工程措施。非工程措施主要通过减少处于危险当中的要素(人和不动的财产)，如将下游的人员和财产进行相应撤离。工程措施主要是针对稳定的堰塞坝，减缓坝前水位的上升速率，控制坝体破坏的侵蚀速率，按照工程措施持续时间的长久性，分为两种类型，即长期措施和短期措施。

长期措施包括建设排水隧道、排水管道。排水隧道一般需要开挖基岩及建设材料运输的临时道路，一般工程量大，但能很好地降低坝前水位，如在 1980 年美国圣山的 Sprit 堰塞坝，建设排水隧道长度为 2.59 km，直径为 3.4 m，采用隧道挖掘机进行完成，很好地降低坝前的水位(Schuster et al.，2011)。相对于昂贵且耗时的排水隧道，而排水管道建设相对容易，价格合理，2004 年在日本形成的 Higashi Takezawa 的堰塞坝，建设 5 条排水管道和一条排水明渠，很好地将融雪的水排除，但是排水管道的排水能力及降低坝前水位的风险能力相对较弱(Sattar A et al.，2012)。

短期措施包括对进水流量进行分流、排水泵或者虹吸管排水，爆破巨石及开挖泄流槽等措施。针对上游的来水流量，采用人工液压装置将入库流量转移到其他地方(水库及灌溉系统)，如 1991 年形成 Randa 堰塞坝，利用发电厂将一部分水位分流到其他的地方(Bonnard C et al.，2011)。对于无法采用人工装置对坝前水位进行分流及排水，可以采用排水泵等措施降低上游的来水流量，如在 2004 年日本形成的 Higashi Takezawa 堰塞坝，采用 12 个泵使得湖水降低到堰塞湖的溢出点，从而为开挖堰塞坝泄流槽提供时间，且大坝一直处于稳定的状态(Sattar A et al.，2012)。对于侵蚀性较低的堰塞坝，可以采用爆破处置方式加快侵蚀作用，避免水位上升过快造成的危险，如汶川地震形成小岗剑堰塞坝，采用爆破巨石方式来加快水流对堰塞坝泄流槽底部的侵蚀(Yang X et al.，2010)。大部分堰塞坝采用开挖泄流槽的方式，主要是其处置的效果好，基本上把堰塞坝的风险降到最低、节约时间、操作方便，唐家山堰塞坝、西藏易贡堰塞坝和石板沟堰塞坝等堰塞坝采用了开挖泄流槽的方式。而针对复杂的堰塞坝，一般采用多种处置的方式，如小岗剑堰塞坝采用爆破加开挖泄流槽的方式。另外，有些学者根据大量堰塞坝处置案例，提出了短期措施结合的方法，如邓宏艳等(2011)根据堰塞坝的成因及危险程度把堰塞坝分为三大类,包括滑坡型、崩塌型及泥沙型堰塞坝,并提出滑坡型堰塞坝适合开挖泄流槽;崩塌塞坝采用爆破及加固的手段;泥沙型适合爆破及开挖泄流渠。

目前,堰塞坝泄流槽的风险处置得到了广泛运用,其效果也较明显,但是开挖泄流槽位置、横截面的形状、深度、坡降等因素,导致其在溃决过程峰值流量过大,对下游造成一定的破坏,因此学者陆续开始研究泄流槽加固措施。陈晓清、赵万玉等(2011)为了加固泄流槽及降低堰塞坝泄洪流量,通过抛投人工结构体在泄流槽中,有效降低坝体的溃决流量。陈晓清等(2010)通过对唐家山泄流槽的处置进行探究,得到优化泄流槽、增大溃决流量的设计要点:开挖复式断面;提高纵比降;对泄流槽进出口进行防护;抛投人工结构体控制下切速度。

现阶段,泄流槽加固措施还处于初步阶段,且利用人工抛石体进行控制,较好地降低了峰值流量,但是其人工抛石体的尺寸太大,不太符合实际的堰塞坝处置。本章通过模型试验研究木桩、碎石土工袋对堰塞坝泄流槽进行加固,分析其对堰塞坝溃决过程及峰值流量降低效果的影响,为堰塞坝减灾措施设计提供依据,最后介绍红石岩堰塞坝加固的成功案例。

10.3.1　木桩加固技术

1. 研究背景

松木桩一般应用于处理软土地区及防洪灾害,具有良好的韧性、抗抗击、震动性、耐久性;松木桩在砂土中,有良好的抗拉、抗压、抗弯的能力;松木桩取材方便,易于加工,施工相对简单。在处理地基中,主要利用松木桩的桩体间作用、加筋作用、挤密作用;在防洪作用中主要利用了松木桩的抗冲刷性,它能很好阻碍水流,减少水流对边坡的冲刷,其次是利用其取材方便,易于施工(吴莉民,2019)。本书堰塞坝坝体材料以细粒为主,采用木桩进行临时加固,主要是利用木桩的挤密作用、抗冲刷性、方便施工等方面优势。其中,坝体材料以细粒为主,使得木桩施工成为可行性;利用桩土之间挤密作用,使得堰塞坝整体从松散状态转向密实,这样达到对堰塞坝临时加固作用;在泄流过程中,埋置在一定深度的木桩具有很好的抗冲刷性,从而减缓流速及对坝体的冲刷,使得溃决流量不至于过大及溃决时间过短,对下游造成破坏。

2. 模型试验设计及方案

本书采用大型水槽模型试验方法,试验地点在同济大学水利港口实验室的波流水槽试验场地。

1) 模型坝体的形状及尺寸

由于堰塞坝形态变化较大,为了研究木桩对堰塞坝溃决过程的影响,本次研究没有选取特定的堰塞坝模型,而以小林村堰塞坝为蓝本,考虑到水槽实验室的尺寸及仪器布置,采用相似比 1∶66.7,选定的模型坝体尺寸形态及尺寸:坝高 0.66 m,下底宽为 3.32 m,上底宽

1.05 m,垂直河向长为 0.8 m,坝体上下游坡度为 30°,整体形态为正梯形,如图 10-2 所示。

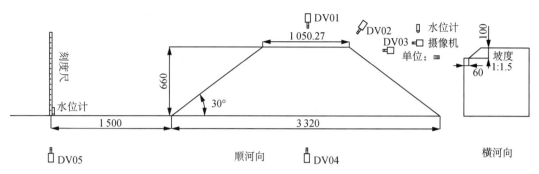

图 10-2　堰塞坝模型尺寸

2）坝体材料

堰塞坝天然材料的颗粒级配变化范围较为广泛,根据管圣功(2018)研究堰塞坝材料特性,涵盖堰塞坝的四种典型级配类型:①级配连续;②细粒为主;③中间缺失;④粗粒为主。其中,这四种颗粒级配中,细粒和粗粒为主的堰塞坝峰值流量较大,且细粒为主的堰塞坝峰值流量最大,溃决历时相对较短。因此,本书选择了以细粒为主的坝体进行模型试验。

以细粒为主的坝体材料主要由顺层滑坡形成的,一般分层较为明显,完整性保存较好,代表的堰塞坝类型有小林村堰塞坝、唐家山堰塞坝、叠溪小海子堰塞坝、石亭江红松一级电站堰塞坝和云南通海曲江堰塞坝等。以细粒为主堰塞坝的颗粒级配曲线见图 10-3。

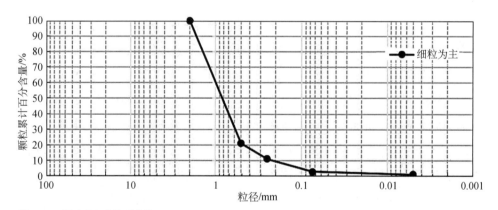

图 10-3　堰塞坝颗粒级配曲线

3）监测点布置与量测

本次试验需要测量有水位、溃口形态、浸润线,物质运移、溃坝的形态等变量,主要通过架设相机进行观察,其中溃口变化采用摄像机和刻度尺进行观察,见图 10-2,水位随时间的变化采用水位计进行精确的测量,关注的重点见表 10-1。

表 10-1　摄像机/水位计及其关注重点

摄像机/水位计	关注重点
DV01	观察和记录泄流槽宽度
DV02	观察和记录溃口内木桩、碎石土工袋
DV03	观察和记录坝后坝及坝后的物质运移
DV04	观察和记录坝体的截面变化及泄流槽的水深
DV05/水位计	观察和记录坝前水位

4）试验工况

松木桩一般体积相对较小,在防洪及边坡工程中,木桩的直径为 100～150 mm,桩长在 6～10 m 之间,根据模型比例及实验室条件,选取了直径为 4 mm、桩长为 12 cm 的模型木桩布置在泄流槽中。第一组工况木桩插入泄流槽底部的深度为一倍的桩长,如图 10-4 所示。第二组工况基本上和第一组工况一致,不同的是采用双层木桩插入深度为 2 倍的桩长,布置如图 10-5 所示。

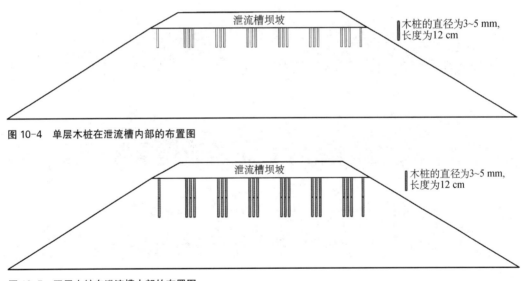

图 10-4　单层木桩在泄流槽内部的布置图

图 10-5　双层木桩在泄流槽内部的布置图

本书选取了三种工种,见表 10-2。

表 10-2　试验工况

工况	材料	布置措施
3	无	无
6	单层木桩	泄流槽底部 0～12 cm
7	双层木桩	泄流槽底部 0～24 cm

注:本书选取工况 3(无措施)、工况 6(单层木桩)和工况 7(双层木桩)的内容进行编写。

3. 结果分析

本节分析的内容有溃决特征、溃决流量、溃口发展、残余坝体及物质运移等。其中, $t=0\,\text{s}$ 表示以泄流槽过流为起点的时间;水位、溃口宽度等由摄像机记录得到;下泄流量由单位时间内的水位差乘以水面面积得到;选取坝体顶面中线点的截面对溃口发展进行分析。对于溃决特征的描述,按照溃口和时间的顺序,分为溃口形成阶段(初始溃口开始过流到上游坝坡开始侵蚀为结束)、溃口发展阶段(从上游坝坡开始侵蚀到溃口基本不在变化)和河床再平衡阶段(溃口基本不在变化到坝体最终稳定)进行描述。

1) 单层桩和双层木桩运动规律

泄流槽中后部分的单层木桩受到水流下蚀造成失稳,而泄流槽中前部分的单层木桩受到水流的下蚀及侧坡坍塌横向推动力作用,导致木桩扰动、失稳被带走,如图10-6所示;双层桩受到水流的下蚀及侧坡坍塌横向推动力扰动、失稳,基本上与泄流槽中前部分的木桩运动一致,不同的是,坍塌体冲刷之后,双层木桩继续受到水流底部剪切力作用才被冲刷带走,如图10-7所示。

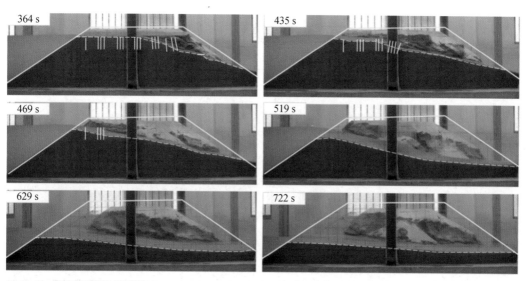

图10-6 单层木桩溃决特征图

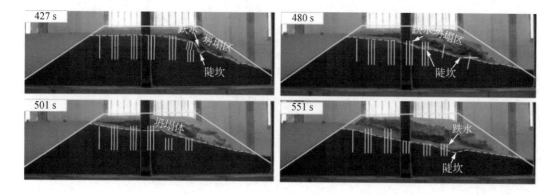

图 10-7　双层木桩溃决特征图

2）溃决流量

木桩加固堰塞坝的溃决流量如图 10-8 所示。本书以双层木桩工况溃决阶段进行划分，且每一个阶段与无加固措施、单层木桩工况的溃决曲线进行对比分析。

溃口形成阶段（0～501 s），刚开始曲线比较平缓，在达到第一阶段末尾，有一定范围的波动，与无加固措施（工况 3）和单层桩（工况 6）比较一致，不同是此阶段持续了 501 s，如图 10-8 所示，比无加固措施（工况 3）多了 165 s，比单层桩（工况 6）多了 65 s，说明木桩的存在，延长的时间随着木桩埋深加大而增加，主要原因是表面木桩对砂土具有挤密作用和抗冲刷作用。

溃口形成阶段（501～678 s），曲线呈现逐渐变大的，发展到最大，在峰值持续一段时间，随后快速下降。相对于无加固措施（工况 3）和单层桩（工况 6），曲线呈现"矮胖"型，且出现"双峰"的情况，峰值持续时间都比较长，最大峰值流量为 36 L/s，如图 10-8 所示，相较于无加固措施（工况 3），峰值流量下降了 25%，比单层木桩（工况 6）降低 12.5%，这说明泄流槽中的木桩使得峰值流量变低，峰值流量持续时间加长，且随着木桩的插入深度变深，泄洪效率更高。

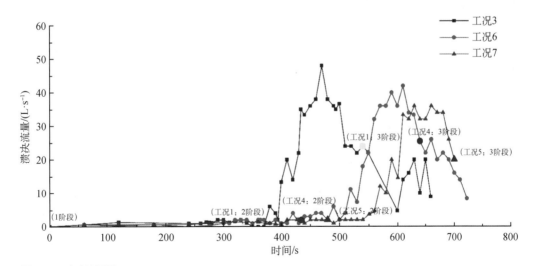

图 10-8　溃决流量图

注：工况 3 为无加固措施，工况 6 为单层加固措施，工况 7 为双层加固措施。

从溃决流量随时间的变化，我们得出：堰塞坝中的木桩对溃坝过程有一定的影响，能降低坝体的溃决流量及增加溃决时间。

3）溃口特征

溃口的深度和宽度发展如图 10-9 所示。本书以双层木桩工况溃决阶段进行划分，且每一个阶段与无加固、单层木桩的溃口深度、宽度曲线进行对比分析。

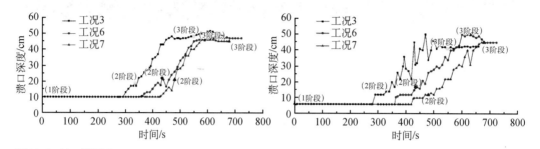

图 10-9 溃口发展图
注：工况 3 为无加固措施，工况 6 为单层加固措施，工况 7 为双层加固措施。

溃口形成阶段：这个阶段的溃口曲线初始阶段比较平稳，几乎没有变化，对应的水流进入泄流槽；随着时间的推移，曲线在一定的范围波动，溃口的深度变化 28 cm，比无加固措施（工况 3）多了 9 cm；溃口宽度发展为 12 cm，比无加固措施（工况 3）少了 2 cm，说明木桩在溃口形成阶段，主要对溃口加深起作用。

溃口发展阶段，这个阶段持续了 177 s，相较于无加固（工况 3）和单层桩（工况 6）的时间都比较短，溃口深度曲线变化跟单层桩（工况 6）比较一致，最终变化了 28 cm，如图 10-9 所示，溃口的平均下切速率为 0.158 cm/s，介于无加固措施（工况 3）和单层桩（工况 6）之间；溃口曲线呈现"梯形"发展，最终溃口的展宽为 33 cm，平均展宽速率为 0.186 cm/s，比无加固措施（工况 3）和单层桩（工况 6）相比都大，说明能木桩加快溃口的展宽。

从溃口变化与时间的关系曲线，我们得出：在溃口形成阶段，在坝体内的木桩减缓溃口深度和宽度的发展，主要是溃口深度增加；在溃口快速发展阶段，泄流槽前端的木桩能加快溃口下切和展宽速率，加大溃口展宽的速率。

4）残余坝体

残余坝体形态如图 10-10 所示，无加固措施（工况 3）和单层木桩（工况 6）残余坝体相似，表现为坝前到坝后坡逐渐下降的趋势，且变化的坡度较为平缓，而双层木桩（工况 7）的整体趋势为坝前坡有一段平缓，随后到坝后坡有 2 段转折点；坝前坡的高度，双层木桩（工况 7）＞单层木桩（工况 6）＞无加固措施（工况 3），说明木桩坝体前部有一定的保护作用。

4. 优化措施

根据试验结果分析，建议在坝体中前部布置双层木桩。原因如下：木桩能有效地降低峰值流量，增加峰值流量持续时间，且双层木桩较单层木桩更有效降低峰值流量，但是木桩的存在导致整个阶段溃口发展较为缓慢。通过分析观察，主要是在溃口阶段的持续时间较长，溃口尺寸发展速率较小，对峰值流量影响较少，结合木桩的运动机理，建议在坝体中前部分布置

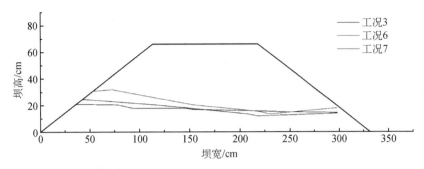

图 10-10　残余坝体形态图

注：工况 3 为无加固措施，工况 6 为单层加固措施，工况 7 为双层加固措施。

木桩；溃口发展阶段，木桩使得溃口的下切速率下降（双层桩＞单层桩），溃口展宽速率变大（双层桩＞单层桩），木桩的展宽速率大于下切速率，使得峰值流量降低（双层桩＞单层桩），说明木桩有效降低峰值流量主要发生在溃口发展阶段，且双层桩插入坝体内部深，抗冲刷能力强，作用时间长，在冲刷过程产生较多陡坎，同时减缓水流对坝体的下切作用、加快溃口的展宽速率比单层桩效果更明显，形成浅和宽的溃口，溃口内水位较浅从而使得峰值流量降低是由于溃口的横向展宽速率大于下切速率，且双层木桩的效果更好，因此在条件允许作用下，建议在坝体中前部布置双层木桩。

10.3.2　碎石土工袋加固技术

1. 研究背景

本书创新提出采用沙和砾石组成碎石土工袋。碎石土工袋透水性好，避免了坝前雍水，抗冲刷能力强，成串固定连接，能作用于整个溃决过程。堰塞坝处置中，碎石土工袋放在泄流槽的坝前坡的入水处，这样可以很好地保护入水口，引导水流从泄流槽中的导流槽中冲刷，达到对泄流槽加深和加宽的要求，从而很好地保护坝体。碎石土工袋一般用于保护河床，防止对河床进行冲刷及掏蚀；治理滑坡及泥石流，主要是用自重对坡脚进行保护及水流的冲刷。此外，碎石土工袋还有成本低、施工简单、材料易于获取、渗透性强、承担大范围的变形等优点。因此，本书利用纱的渗透性强、强度高、变形能力好的特点，故采用纱作为试验材料，放在坝前坡，保护坝体的进水口，设计在泄流槽中，降低溃坝后期水流的速度及对坝体的冲刷，达到降低峰值流量的目的。

2. 模型试验设计及方案

本书的模型坝体的形状及尺寸、检测点布置同图 10-2，坝体材料如图 10-3 所示。

本书将碎石土工袋布置在堰塞坝中，第一组工况是把碎石土工袋放在泄流槽底部；第二组工况在第一组相同基础之上，在泄流槽的坝坡处增加一串及坝顶处增加两排；第三组在第二组基础之上,在坝前坡增碎石土工袋,泄流槽底部及坝坡的 3 串碎石土工袋,分别在坝前坡增加 2 个碎石土工袋,在坝顶处的 2 串碎石土工袋,分别在坝前坡增加 3 个碎石土工袋,分别连成串;第四组工况的碎石土工袋布置跟第三组一样,不同的是泄流槽开挖的深度减少 60%,前三个工况如图 10-11—图 10-14 所示。试验工况见表 10-3。

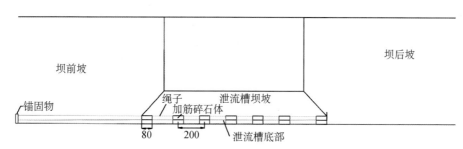

图 10-11　碎石土工袋在泄流槽底部的布置图

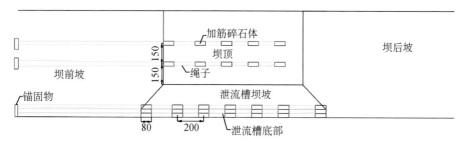

图 10-12　碎石土工袋在泄流槽底部、坡脚及坝顶的布置图

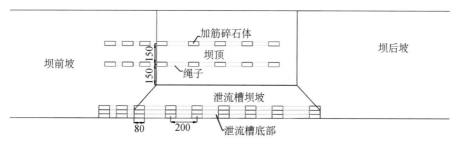

图 10-13　碎石土工袋在泄流槽底部及坡脚、坝顶、坝前坡的布置图

表 10-3　试验工况

工况	材料	布置措施
3	无	无
8	土工合成物	泄流槽的表面
9	土工合成物	泄流槽的表面、坡脚、坝体的顶部
10	土工合成物	泄流槽的表面、坡脚、坝体的顶部及坝前坡
11	土工合成物	泄流槽的表面、坡脚、坝体的顶部及坝前坡泄(流槽深度 4 cm)

注:本书选取工况 3(无措施)、工况 8～11(碎石土工袋)的内容进行编写。

(a) 碎石土工袋　　　　　　　　　(b) 碎石土工袋在泄流槽底部及坡脚、坝顶、坝前坡的布置图

图 10-14　碎石土工袋及布置图

3. 结果分析

本节分析的内容有溃决特征、溃决流量、溃口发展、残余坝体及物质运移等。其中, $t = 0\,\text{s}$ 表示以泄流槽过流为起点的时间;水位、溃口宽度等由相机记录得到;下泄流量由单位时间内的水位差乘以水面面积得到;选取坝体顶面中线点的截面对溃口发展进行分析。对溃决特征的描述,按照溃口和时间的顺序,分为溃口形成阶段(初始溃口开始过流到上游坝坡开始侵蚀为结束)、溃口发展阶段(从上游坝坡开始侵蚀到溃口基本不在变化)和河床再平衡阶段(溃口基本不在变化到坝体最终稳定)进行描述。

1) 碎石土工袋运动规律

本书设计的 4 组碎石土工袋工况在堰塞坝溃决过程中的运动规律基本一致,表现如下:在溃口形成时,泄流槽底部碎石土工袋末端受到水流下蚀作用,导致碎石土工袋整体下滑,碎石土工袋后面的斜坡发生坍塌,溃口横向变宽,碎石土工袋逐渐向斜坡一侧移动;在溃口发展时,坝顶处的碎石土工袋随着斜坡的失稳进入溃口中,由于水流的速率变大,碎石土工袋逐渐悬浮在水中,在泄流槽的中前部、中后部和坝后坡开始形成较大的陡坎。

选取其中工况 9(碎石土工袋布置在泄流槽底部、坡脚及坝顶)的溃决特征进行详细分析,如图 10-15 所示。

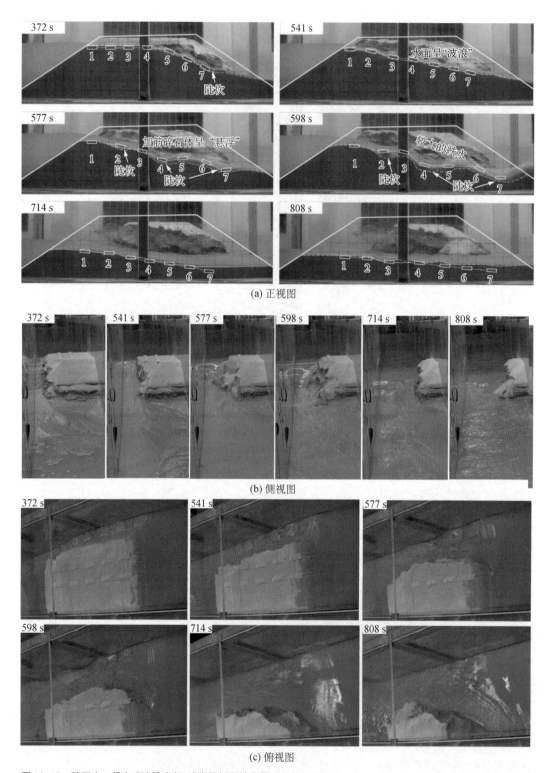

(a) 正视图

(b) 侧视图

(c) 俯视图

图 10-15　碎石土工袋在泄流槽底部、坡脚及坝顶的布置溃决特征图

　　溃口形成阶段(0~541 s)。0~240 s,水流开始缓慢地从泄流槽前端移动到泄流槽末端,溃口的深度和宽度基本上没有什么变化,且溃决流量在小范围波动,溃决流量低于进水流量,基本上 1 L/s。在 240~372 s,水流开始在泄流槽的坡脚处发生冲刷成槽,冲刷的物质在坝后坡堆积,随后在坝后坡形成陡坎、陡坎前移,水流不断对泄流槽末端 7 号碎石土工袋进行冲刷,导致碎石土工袋下落到陡坎的前缘,水流经过碎石土工袋发生跌水现象,并且在碎石土工袋后方发生坍塌;随着陡坎的前移,水流继续对泄流槽末端前面 6 号碎石土工袋进行下蚀,导致 6 号碎石土工袋下落到陡坎的前缘,且这两个碎石土工袋发生跌水现象,如图 10-15(a)对应的 372 s 的正式图,溃口宽度和深度开始变成上升的趋势,而此阶段的溃决流量基本上在平稳的波动。在 372~541 s,水流继续对碎石土工袋冲刷,往复进行到泄流槽前端的碎石土工袋,此时溃口已经形成,水流经过每一个碎石土工袋,在碎石土工袋末端发生跌水现象,且形成较小的陡坎,形成类似于波浪的水面,如图 10-15(a)对应的 541 s,此阶段溃口宽度得到较大的发展,如图 10-15(b)、图 10-15(c)所示,溃口的形状为矩形。

　　溃口发展阶段(541~714 s)。在 541~577 s,水流刚开始经过碎石土工袋形成较小陡坎,水流不断地对碎石土工袋底部进行下蚀,随着斜坡不断地坍塌,水流速度逐渐变大,碎石土工袋逐渐在水流中呈现悬浮状态,溃口通道上形成 3 个较大的陡坎,分别位于坝前坡、坝体中后部、坝后坡,且坝体中后部、坝后坡的陡坎大小基本相同,而坝前坡的陡坎较小,如图 10-15(a)对应的 577 s,此阶段的溃口形状呈现两边大、中间小的特点,如图 10-15(b)和(c)对应的 577 s;在 577~598 s,溃口的流量不断地增大,水流继续冲刷坝体底部,碎石土工袋悬浮的高度不断地增加,在坝体内形成的三个陡坎不断地变大,期间伴随着斜坡的坍塌,坝后坡的陡坎>坝中后部>坝前坡,溃口的宽度变化较小;在 598~714 s,随着坝前水位的降低,碎石土工袋开始下落到溃口底部,斜坡不断地坍塌,在坝体上逐渐形成 2 个陡坎,一个处于坝体的中后部,另外一个位于坝前位置,陡坎的大小逐渐变小,如图 10-15(a)所示的 714 s,溃口形状为矩形,如图 10-15(c)所示。

　　河床再平衡阶段(714~808 s)。表现为溃口基本不再变化,此时溃口宽度和深度几乎平缓的变化。

　　2) 溃决流量

　　为了进一步探究碎石土工袋对溃决过程的影响,分别分析溃口特征、峰值流量、溃决历时,列出如表 10-4 所示。

表 10-4　试验不同位置的碎石土工袋对溃口及峰值流量的影响

工况	泄流槽深度/cm	溃口的深度/cm	溃口的宽度/cm	溃决历时/s	溃口平均下切速率/(cm·s⁻¹)	溃口平均展宽速率/(cm·s⁻¹)	峰值流量/(L·s⁻¹)
3	10	48	41	549	0.069	0.063	48
8	10	45	50	698	0.050	0.063	38

（续表）

工况	泄流槽深度/cm	溃口的深度/cm	溃口的宽度/cm	溃决历时/s	溃口平均下切速率/(cm·s⁻¹)	溃口平均展宽速率/(cm·s⁻¹)	峰值流量/(L·s⁻¹)
9	10	46	53	714	0.050	0.066	34
10	10	38.5	57	855	0.033	0.060	28
11	4	38	80	684	0.041	0.108	50

注:本书选取工况 3(无措施)、工况 8(碎石土工袋布置在泄流槽的表面)、工况 9(碎石土工袋布置在泄流槽的表面、坡脚、坝体的顶部)、工况 10(碎石土工袋布置在泄流槽的表面、坡脚、坝体的顶部及坝前坡)、工况 11[碎石土工袋布置在泄流槽的表面、坡脚、坝体的顶部及坝前坡(泄流槽深度减少 60%)]的内容编写。

　　本书为了对比不同位置的碎石土工袋对堰塞坝溃决流量的影响,分别将各个工况的碎石土工袋与无加固的堰塞坝进行对比,如图 10-16 所示。除了泄流槽开挖量减少 60%的加筋碎石袋工况,其他 3 组工况曲线基本呈现一致的规律:在溃口形成阶段,曲线刚开始比较平稳地发展,随后在一定的范围内波动,曲线的走势基本和无加固措施(工况 3)一致,不同的是碎石土工袋的工况在此阶段用时长,且随着泄流槽中碎石土工袋的数量增加而增加,主要是在泄流槽内布置碎石土工袋对泄流槽底部及坡脚起保护作用,坝前坡的碎石土工袋阻碍了水流对坝前坡的破坏,从而减缓溯源侵蚀的速度,延长了溃口贯通的时间;在溃口发展阶段,刚开始溃决流量曲线快速增长,达到峰值后,在峰值附近持续一段时间,随后缓慢下降。相对比无加固措施的堰塞坝,曲线的上升速率和下降速率都相对较小,曲线在峰值持续时间较长,呈现"矮胖"类型,坝前

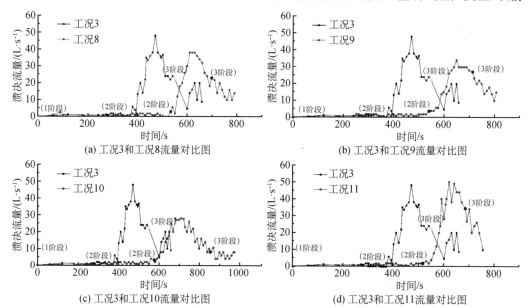

(a) 工况3和工况8流量对比图　　　　　　(b) 工况3和工况9流量对比图

(c) 工况3和工况10流量对比图　　　　　(d) 工况3和工况11流量对比图

图 10-16　碎石土工袋加固各组工况与无加固的堰塞坝溃决流量对比

注:本书选取工况 3(无措施)、工况 8(碎石土工袋布置在泄流槽的表面)、工况 9(碎石土工袋布置在泄流槽的表面、坡脚、坝体的顶部)、工况 10(碎石土工袋布置在泄流槽的表面、坡脚、坝体的顶部及坝前坡)、工况 11[碎石土工袋布置在泄流槽的表面、坡脚、坝体的顶部及坝前坡(流槽深度减少 60%)]的内容编写。

坡、泄流槽底部及坝顶布置碎石土工袋峰值降低流量(工况 10)42％大于泄流槽底部及坝顶布置碎石土工袋峰值流量降低 29％(工况 9),大于泄流槽底部布置碎石土工袋峰值流量降低 20％(工况 8),说明坝前坡、泄流槽底部及坝顶施加碎石土工袋,降低峰值效果更加明显。

下面分析泄流槽开挖量减少 60％的加筋碎石袋工况(工况 11),此工况曲线基本上与无加固的堰塞坝曲线一致,峰值流量比无加固的堰塞坝增加 4％,说明减少开挖泄流槽的深度,在泄流槽内部、坝顶和坝前坡增加碎石土工袋的防护,能保持峰值流量和正常开挖深度基本上一致,从而减少了施工的困难。

3)溃口特征

为了分析不同位置的碎石土工袋对堰塞坝溃口的影响,分别将各个工况的碎石土工袋的溃口宽度、深度特征与无加固的堰塞坝进行对比,如图 10-17 和图 10-18 所示。

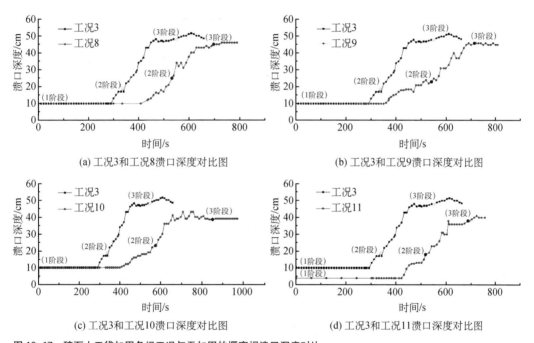

(a) 工况3和工况8溃口深度对比图　　　　　(b) 工况3和工况9溃口深度对比图

(c) 工况3和工况10溃口深度对比图　　　　　(d) 工况3和工况11溃口深度对比图

图 10-17　碎石土工袋加固各组工况与无加固的堰塞坝溃口深度对比

从溃口深度、宽度特征图可以得出以下规律:碎石土工袋的溃口变化规律基本上一致:碎石土工袋工况溃口最终的深度随碎石土工袋数量增加而降低,溃口最终宽度随着碎石土工袋的数量增加逐渐下降;碎石土工袋减缓溃口平均下切速率,坝前坡、泄流槽底部及坝顶布置碎石土工袋降低得最为明显,而对溃口平均展宽速率影响相对较小,溃口平均展宽速率大于溃口平均下切速率,说明碎石土工袋在溃决过程减缓了溃口的下降速率,使得溃口往横向发展,溃口尺寸由"窄而深"的形态转变为"宽而浅",更有利于泄洪。

4. 原因及优化建议

根据试验现象和检测数据,分析碎石土工袋降低溃决流量的原因如下:在碎石土工袋作用

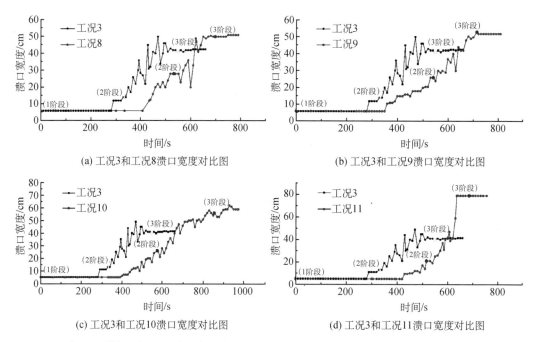

图 10-18　碎石土工袋加固各组工况与无加固的堰塞坝溃口宽度对比

注：本书选取工况 3(无措施)、工况 8(碎石土工袋布置在泄流槽的表面)、工况 9(碎石土工袋布置在泄流槽的表面、坡脚、坝体的顶部)、工况 10(碎石土工袋布置在泄流槽的表面、坡脚、坝体的顶部及坝前坡)、工况 11〔碎石土工袋布置在泄流槽的表面、坡脚、坝体的顶部及坝前坡(流槽深度减少 60%)〕的内容编写

下,溃决前期是陡坎侵蚀,陡坎数量多,在溃决后期形成"深潭"的特征,主要是由于溃口初期,碎石土工袋对水流的阻碍作用,导致水流越过碎石土工袋,在加筋碎体后面产生陡坎;在溃口后期,碎石土工袋抗冲刷能力强,成串连接的整体性较好,改变水流的方向,水流对碎石土工袋下方产生较大的冲刷并形成"深潭"现象;有效地降低峰值流量,最大幅度可达 42%,碎石土工袋透水性好、抗冲刷能力强,成串连接,作用于整个溃决过程,加快溃口横向发展速率,且展宽速率大于下切速率,形成宽而浅的溃口类型,溃口水位低,从而很好地降低峰值流量。

　　按照峰值流量和峰值流量持续时间判断标准,碎石土工袋布置在坝前坡、泄流槽底部及坝顶的泄洪效果最好。在溃口发展阶段,坝前坡布置碎石土工袋减缓溃口的发展速率效果最好,坝前坡的碎石土工袋使得溃口形状逐渐向"浅、宽"方向发展,增加泄洪量,同时对坝前坡进行保护,使得泄洪曲线向"矮胖"型发展。

　　根据前面的研究结论,得出坝顶和坝前坡的碎石土工袋是影响溃决因素的敏感参数,因此,将来研究方向将如何优化布置碎石土工袋。

10.3.3　红石岩堰塞坝加固案例分析

　　基于堰塞坝"减灾兴利、整治利用"的治理理念,红石岩堰塞坝被成功加固成一座大型综合水利工程。红石岩堰塞坝具有防洪、灌溉、发电等功能,也成为世界第一座"应急抢险—后续处置—整治利用"的水利枢纽工程,且在 2019 年已成功运行。先期学者针对红石岩堰塞坝应急处置措施研究得较多,后面逐渐针对红石岩堰塞坝的长期处置开始探究,其中,张宗亮(2016,2020)和何宁等(2021)从红石岩堰塞坝的长期整治关键技术、高陡岩质边坡的整治措施、混凝土防渗墙的长期变形等方面进行较为全面的分析,本书主要参考张宗亮团队的研究成果分析红石岩堰塞坝加固的措施。下面从红石岩堰塞坝应急抢修措施、长期加固技术两个方面进行分析(张宗亮 等,2020)。

1. 应急抢修措施

2014 年中国云南省昭通市鲁甸县发生 6.5 级地震导致特大型滑坡阻塞牛栏江干流,形成红石岩堰塞坝(详细介绍见本书第 11 章)。堰塞体位于红石岩水电站和厂房之间,距离红石岩水电站大坝下游 600 m 处,如图 10-19 所示。物质来源主要是右岸边坡的崩滑体,左岸也有少量的物质,岩质是强风化白云岩,以碎块石为主的堆积物,巨石体约占到 10%,大于30 cm 的块石约占 30%,10～30 cm 的块石约占 40%,小于 10 cm 的块石约占 20%(黄启名等,2014)。坝顶最大高程约 1 222 m,堰塞坝最大坝高约 103 m,垂直水流方向宽约 307 m,坝顺水流方向长约 911 m,上游综合坡比约 1∶2.5,下游综合坡比 1∶5.5(图 10-20)(张宗亮等,2020)。

图 10-19　堰塞体平面位置图(引用,黄启名等《云南鲁甸"8.03"地震红石岩堰塞湖应急处置的回顾与思考》图 2)

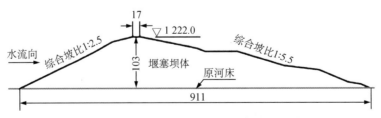

图 10-20　红石岩堰塞坝概述(引用,张宗亮等《红石岩堰塞坝应急处置与整治利用关键技术》图 1)

针对红石岩堰塞坝的特点,经过综合研判,采取的应急抢修措施包括工程措施和非工程措施。非工程措施主要包括对人民群众进行疏散、安置工作;加强对堰塞湖上下游水文监测,进行预警预报;通过堰塞湖下游的天花板和黄角树水电站进行泄流;组织相关人员进行堰塞坝处置方案等。

工程措施主要如下:

(1) 爆破拆除调压井施工支洞。为了减缓堰塞湖水位上涨,开启引水隧道末端调压井,爆破拆除调压井支洞堵头检修门,进入门后下泄流量约 $60 \text{ m}^3/\text{s}$,堰塞湖湖面高程稳定在 1 180 m 左右,为后期处置方法争取时间。

(2) 开挖泄流槽。红石岩堰塞坝进行两次泄流槽开挖,第一次是将泄流槽开挖至底板标高为 1 214 m,底宽为 5 m,深度为 8 m,坡比为 1∶1.5(8 月 12 日),可抵御五年一遇洪水;第二次是继续将泄流槽开挖至底板标高为 1 208 m,底宽为 5 m,坡比为 1∶1.5,增强泄流槽的泄洪量。

(3) 开凿泄洪洞。在堰塞坝右岸开凿长度为 280 m、洞径为 7.5 m×7.5 m 的泄洪洞,隧道底部坡率约为 2.89%,并与原红石岩水电站引水隧洞连通,此时泄洪流量可达 840 m^3/s。

2. 长期加固技术

红岩石堰塞坝在应急处置措施之后,堰塞湖危险性、泄流流量依然严峻;地震引起的堰塞湖周围地质灾害问题突出,为了更好地整治和利用堰塞坝,因此,需要整治滑坡体的高边坡、堰塞坝体的加固,在右岸建立溢洪洞及将原红石岩引水隧洞改建为泄洪冲沙洞等措施。

1) 高边坡加固技术

第一阶段采用无人机测绘、三维激光扫描技术、地质调查,根据坡顶的裂缝程度、边坡的危险性,对坡顶稳定性进行分区评价,划分为 3 个区域:Ⅰ区为边坡不稳定、Ⅱ区为边坡稳定差、Ⅲ区为边坡基本稳定。第二阶段采用摄影技术识别危岩体,从而建立精度达到 2 cm 的三维地质模型。该方法主要针对勘察人员无法到达陡崖进行地质素及勘察手段无法实施的情况。

根据勘察获取的数据,结合有限元分析,提出下面的治理措施:对Ⅰ区、Ⅱ区边坡采用削坡处理、清除危险性岩体;局部采用预应力锚索增加边坡的稳定性;防护坡面及坡面排水措施;同时在边坡布置检测点进行长期变形监测。

2) 堰塞体加固

采用常规的钻探和物探手段,获取堰塞体和左岸的古滑坡的物质组成,为了精准查明堰塞体的物质组成,在堰塞坝顶部布置 3 个大直径的勘探竖井,到达基岩。

根据勘察结果、渗透试验,讨论上游坡面防渗、混凝土防渗墙等方面的问题,最后选取堰塞坝防渗墙及古滑坡体帷幕灌浆组合防渗方案。主河床段设置防渗墙,防渗墙轴线沿堰塞坝顶部布置,总长 267 m,墙厚 1.2 m,最深的位置可达 137 m;左岸堆积开挖灌浆洞及帷幕灌浆,最深的范围为 90 m 左右;右岸崩塌体边坡内设灌浆洞,洞内设单排帷幕,如图 10-21 所示。

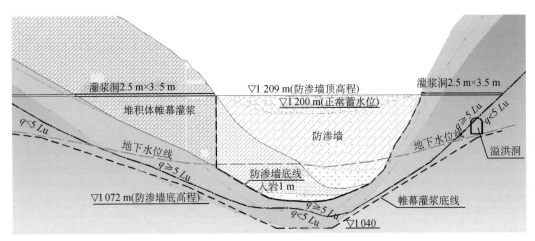

图 10-21　红石岩堰塞坝概述(引用,张宗亮等《红石岩堰塞坝应急处置与整治利用关键技术》图 8)

3) 右岸建立溢洪洞

由于设计导流隧洞的泄洪量仅为五年一遇的全年洪水,因此,堰塞坝作为永久挡水建筑物,参考全年百年一遇洪水设计标准,选择在右边建立长约 1.2 km,断面 14 m×21 m 的稳城门洞形,由引渠段、闸室段、无压洞段及出口鼻坎段组成。最大泄洪流量可为 3 742 m³/s。

4) 原红石岩引水隧洞改建为泄洪冲沙洞

泄洪冲沙洞具有汛期下泄洪水、冲沙等功能,全长可到 1 659 km,断面直径为 7.6 m 的圆形有压洞,由进水塔、有压隧洞段、出口工作闸室及挑流鼻坎构成。

参考文献

陈敏,2019.金沙江白格堰塞湖处置中水库应急调度经验与启示[J].人民长江,50(3):10-14.

陈晓清,赵万玉,高全,等,2011.人工结构体控制堰塞湖溃决洪峰的试验与设计[J].西南交通大学学报,46(2): 228-233.

陈晓清,赵万玉,高全,等,2011.堰塞湖溃决人工结构体滞洪效果实验研究[J].山地学报,29(2):217-225.

陈晓清,崔鹏,赵万玉,等,2010."5·12"汶川地震堰塞湖应急处置措施的讨论——以唐家山堰塞湖为例[J].山地学报,28(3):350-357.

黄启平,周海慧,易玉平,2014.云南鲁甸"8.03"地震红石岩堰塞湖应急处置的回顾与思考[J].大坝与安全(5):5.

何宁,何斌,张宗亮,等,2021.蓄水初期红石岩堰塞坝混凝土防渗墙变形与受力分析[J].岩土工程学报,43(6): 1125-1130.

刘蒨,2008.日本 2004 年中越地震堰塞湖的治理[J].水利水电技术,39(7):100-102.

王绍志,舒远华,郎学友,2015.水库联合调度在堰塞湖排险处置中的作用研究[J].人民长江,46(10):74-76,90.

吴莉民,2019.排水松木桩处理软黏土地基界面强度特性室内模型试验[D].上海:东华理工大学.

徐轶,何良金,张丽霞,2021.堰塞湖应急处置工程措施及典型案例分析[J].水利水电快报,42(3):49-54.

张宗亮,张天明,杨再宏,等,2016.牛栏江红石岩堰塞湖整治工程[J].水力发电,42(9):4.

张宗亮,程凯,杨再宏,等,2020.红石岩堰塞坝应急处置与整治利用关键技术[J].水电与抽水蓄能,6(2):11.

SCHUSTER R L, EVANS S G, 2011. Engineering Measures for the Hazard Reduction of Landslide Dams[M]. Springer Berlin Heidelberg.

SATTAR A, KONAGAI K, 2012. Recent Landslide Damming Events and Their Hazard Mitigation Strategies[M]. InTech.

YANG X, YANG Z, CAO S, et al, 2010. Key techniques for the emergency disposal of Quake lakes[J]. Natural Hazards, 52(1): 43-56.

第11章
红石岩堰塞坝快速评估及应急措施评价

2014 年 8 月 3 日,云南省昭通市鲁甸县(27.1°W,103.3°E)发生 6.5 级地震,在原红石岩水电站枢纽与厂房之间发生滑坡堵江,形成红石岩堰塞坝。该堰塞湖地处金沙江下段右岸一级支流牛栏江下段,径流面积 11 832 km²,总库容可达 2.6×10⁸ m³,上游回水长度 25 km,红石岩堰塞湖被确定为大型堰塞湖,堰塞湖的坝体高超过 70 m,风险等级为 Ⅰ 级(刘宁,2014)。由于堰塞湖形成时还处于主汛期,再遇流域内强降雨时,堰塞湖内水位将迅速上升,严重威胁下游地区人民的生命财产及安全。后经工程处置措施和非工程措施,降低了堰塞坝的风险,由于坝体主要以碎块石为主,为其后期的开发利用奠定了基础。

本章详细介绍了红石岩堰塞坝的基本情况、溃决风险、应急处置措施,并对比分析不同泄流槽开挖方案对溃决流量的影响,着重介绍研究团队对红石岩堰塞坝溃决参数及洪水演进的相关预测结果,为堰塞坝案例的处置开发提供参考。

11.1 堰塞坝形成背景条件

2014 年 8 月 3 日 16 时 30 分,云南省昭通市鲁甸县发生 6.5 级地震,震源深度 12 km。截至 8 日 15 时,地震造成 108.84 万人受灾,617 人死亡,112 人失踪,3 143 人受伤,22.97 万人被紧急转移安置。地震造成山体滑坡 1 050 余处,其中火德红乡红石岩地区的特大型滑坡造成了堰塞湖(石振明 等,2016)。

11.1.1 区域地质环境

鲁甸震区地处川滇块体东侧的凉山次级活动块体南缘的昭通—莲峰断裂带内,属于青藏高原东缘南北地震带的中南段,是中国大陆内部地震活动最强的地区之一(常祖峰 等,2014)。昭通—莲峰断裂带主要由昭通—鲁甸、莲峰两条 NE 向断裂组成,是在古生代与四川盆地的华蓥山断裂带同期发育,中生代进一步发展的以挤压逆冲为主的区域性大断裂带(图 11-1)。

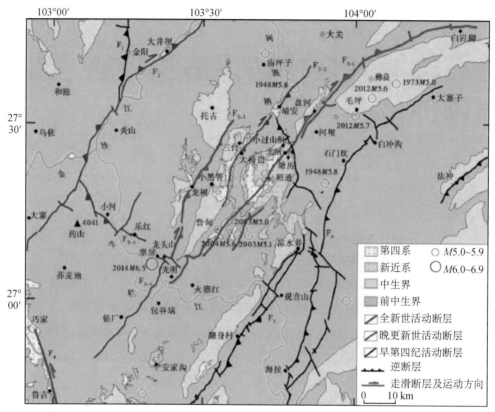

图 11-1　区域地质构造图(常祖峰 等,2014)

　　区域地貌上,该地区属于云贵高原向四川盆地倾斜过渡地带,新生代以来该地区一直处于构造隆升状态,新构造运动强烈。与区域构造隆升相伴而生的地貌过程,是金沙江及其支流强烈的下蚀作用,形成了高山峡谷相间、河谷深切、高差巨大的地貌景观。区域内,山地海拔一般在 2 500~3 000 m,河谷海拔一般在 1 000 m 至数百米,最高点与最低点海拔的最大落差达 3 540 m。金沙江支流牛栏江流域,地形切割深度达 1 200~3 300 m,沿江两岸形成陡立的嶂谷和隘谷地貌。境内山高谷深、地形陡峻,滑坡、崩塌、滚石等下坡运动普遍发育(常祖峰等,2017)。

11.1.2　区域水源条件

　　牛栏江流域位于滇东北高原区,气候上属昆明准静止锋区,平均年降水量为 770~1 500 mm,雨量充沛,汛期多暴雨和特大暴雨,形成的洪水过程多为多峰矮胖型,一次单峰洪水过程历时为 7~10 d,一次复峰洪水过程历时为 15~20 d,为堰塞湖的形成提供了丰富的水源条件(刘建康 等,2016)。根据水电站设计资料分析,坝址处年平均流量为 133 m³/s,汛期平均流量为 267.4 m³/s,丰水年汛期每月 10 个最大日均流量的平均流量为 501 m³/s,年径流总

量为 $41.94 \times 10^8 \ \text{m}^3$（刘国贵 等,2005）。根据红石岩水电站的设计水文计算结果,坝址处 50 年一遇洪峰流量为 $3\,430 \ \text{m}^3/\text{s}$,500 年一遇的洪峰流量为 $5\,700 \ \text{m}^3/\text{s}$（刘国贵 等,2005）。

由于牛栏江河床急剧下切,两岸边坡陡峻,崩滑流地质灾害频发;此外,受人类活动影响,流域内植被稀少,水土流失严重。据水文站观测资料统计,堰塞湖坝址处多年平均悬移质输沙量 $1\,213 \times 10^4 \ \text{t}$,推移质约 $181.95 \times 10^4 \ \text{t}$,多年平均每年输沙模数 $100 \ \text{t/km}^2$,来沙集中于汛期,$6 \sim 9$ 月输沙量占全年的 92.5%（刘国贵 等,2005）。

11.1.3　红石岩滑坡概况

红石岩滑坡位于云南省昭通市鲁甸县火德红乡李家山村和巧家县包谷垴乡红石岩村交界处,牛栏江右岸,距离震源中心 1.5 km,是典型的在地震作用下失稳而发生的岩质滑坡（曹文,2017）。

1. 地质概况

1）地形地貌（陈晓利 等,2015）

红石岩滑坡体位于原红石岩水电站枢纽与厂房之间,该区域属于以构造剥蚀、溶蚀为主的中高山峡谷区,两岸谷深坡陡,山体与河谷地形高差大,可达 $800 \sim 1\,000 \ \text{m}$。牛栏江由南东流向北西,河谷横剖面呈 V 形,河床宽约 100 m,高程约 1 120 m,少有河滩阶段。基岩多裸露,左岸原地形坡度为 $35° \sim 55°$,近河床段坡高 $200 \sim 220 \ \text{m}$;右岸原地形坡度为 $50° \sim 60°$,局部为 $70°$ 以上的陡崖,近河床段边坡高度约 600 m。

2）地层岩性（曹文,2017）

枢纽区出露地层主要为奥陶系（O）、泥盆系（D）、二叠系（P）地层及第四系（Q）的覆盖层,岩性由老至新分述如下。

（1）奥陶系（O）：①下统红石崖组（O_1h）,为灰绿、棕红色页岩夹薄层砂岩,厚度 $114 \sim 287 \ \text{m}$;②下统下巧家组（O_1q）,下部为灰白色细粒石英砂岩夹泥质粉砂岩,上部为灰色生物碎屑白云岩夹灰岩,厚度 $96 \sim 154 \ \text{m}$;③中统上巧家组（O_2q）,为页岩、细砂岩夹灰岩和鲕状赤铁矿,厚度 $60 \sim 166 \ \text{m}$。

（2）泥盆系（D）：中统曲靖组（D_2q）,为灰黑色白云岩、泥质白云岩夹白云质泥岩及砂页岩,厚度约 250 m。

（3）二叠系（P）：①下统梁山组（P_1l）,上部为中粗粒石英砂岩、灰色页岩夹灰岩、砂砾岩及劣煤层,下部为紫灰、姜黄色粉砂质泥岩夹多层灰岩,厚度为 $8 \sim 228 \ \text{m}$;②下统栖霞组（P_1q）,为浅灰色灰岩夹部分灰质白云岩,厚度 $114 \sim 327 \ \text{m}$;③下统茅口组（P_1m）,为深灰色灰岩夹部分灰质白云岩,厚度为 $220 \sim 326 \ \text{m}$。

（4）第四系（Q）：①崩塌堆积层（Q_{col}）,以堰塞体为代表,最大厚度约 103 m,组成松散,分上部(Q_{col-1})和下部(Q_{col-2})两层,上部(Q_{col-1})为孤石、块石夹碎石,有少量砂土,下部(Q_{col-2})为块石、碎石混粉土或粉土夹碎块石;②坡积层(Q_{dl}),为灰褐、褐黄色粉土夹碎石,厚度一般小于 5 m;③滑坡堆积层(Q_{del}):为灰褐、褐黄色碎石土夹孤石、块石,堰塞体左岸滑坡堆积物最大厚度估计大于 100 m。

3)水文地质

滑坡区位于鲁甸县牛栏江下游,堰塞体坝址控制流域面积约 1.2 万 km²,其下游为天花板水电站,上游为小岩头水电站,发电厂房位于坝址下游约 1.5 km 沙坝河汇口以上的右岸,坝厂址之间两断面之间没有较大支流汇入(曹文,2017)。经调查,研究区内地壳隆起迅速,牛栏江以 S60°E~N15°W 流经研究区,下切侵蚀强烈,河道平均坡降达 8.7‰,两岸地下水皆向牛栏江排泄,两岸山体地下水赋存形式以基岩裂隙水为主(刘传正 等,2016)。

2. 形成机制

通过对红石岩崩滑体的地质地貌、岩性等条件的分析,该崩滑体的形成主要经历了 3 个阶段(常祖峰 等,2017)。

1)裂缝形成阶段

在 P 波到达时,岩体强烈震动,在临空面存在的条件下岩体内先存的顺河向节理、卸荷裂隙[图 11-2(a)中红色线条]以及横河向节理进一步张裂、贯通,在垂向上分割出不同的块体。

2)拉裂解体阶段

在 S 波到达后,地面水平运动加剧。因斜坡上部位移大而下部位移小,层间将会发生相对运动,最终导致上部岩块相对于下部岩块逐级滑移、脱出,并伴随着层面之间的滑移运动,层间的接触面(层理)逐步裂解、延展。在上一阶段的基础上,岩体沿层间节理[图 11-2(b)中绿色线条]进一步发展,切割垂直方向的块体,形成纵横立体交叉的岩石块体。

实际上本阶段与裂缝形成阶段相互交叉,几乎难以区分,只是由于地震时斜坡顶部张应力较大,P 波到达较早,因此裂缝形成阶段稍早,但在本阶段的发展过程中,始终穿插垂直裂缝的张裂作用。

3)倾倒坍塌阶段

前两个阶段形成的岩石块体逐渐碎裂并失去稳定,向坡下倾倒坍塌,并沿软弱地层构成的滑面下滑倾倒在河谷中。该阶段是快速运动、块体间相互碰撞碎裂的过程,最后形成大小不一的块体和粉末状堆积体。

3. 滑坡特征

图 11-3 为红石岩滑坡区的地形图,牛栏江左岸为古滑坡,右岸为红石岩滑坡。从剖面图(图 11-4)中可以看出,滑坡前坡高近 700 m,局部为陡崖,坡度为 70°~80°。滑坡体岩性主要为奥陶系中统巧家组、泥盆系及二叠系的白云岩、白云质灰岩、砂泥岩、页岩。岩体节理、裂隙发育,坡体上部卸荷裂隙发育。在滑坡源处,岩体以崩塌为主,向下岩体运动形式表现为滑动

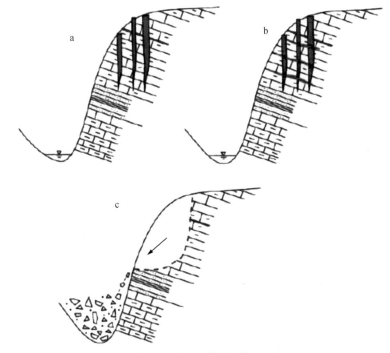

图 11-2　红石岩崩滑体形成机制示意图（常祖峰 等，2017）

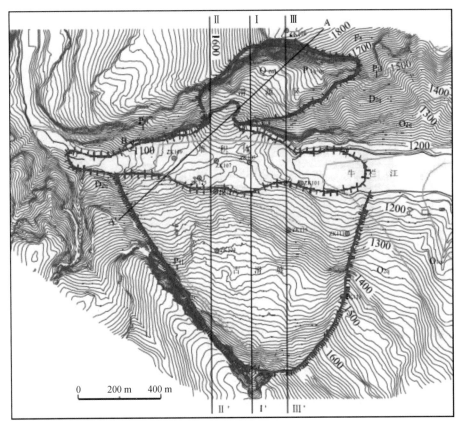

图 11-3　红石岩滑坡地形图（曹文，2017）

特点,滑坡在垂直方向上位移较大,但是由于"V"形河谷地形条件的限制,没有形成长距离碎屑流,滑坡体崩塌物质都堆积在河道中,成为堰塞体的主要组成部分。

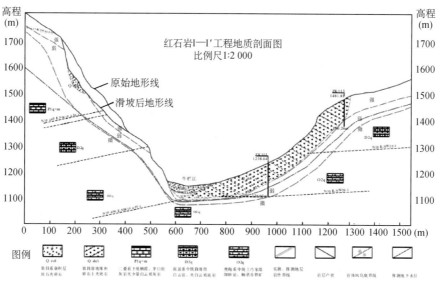

图 11-4　红石岩 I—I′地质剖面图(曹文,2017)

根据滑坡物源分布以及运动堆积特征,可将整个滑坡区分为滑源区(包括滑塌区Ⅰ和滑塌区Ⅱ)、稳定区和堆积区,如图 11-5 所示。

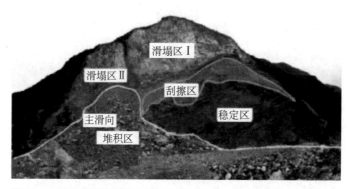

图 11-5　红石岩滑坡正面图(刘传正 等,2016)

1)滑源区特征

滑塌区Ⅰ分布于高程 1 840～1 350 m,坡高近 500 m,宽度约 860 m,坡度为 50°～80°,上部为厚层、巨厚层状白云岩、白云质灰岩,岩体节理、裂隙发育,下部为中层状、薄层状砂泥岩、页岩,岩质边坡上部较硬,下部含有软弱层,风化强度高,坡面卸荷裂隙发育,倾倒变形明显。滑塌区Ⅱ分布于滑源区下部,高程为 1 610～1 320 m,岩体结构与滑塌区Ⅰ相近,坡体结构呈上硬下软的岩质边坡,风化强度高,岩质边坡卸荷裂隙发育,倾倒变形明显,下部夹杂软弱夹层,成分为泥质粉砂岩(图 11-6)。

图 11-6　红石岩崩滑体的岩体结构(常祖峰 等,2017)

2) 稳定区特征

稳定区分布于高程 1 450～1 180 m,主要为灰黑色白云岩、泥质白云岩夹白云质泥岩及砂页岩,岩体强度高,整体稳定性好,形状较为凸出,因此滑塌区 I 的部分岩体从其顶部划过,在该区顶部形成范围较大的刮擦区,擦痕明显(图 11-7)。

图 11-7　刮擦区擦痕(刘传正 等,2016)

3) 堆积区特征

红石岩崩滑体与左岸古滑坡部分崩塌一起,阻断牛栏江形成堰塞体(图 11-8)。堰塞体向河道两侧的扩展非常有限,顺河流方向呈长条状分布,坝体顶部呈马鞍型,右岸高,左岸低,右岸边缘为崩滑岩石堆积体。平面投影上坝体最长 1 000 m,宽 270 m,坝体顶部顺河向平均宽度约 262 m,横河向平均长度 300 m,投影面积 8×10^4 m^2。堰塞体迎水面最低点高程为

1 222 m,坡度较陡,平均坡比约 1∶2.5;下游最低点高程为 1 091.7 m,下游面平均坡比约
1∶5.5。1 222 m 高程的顶宽约 17 m,顺河向底宽约 910 m,沿 1 222 m 高程的坝轴线长度约
307 m。坝顶高程 1 216 m,坝底高程 1 100 m,坝体高约 120 m。

图 11-8　红石岩堰塞体(Shi et al., 2017)

　　堰塞体为快速倾倒崩滑,以碎块石为主,块径 50 cm 以上的约占 50%,2～50 cm 的约占
35%,2 cm 以下的约占 15%。碎块石成分均主要为弱、微风化、新鲜白云质灰岩、白云岩。堰
塞体渗流量较小,初步判断高程 1 180 m 以下堆石体级配基本连续,密实度较高;堰塞体表层
为大块石堆积,细颗粒较少,存在架空现象。

　　根据上述红石岩滑坡的数据信息,可以得到红石岩堰塞坝的坝体特征预测所需影响因素
参数取值(表 11-1),应用第 3 章 V 形谷中坝体形态特征预测模型(表 3-4),计算得到红石岩
坝体的各几何参数,见表 11-2。通过比较红石岩堰塞坝的实际几何参数值和预测模型的计算
值,可以进一步验证 V 形谷的坝体形态特征预测模型能较为准确地反映 V 形谷中崩滑型堰
塞坝的几何形态,可以在堰塞坝灾害的早期识别和预测中提供一定的参数指导。

表 11-1　红石岩堰塞坝坝体特征预测所需参数

参数	V_l/m^3	W_l/m	W_0/m	H_l/m	$\varphi/(°)$	$\alpha/(°)$	$\gamma/(°)$	H_v/m
取值	$1.2×10^7$	860	200	490	38	50	50	250

表 11-2　红石岩堰塞坝几何参数实际值与预测值比较

参数	坝高/m	坝宽/m	坝长/m
实际值	120	1 000	300
预测值	145	1 034	295
相对误差	20.8%	3.4%	1.7%

通过将表 11-1 中参数代入 V 形谷坝体结构特征预测模型(表 3-18),可得到坝体四个区域的颗粒组成和分布的相对关系,即 $D_{OU}^* < D_{OD}^* < D_{SU}^* < 1 < D_{SD}^*$,意味着相对于失稳岩土体的初始级配,坝体在滑源侧下部的颗粒变细,而其他区域颗粒变粗,也在一定程度上印证了现场观测到的堰塞体表层为大块石堆积,细颗粒较少。

11.2　堰塞坝的危险性评估

11.2.1　对上游的影响

堰塞湖位置见图 11-9,堰塞体形成后,湖水水位在 17 h 上涨 24.50 m,涨幅 1.42 m/h,红石岩水电站取水坝完全被淹没。上游小岩头水电站厂房的设计、校核洪水位分别为 1 208.56 m 和 1 209.50 m,厂房下游防洪墙顶高程 1 211.00 m,小岩头水电站厂房可能被淹没。若发生漫顶,库水位将超过堰顶高程 1 222.00 m,堰塞湖回水长度达 25 km,汇水面积超过 11 800 km²,将淹没上游耕地 8 500 亩(约 5.67 km²),受灾人口达 0.9 万人。堰塞湖最大库容可达 2.6 亿 m³,水位-库容关系曲线见图 11-10。

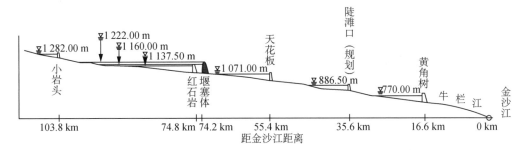

图 11-9　红石岩堰塞坝在牛栏江干流河段位置(夏仲平 等,2014)

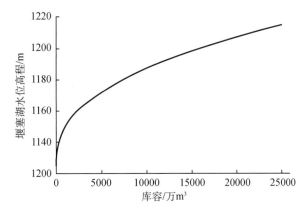

图 11-10　红石岩堰塞湖水位-库容关系曲线(石振明 等,2016)

在余震及堰塞湖水位上升的情况下,由于地震导致稳定性降低的上游边坡可能发生不同规模的滑坡和崩塌体,危及人民的生命及财产安全,一旦边坡失稳体坠入库区可形成涌浪,将会使淹没范围和影响区域进一步扩大。

11.2.2 溃决参数预测

依据坝高、坝体物质组成和最大库容,判断红石岩堰塞湖的溃决危险性为极高危险(Cui et al.,2009)。采用 Peng 和 Zhang(2012)建立的坝体溃决参数(峰值流量、溃口尺寸、溃决时长)快速评估模型,假设为中等侵蚀度,估算得未采取工程措施情况下,红石岩堰塞坝的溃决参数(表 11-3)。与唐家山堰塞坝溃决参数($6\,500\ \text{m}^3/\text{s}$)相比,红石岩堰塞坝的峰值流量更大,而溃决时长较短,一旦溃决对下游造成的危害极大。估算得红石岩堰塞坝溃坝后,洪水可影响至下游约 $500\ \text{km}$ 处,小河镇处的最大流量可达 $5\,789\ \text{m}^3/\text{s}$,故非常有必要采取应急抢险的控制措施。

表 11-3 坝体溃决参数快速评估模型

溃决参数	公式	侵蚀度 α		预测值
峰值流量 $Q_p/(\text{m}^3 \cdot \text{s}^{-1})$	$\dfrac{Q_p}{g^{\frac{1}{2}} H_d^{\frac{5}{2}}} = \left(\dfrac{H_d}{H_{rh}}\right)^{-1.417} \left(\dfrac{H_d}{W_d}\right)^{-0.265} \left(\dfrac{V_d^{\frac{1}{3}}}{H_d}\right)^{-0.471} \left(\dfrac{V_l^{\frac{1}{3}}}{H_d}\right)^{1.569} e^{\alpha_e}$	高	1.276	7 316.42
		中	−0.336	
溃口深度 H_b/m	$\dfrac{H_b}{H_{rh}} = \left(\dfrac{H_d}{H_{rh}}\right)^{0.882} \left(\dfrac{H_d}{W_d}\right)^{-0.041} \left(\dfrac{V_d^{\frac{1}{3}}}{H_d}\right)^{-0.099} \left(\dfrac{V_l^{\frac{1}{3}}}{H_d}\right)^{0.139} e^{\alpha_e}$	高	−0.316	38.51
		中	−0.520	
溃口顶宽 W_t/m	$\dfrac{W_t}{H_{rh}} = \left(\dfrac{H_d}{H_{rh}}\right)^{0.752} \left(\dfrac{H_d}{W_d}\right)^{0.315} \left(\dfrac{V_d^{\frac{1}{3}}}{H_d}\right)^{-0.243} \left(\dfrac{V_l^{\frac{1}{3}}}{H_d}\right)^{0.682} e^{\alpha_e}$	高	1.683	144.60
		中	1.201	
溃口底宽 W_b/m	$\dfrac{W_b}{H_d} = 0.004\left(\dfrac{H_d}{H_{rh}}\right) + 0.050\left(\dfrac{H_d}{W_d}\right) - 0.044\left(\dfrac{V_d^{\frac{1}{3}}}{H_d}\right) + 0.088\left(\dfrac{V_l^{\frac{1}{3}}}{H_d}\right) + \alpha_e$	高	0.775	74.11
		中	0.532	
溃决时长 T_b/h	$\dfrac{T_b}{T_r} = \left(\dfrac{H_d}{H_{rh}}\right)^{0.262} \left(\dfrac{H_d}{W_d}\right)^{-0.024} \left(\dfrac{V_d^{\frac{1}{3}}}{H_d}\right)^{-0.103} \left(\dfrac{V_l^{\frac{1}{3}}}{H_d}\right)^{0.705} e^{\alpha_e}$	高	0.635	7.59
		中	0.518	

11.2.3 事件过程及应急处置

自 2014 年 8 月 3 日鲁甸 6.5 级地震形成红石岩堰塞坝后,堰塞湖水位迅速上涨。8 月 5 日水位为 $1\,174.53\ \text{m}$,相比原河床高程($1\,120\ \text{m}$)增加约 54 m,蓄水量为 $4.84 \times 10^7\ \text{m}^3$;8 月 6 日水位为 $1\,176.42\ \text{m}$,蓄水量为 $5.60 \times 10^7\ \text{m}^3$,回水长度约 4.4 km,淹没面积 2.85 km²。根据水文资料统计,8 月是牛栏江流域的汛期,参照坝址典型年份径流年内分配,8 月枯水年、平水年和丰水年的多年平均流量分别为 104.9 m³/s、297.4 m³/s 和 333.7 m³/s，依此计算，满库所需时间分别为 29 d、10 d 和 9 d，一旦漫顶溢流，溃坝风险极高（刘建康 等，2016）。

根据险情的紧迫性，红石岩堰塞湖采取了风险控制方案，采取了"上蓄、中挖、下泄"和群众避险转移相结合、辅以水文应急监测预警的综合措施，具体以时间为轴进行分析，见表 11-4。

表 11-4　控制措施实施时间表（Shi et al., 2017）

时间	措施
8 月 3 日	震后半小时，昭通水文局组建 2 个水文应急监测组，分别奔赴红石岩堰塞湖和大沙店水文站进行检测。 抗震救灾指挥部以及政府人员展开紧急转移堰塞湖下游群众的工作
8 月 4 日	关闭上游德泽水库闸门，减少入湖水量。 调度下游天花板、黄角树水电站（分别距堰塞湖下游约 19 km 和 59 km，总库容分别为 0.75 亿 m³ 和 0.36 亿 m³），腾空库容做好蓄滞堰塞湖溃决洪水的准备
8 月 5 日	开启引水隧洞末端的调压井
8 月 7 日	云南省测绘地理信息局多支无人机应急分队分赴各个受灾严重区域进行航摄作业，开始动态监测堰塞湖和山体滑坡等地质灾害。 云南省水文水资源局和南京水文仪器自动化研究所开始在堰塞湖上下游设立监测站，考察水位变化
8 月 9 日	泄流槽开始施工。泄洪槽位于堰塞体上中间偏右岸的位置，设计高程 1 208 m，总长 753 m，两岸坡比 1∶1.5，截面大致是上宽下窄的梯形，底宽 5 m、局部 6～7 m，上宽 30 m 以上，深 8 m
8 月 10 日	中国水利水电第十四局有限公司爆破拆除红石岩水电站发电引水隧洞施工支洞检修门，增加泄流量
8 月 12 日	泄流槽挖通，开挖至底部高程 1 214 m，达到应急排险处置目标。 共转移安置昭通市鲁甸县、巧家县、昭阳区和曲靖市会泽县 4 县区 12 个乡镇堰塞湖威胁区群众 12 797 人
8 月 14 日	泄洪洞开始施工。泄洪洞位于红石岩水电站厂房下游侧，设计与红石岩水电站发电引水隧洞相接，交点在调压井上游侧约 25 m，进口高程为 1 095.5 m，全长 280 m，洞径为 7.5 m×7.5 m，呈城门型
8 月 24 日	泄流槽挖至底部高程 1 208 m，总开挖达 10.3 万 m³
8 月 28 日	泄流槽完工，通过验收
10 月 3 日	距离泄洪洞全部贯通还有 38 m，突然发生涌水事故。 红石岩堰塞湖开始泄流
10 月 6 日	堰塞湖内已经恢复到原河道水位，库容降至 64.66 万 m³，入流、出流平衡，泄流基本完成

为降低红石岩堰塞坝溃决的风险，应急抢险中采取了 2 项主要工程控制措施：在坝顶开挖泄流槽和在已有引水涵洞开挖泄洪支洞增大泄洪流量。泄流槽截面为梯形，底宽 5 m，深 8 m，坡比为 1∶1.5，过流能力约 300 m³/s，如图 11-11 所示；泄洪支洞横截面为拱形，洞径为 7.5 m×7.5 m，泄流槽和新老泄洪洞分布如图 11-12 所示。

图 11-11　泄流槽形状及设计参数(Shi et al., 2017)

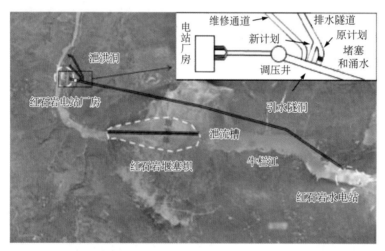

图 11-12　工程措施示意图(石振明 等,2016)

11.3　泄流槽对堰塞坝溃决的影响

　　开挖泄流槽是考虑过水作用以及施工难易程度及要求降低相应冲刷的综合选择。在选择红石岩堰塞湖泄流槽方案时,考虑到工程措施难度及相应的施工要求,抗震救灾指挥部经综合考虑,初拟 4 个方案:泄流槽底高程 1 208 m,底宽分别为 5 m 和 20 m;泄流槽底高程 1 214 m,底宽分别为 5 m 和 20 m,梯形断面,两侧边坡为 1∶1.5(王琳 等,2015)。本节对泄流槽的泄流能力及溃坝洪水对比分析,并对最优方案情况下的溃决参数进行估计。

11.3.1　泄流槽方案比较

红石岩堰塞湖坝址位于大沙店水文站和小河水文站之间,小河水文站实测最大洪水为 1 610 m³/s。考虑到拆除红石岩水电站调压井施工支洞堵头检修门及利用引水隧洞调压井井筒自由泄流的应急处置措施,对比 4 种开挖方案的联合泄流能力如表 11-5 所示。除方案 3 外,各方案的泄流流量均已超过小河水文站实测最大洪水流量。综合考虑工程实际情况认为方案 3(泄流槽底高程 1 214 m、底宽 5 m)能最大程度减小泄流流量。

表 11-5　不同泄流方案流量对比

方案	槽底高程/m	底宽/m	泄流流量/(m³·s⁻¹)
1	1 208	5	2 618
2	1 208	20	3 662
3	1 214	5	1 319
4	1 214	20	1 770

通过对不开挖泄流槽和开挖泄流槽的 4 种方案进行溃决洪水分析,可得到不同方案下溃坝洪水特征数据(表 11-6),可以看出开挖泄流槽可以明显降低洪峰流量。开挖深 8 m 的泄流槽,溃坝洪水流量从 8 278 m³/s 降到 7 420 m³/s,洪峰流量减少 858 m³/s,而开挖 14 m 泄流槽洪峰流量下降 1 173 m³/s,开挖泄流槽具有明显的减灾效果。对于同一开挖高程的泄流槽,开挖泄流槽的宽度对洪峰流量的影响不是很大。开挖 14 m 深的泄流槽,当底宽分别为 5 m 和 20 m 时,溃坝流量相差仅 40 m³/s;开挖 8 m 深的泄流槽,两种底宽溃坝流量相差仅 20 m³/s。但开挖底宽 20 m 的泄流槽施工难度和施工时间要大大超过开挖底宽 5 m 的泄流槽。

开挖泄流槽是结合工程实际可行性和降低洪峰流量的经济合理的工程措施方案。开挖底宽分别为 5 m 和 20 m 的施工时间分别需约 5 d 及 10 d。由于红石岩堰塞湖河段属以构造剥蚀为主的中高山狭谷区,两岸谷深、坡陡,大型工程设施难以快速展开工作,结合上文提到的拆除调压井施工支洞堵头检修门及利用引水隧洞调压井井筒自由泄流的泄流能力比较分析,选择开挖深 8 m、底宽 5 m 的泄流槽方案是最恰当的泄流槽开挖措施。

表 11-6　不同方案溃坝洪水特征数据

开挖深度/m	进口高程/m	底宽/m	峰值流量/(m³·s⁻¹)	峰现时间/h
0	1 222	0	8 278	7.26
8(方案 3)	1 214	5	7 420	6.88
8(方案 4)	1 214	20	7 400	6.5

(续表)

开挖深度/m	进口高程/m	底宽/m	峰值流量/(m³·s⁻¹)	峰现时间/h
14(方案 1)	1 208	5	7 105	6.66
14(方案 2)	1 208	20	7 145	6.5

11.3.2　各阶段溃决参数估计

根据泄流槽等相应控制措施的开展,可以将红石岩堰塞湖应急处置分成三个阶段(图 11-13):第一阶段从堰塞坝形成到泄流槽完成,此阶段最大水位高程 1 216 m,最大库容为 2.6 亿 m³,老泄洪洞出库流量为 80 m³/s,第一阶段用于模拟不采取任何措施情况下的坝体溃决参数;第二阶段从泄流槽完成到泄洪支洞泄流,此阶段最大水位高程为 1 208 m,最大库容为 2.06 亿 m³,第二阶段模拟泄流槽对溃决风险控制的效应;第三阶段从泄洪支洞泄流至今,库容降为 65 万 m³,第三阶段用于分析采取泄流槽和泄洪支洞措施后的溃决风险,也即现阶段堰塞坝残余风险情况。

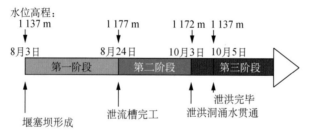

图 11-13　红石岩堰塞湖应急处置的三个阶段(石振明 等,2016)

根据水文资料,牛栏江的年平均流量为 128 m³/s,其中 6～9 月的雨季中流量比较大,8 月份的平均流量最大,为 270 m³/s,红石岩堰塞坝处百年一遇的设计洪水为 3 520 m³/s(刘宁,2014)。

采用表 11-3 的堰塞坝溃决模型,计算得到三个阶段的溃决参数如表 11-7 所示。三个阶段中溃口深度分别为:38.5 m,38.1 m 和 49.1 m,小于坝高 83 m,说明坝体没有发生完全溃决,这和石振明等(2014)的统计规律一致,即堰塞坝往往很少发生完全溃决。这是因为堰塞坝材料分布不均,往往在坝体深处存在巨石或者抗冲蚀性很强的土石层,如唐家山堰塞坝。此外,由于堰塞坝的几何尺寸(坝体体积、坝宽等)大于人工坝,其溃决过程耗能更大,因此其溃口很难发展到人工坝的规模。

相比第一阶段,第二阶段由于开挖了泄流槽,溃口尺寸有一定的减少,溃决时间略有减少,但峰值流量从 12 565 m³/s 降低至 9 661 m³/s。第三阶段在非汛期情况下不会发生漫顶溃坝;但在百年一遇洪水情况下,洪峰流量为 3 520 m³/s,超过最大泄流流量 1 507 m³/s,会发生漫顶溃决,因此下面仅讨论第三阶段即百年一遇洪水溃坝的情况。为了计算得到第三阶段百年一遇洪水情况下的溃决参数,借鉴物理模型 DABA 分析唐家山堰塞湖溃坝的经验,按照不同入库流量的比值放大溃口尺寸和缩小溃决时长参数,计算得到溃决参数如表 11-7 所示。可以看出,第三阶段百年一遇洪水情况下的溃决峰值流量增大至 22 068 m³/s,将会给下游带来巨大的冲击。

表 11-7 红石岩堰塞湖风险评估的三个阶段(石振明 等,2016)

溃坝阶段	入库流量 Q_{in} /(m³·s⁻¹)	溃口尺寸			溃决时长 T_b/h	峰值流量^c Q_p/(m³·s⁻¹)
		深度 H_b/m	顶宽 W_t/m	底宽 W_b/m		
一	270^a	38.5	145	74	7.6	12 565
二	270^a	38.1	136	70	7.1	9 661
三	270^a	—	—	—	—	—
	3 520^b	49.1	194	102	5.4	22 068

注:^{a} 为非汛期平均流量;^{b} 为百年一遇洪峰流量;^{c} 将溃口尺寸和溃决时长输入 HEC-RAS 软件计算得到峰值流量。

11.3.3 洪水演进分析

红石岩堰塞湖下游多处为高山峡谷地带,主要有店子上、六合村、小河镇和通阳大桥 4 个地区可能受到溃坝洪水冲击,前 3 个地区位于牛栏江沿岸,通阳大桥位于金沙江沿岸,如图 11-14 所示。通过建立坝址和河道的三维地形模型,利用 HEC-RAS 软件对不同条件下的溃坝洪水演进进行模拟分析。

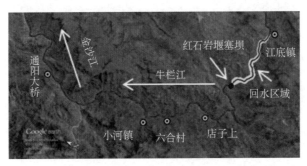

图 11-14 红石岩堰塞湖下游可能淹没区(石振明 等,2016)

图 11-15 为三个阶段溃坝流量和上下游水位过程线。相比第一阶段,第二阶段在开挖泄流槽后将提前发生溃决,最大水位高程有所下降,且峰值流量将由 12 565 m³/s 降至 9 661 m³/s。第三阶段在百年一遇洪水情况下峰值流量达 22 068 m³/s。三个阶段下游典型断面的峰值流量、居民区的最大水深及最大水深情况下的平均流速如表 11-8 所示。溃坝过程中由于能量的损失,越到下游流量越小。

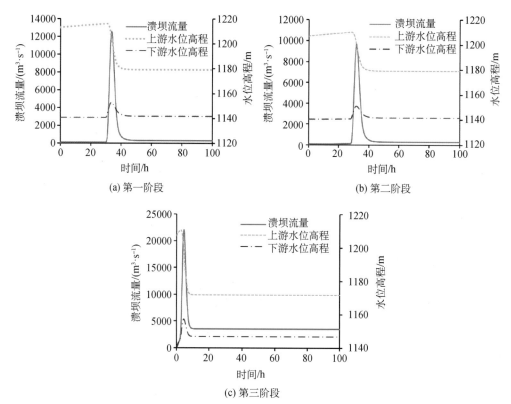

图 11-15   三个阶段溃坝流量和水位高程过程线

表 11-8   三个阶段淹没地区的水力学参数

地点	水力学参数	阶段一	阶段二	阶段三
坝址	峰值流量/($m^3 \cdot s^{-1}$)	12 565	9 661	22 068
店子上	峰值流量/($m^3 \cdot s^{-1}$)	12 576	9 633	22 069
	居民最大水深/m	11.5	10.2	15.2
	平均水速/($m \cdot s^{-1}$)	3.01	2.58	3.97
六合村	峰值流量/($m^3 \cdot s^{-1}$)	12 504	9 585	21 873
	居民最大水深/m	7.3	5.2	12.9
	平均水速/($m \cdot s^{-1}$)	1.80	1.55	2.24
小河镇	峰值流量/($m^3 \cdot s^{-1}$)	12 486	9 572	21 820
	居民最大水深/m	3.1	0.9	8.8
	平均水速/($m \cdot s^{-1}$)	1.62	1.43	2.05
通阳大桥	峰值流量/($m^3 \cdot s^{-1}$)	21 428	18 773	29 021
	居民最大水深/m	0	0	0
	平均水速/($m \cdot s^{-1}$)	0	0	0

以第一阶段情况下溃坝为例,店子上的绝大部分区域被洪水所淹没[图 11-16(a)],六合村由于地处较为较陡的山坡,高程变化较大,淹没区域较小[图 11-16(b)],小河镇和通阳大桥地势较高,洪水淹没区域有限[图 11-16(c)和图 11-16(d)]。

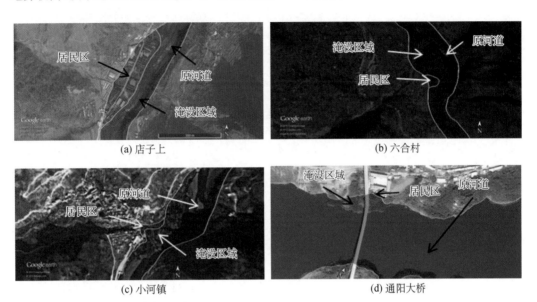

(a) 店子上　　　　　　　　　　　　　　(b) 六合村

(c) 小河镇　　　　　　　　　　　　　　(d) 通阳大桥

图 11-16　第一阶段下游城镇淹没区域

通过洪水演进模拟分析可以看出与不采取任何措施(第一阶段)相比,采取挖泄流槽措施(第二阶段)的下游各点峰值流量、居民区峰值水深和平均水速均有很大程度减小,大大减轻了红石岩堰塞坝溃决对下游的灾害影响,说明开挖泄流槽对降低溃决洪水具有明显的效果。这是因为泄流槽的开挖使堰塞坝的最高库水位减小了 8 m,相应地最大库容减小了 5 400 万 m³,有利于降低堰塞坝溃坝水能和溃坝速率,起到减灾的作用。

在第三阶段,现行的控制措施对于非汛期溃坝的减灾效果是很显著的,将不会溃坝。但是若遭遇百年一遇洪水,即使泄洪能力可以达到 1 507 m³/s,仍会发生漫顶溃坝,且溃坝洪水大于第一和第二阶段,店子上的最大水深增加到 15.2 m,最大水速达 3.97 m/s,六合村和小河镇的水深水速也相应增大。

参考文献

刘宁,2014.红石岩堰塞湖排险处置与综合管理[J].中国工程科学,16(10):39-46.

刘传正,葛永刚,江兴元,等,2016.鲁甸地震红石岩崩塌触发机理分析[J].防灾减灾工程学报,(4):601-608.

石振明,熊永峰,彭铭,等,2016.堰塞湖溃坝快速定量风险评估方法——以 2014 年鲁甸地震形成的红石岩堰塞湖为例[J].水利学报,47(6):742-751.

石振明,马小龙,彭铭,等,2014.基于大型数据库的堰塞坝特征统计分析与溃决参数快速评估模型[J].岩石力学与工程学报,33(9):1780-1790.

常祖峰,周荣军,安晓文,等,2014.昭通—鲁甸断裂晚第四纪活动及其构造意义[J].地震地质,36(4):

1260-1279.

常祖峰,常昊,杨盛用,等,2017.红石岩与甘家寨特大型地震崩滑体特征及其成因[J].地震地质,39(5):1030-1047.

刘建康,程尊兰,佘涛,2016.云南鲁甸红石岩堰塞湖溃坝风险及其影响[J].山地学报,34(2):208-215.

刘国贵,刘国华,陈斌,2005.红石岩水电站工程动床模型试验研究[J].水力发电(6):27-28,44.

曹文,2017.红石岩地震滑坡的运动过程离散元模拟分析[D].北京:中国地质大学(北京).

陈晓利,常祖峰,王昆,2015.云南鲁甸 $M\_S6.5$ 地震红石岩滑坡稳定性的数值模拟[J].地震地质,37(1):279-290.

王琳,李守义,于沭,等,2015.红石岩堰塞湖应急处置的关键技术[J].中国水利水电科学研究院学报,13(4):284-289.

SHI Z M, XIONG X, PENG M, et al, 2017. Risk assessment and mitigation for the Hongshiyan landslide dam triggered by the 2014 Ludian earthquake in Yunnan, China[J]. Landslides, 14(1): 269-285.

第 12 章
白格堰塞坝危险性及应急处置效果快速评估

2018 年 10 月 10 日,西藏自治区昌都市江达县波罗乡白格村和四川省甘孜藏族自治州白玉县交界处,金沙江河道右岸发生大规模山体滑坡,堵塞金沙江干流河道,形成白格堰塞坝。金沙江被堵塞 43 h 后,堰塞湖蓄水量约 2.9×10^8 m³,于 10 月 12 日开始自然下泄,至 13 日 14:30 基本退至基流,险情得以解除。2018 年 11 月 3 日,第一次滑坡的滑源区后缘的岩土体再次发生失稳破坏,并再次堵塞金沙江,至 11 月 12 日,堰塞湖蓄水量达 5.24×10^8 m³,后经人工干预,堰塞体开始泄洪,至 13 日坝体上下游水位贯通,堰塞湖险情解除。

据统计,金沙江白格滑坡堵江事件共造成西藏、四川、云南 3 省(自治区)10.2 万人受灾,8.6 万人紧急转移安置;3 400 余间房屋倒塌,1.8 万间不同程度损坏;农作物受灾面积 3 500 hm²,其中绝收 1 400 hm²;沿江部分地区道路、桥梁、电力等基础设施损失较为严重;直接威胁金沙江下游拉哇水电站、苏洼龙水电站和梨园水电站安全运行;经济损失达 150 亿元。这两次金沙江白格滑坡堵江事件规模大、影响范围广并且致灾严重,引起国内外广泛关注。

本章着重介绍团队在金沙江白格堰塞坝发生第一时间就采用危险性快速定量评估方法对其稳定性、寿命、溃决参数及洪水演进的相关预测结果,并依据现有处置技术,详细分析了泄流槽参数对减小溃坝洪水的影响。

12.1 白格堰塞坝形成背景条件

12.1.1 地质条件

1. 构造

西藏是特提斯构造域的重要组成部分,其构造格局展示出以数条对接带为特征的板块碰撞结合。西藏是青藏高原的主体,是亚欧板块挤压形成的高原。从北至南,依次为藏北高原、藏南谷地和喜马拉雅山地。在西藏区域,多种地层出露,地层全面,沉积、侵入类型丰富多样,生物化石种类齐全。

研究区位于金沙江上游右岸,地处"青藏川滇歹字型构造体系"的中部,属于金沙江缝合带的金沙江—哀牢山系,是区内历史最长、规模最大构造带。金沙江缝合带为松潘—甘孜陆缘活动带和昌都陆块一级构造单元的分界线,记录了自古生代以来古特提斯洋重要分支南金沙江洋盆张开—成熟—消减—闭合的演化过程,以及后期的逆冲推覆和平移剪切作用,形成由数条断裂和若干构造块体组成,经多期变质变形的复杂缝合带。

按照槽台学说的观点,以金沙江断裂为界,金沙江断裂以西为三江地槽褶皱系乌丽—昂欠褶皱带,断裂以东为松潘—甘孜褶皱系义敦优地槽褶皱带(何旭东,2020)。江达地槽则是与义敦优地槽和巴颜喀拉地槽不同性质的另一种地槽,它是在优地槽褶皱带于早古生代发生回返之后,经历了晚古生代的相对稳定期和中生代的强烈活动期,然后在陆壳基础之上形成的新的地槽。

按照板块构造的观点,研究区北部为塔里木陆块,西部为印度板块,东部为扬子板块。自海西构造运动以来,研究区经受了多期次构造运动的改造,如印支运动、燕山运动及喜马拉雅运动等,区域构造形迹较为复杂,糜棱岩化和蚀变严重,褶皱、断裂构造发育广泛。褶皱构造以复式叠加褶皱为特征,断层构造以 NW 向为主,NWW 向次之。

2. 地层岩性

根据 1:20 万白玉幅区域地调报告,研究区附近出露地层主要有上三叠统金古组(T_3jn)、上三叠统下逆松多组(T_3x)、上石炭统生帕群(C_2sh)、元古界雄松群(P_txn^a)、华力西期金沙江蛇纹岩带($\varphi\omega4$)、燕山期戈坡超单元($\eta\gamma5^2$)和则巴超单元($\gamma\delta5^2$)的花岗岩组。

滑坡区出露的地层主要有元古界雄松群(P_txn^a)片麻岩组和华力西期蛇纹岩带($\varphi\omega4$),主要存在有蛇纹岩、千枚岩、片麻岩、片岩、变质砂岩和石英大理岩等;坡面存在厚度相对较小的第四系覆盖层,主要为草甸土和块碎石土,具体如下。

(1)雄松群片麻岩组。岩性主要为灰和深灰色斜长片麻岩、二云母片岩及石英大理岩,片麻岩组片理产状 $180°\sim220°\angle36°\sim42°$,发育有两组优势结构面,结构面产状如下:①$60°\sim80°\angle75°\sim85°$;②$100°\sim115°\angle75°$,该套变质岩系韧性变形发育,经受过深、浅层次的不同构造变动,具有多期、多次变形、变质特点。

(2)华力西期蛇纹岩。蛇纹岩沿波罗—木协断裂串珠状排列,岩体多呈构造块体赋存于元古界雄松群变质岩中,岩体与围岩接触带上岩石破碎形成碎裂结构偶,片理化构造,半定向构造。区内主要发育在斜坡的中上部。其中,斜坡顶部的蛇纹岩结晶良好,呈墨绿色;斜坡中部的蛇纹岩结构呈碎粉状,呈灰绿—绿白色,绿泥石化。

(3)块碎石土。棕褐色,湿润,松散。土体中碎石含量 $10\%\sim15\%$,粒径一般为 $2\sim5$ cm,最大粒径 10 cm;块石含量 $5\%\sim8\%$,粒径一般为 $20\sim30$ cm;块体呈棱角状,个别呈亚圆状,母岩成分以片麻岩为主。

(4)草甸土:棕褐、黄褐色,干燥~稍湿,可塑,无摇震反应。土体中碎石含量 $2\%\sim5\%$,

粒径一般为 2~5 cm;块体呈棱角状,个别呈亚圆状,母岩成分以片麻岩为主;表层植物根系丰富。

其中,蛇纹岩和变质砂岩又分为全风化、强风化及中风化,其他岩块则以强风化和中风化为主。区内地质构造情况复杂,整体上岩体比较破碎,岩体内结构面似层面发育。虽然钻孔揭露深部中风化蛇纹岩和千枚岩岩体较完整,RQD 值普遍都高于 45%,最大的可达 80%以上,但位于断层附近的中风化岩体破碎,岩层中出现破碎带,地质历史时期构造活动强烈,长期受东西向应力和南北向应力的交替挤压作用,围岩应力高,将 RQD 值较高岩芯置于地面数周后,即崩解为碎块、碎粉状。

按建造将区内岩土体划分为松散岩、变质岩和侵入岩三类;按岩石结构、力学强度将岩体进一步划分为较坚硬~较弱块状侵入岩、较坚硬块状片麻岩组、较软弱块状片岩/千枚岩、较坚硬块状变质砂岩/石英大理岩组。

3. 新构造运动及地震

新构造运动是指新第三纪(中新世开始)以来的地壳运动,主要体现在断裂的活动、地震和构造地貌等方面。区域内的新构造运动主要与板块间的相互碰撞作用有着较为密切的联系,尤其是印度板块和欧亚板块之间的碰撞作用。主要表现为以断裂为界的左、右断块产生差异性升降运动和区域的大面积抬升运动。区域大面积抬升幅度大约在 4 000~5 000 m 之间。构造活动则存在交替活动的特征,即前一个地质时期构造活动以差异抬升为主,后一个地质时期便以水平滑动为主,且两种活动方式相互交替进行。前者主要控制着新构造地貌的形成和发展,后者主要控制着断裂带的走滑运动。

根据区内第四系的零星分布特点,研究区所在区域新构造运动表现强烈,基本处于强烈抬升而遭受剥蚀的构造环境,表现为间歇性抬升。从区内河流阶地的发育及赋存部位看,区内至少经历过三次较大幅度的抬升,推测为早更新世晚期、中更新世晚期和全新世早期各有一次抬升。至今区内仍处于不断上升中,且区内高原抬升作用不均一,东部上升速度较西部快。

新构造运动的另一重要体现是地震活动。据四川省地震局统计,波罗地区的最大震级(MS)为 5.0~5.9,地震烈度为Ⅶ度。2013 年 8 月 12 日 5:23,邻近的左贡县、芒康县交界处(北纬 30.0°、东经 98.0°)曾发生 6.1 级地震。滑坡前区域无显著地震活动。据《中国地震动参数区划图》(GB 18306—2015)及《建筑抗震设计规范(2016 局部修订版)》(GB 50011—2010),研究区地震动峰值加速度值为 0.2g,地震动加速度反应谱周期为 0.4 s,抗震设防烈度为Ⅶ度。

12.1.2 地形地貌条件

江达县位于横断山脉北部,全县地势由西南向东北倾斜,呈"西高东低",平均海拔在

3 800 m 左右。区内多极高山、高山,山峰林立,地势高耸,山川走向多呈南北向和东西向,海拔最高达近 5 300 m;河谷发育且多深切,岭谷高差相对悬殊,达 1 800~2 300 m,最大相对高差可达 3 100 m。

研究区白格村位于江达县的东南部,属横断山区北部,芒康山与沙鲁里山间的金沙江河谷地带,河谷深切,呈"V"形谷,为典型的构造高山峡谷地貌。后缘为一走向 N19°E 的条形山脊,呈猪背脊状,且由南向北高程逐渐变低,山体逐渐变窄,有一条连接白格村和波罗乡的道路由此通过。前缘为金沙江干流,江面水位高程约为 2 880 m。斜坡整体平均坡度约为 33°,区内地表起伏,坡度变化明显,前缘低高程近河谷地区(高程 2 940 m 以下)呈近直立陡坎,坡度约 65°;斜坡上发育 2 级平台:第 1 级平台高程在 2 940~2 960 m,范围较小,地形较缓;第 2 级平台发育相对较小,高程在 3 550~3 450 m,无农户居住,第 2 级平台前缘地形坡度较陡,历史时期多发生滑塌变形。各平台形态规整,地形相对较缓,顺坡向发育 2 条平行的浅小冲沟,无双沟同源现象,应为河流侵蚀平台;后缘高高程地区地形呈直线状;后缘顶部为一较大范围的宽缓平台。此外,金沙江自北向南流动,水流的强烈侵蚀作用使沿江两岸山坡陡峭,左岸坡度为 30°~45°,右岸坡度为 35°~50°。在长期的断层、褶皱活动和强烈的水流侵蚀作用下,金沙江流域已成为我国崩滑流地质灾害频发的典型地区。

12.1.3　水文气象条件

江达县属高原寒温带半湿润气候区。总体气候特征是干、雨季分明,雨热同期,冬季严寒,夏无酷暑,日温差大,日照充沛,春季多大风。江达县地处高山峡谷地带,区内气温随海拔高度升高而递减。一年中,各月平均气温变化较大,县域年均气温 7.5 ℃,比我国东部同纬度地区低 8~9 ℃,通常 1 月为最冷月,月均温度 -0.8 ℃,7 月最高,月均温度一般为 16.4 ℃。根据地表热量条件的垂直分带差异,全县可分为山地温带、山地寒温带、高山亚寒带和高山寒带 4 种气候类型。

江达县近十年的平均降雨量为 650 mm,其中,最大年降雨量约为 1 070 mm,最大月降雨量约为 230 mm,最大日降雨量约为 40 mm,且降雨具有明显的季节性,主要集中在夏季,即每年的 6 月至 9 月相对湿润,其降雨量约占全年的 87%;其余季节雨水相对较少,即每年的 10 月至次年的 5 月相对干旱,其降雨量约占全年的 13%。年平均蒸发量约 1 214 mm,5 月份蒸发量为全年最大,达 142.2 mm。总体而言,江达县降雨量相对贫乏,且时空分布不均匀,局部地区时常出现暴雨现象。

江达县以金沙江流域为主,部分地区属于澜沧江流域。区内水系以金沙江为干流,并沿山坡沟谷发育多条支流,依靠大气降雨、冰雪融水、地表水等方式补给。依据昌都站水文资料,澜沧江多年的平均流量为 515.5 m³/s,多年平均径流模数 10.6 L/(s·km);依据巴塘站水文资料,金沙江多年平均流量为 957. 3 m³/s,年径流量 301. 9 亿 m³,径流模数 9. 97 L/(s・km²)。区内的枯水期一般在 11 月至次年的 5 月,时间较长,径流量占全年的 24. 4%。河流按地区划分属山区河流,地下水补给相对较少,因此具有降雨集中、汛期洪水涨落快、径流相对均匀等特点。白格滑坡的坡脚部位有金沙江河流,据巴塘气象站统计资料,金沙江年径流量 3. 02×10¹¹ m³,径流模数 9. 97 L/(s・km²),多年平均流量 1 680 m³/s,最大流量 6 390 m³/s。

12.2　白格堰塞坝形成过程

12.2.1　"10・10"白格堰塞坝

2018 年 10 月 10 日 22:06,西藏自治区昌都市江达县波罗乡白格村境内,距离四川省江达县下游 52 km 处,金沙江右岸发生大型山体滑坡($31°4'56''$N,$98°42'18''$E)(图 12-1)。滑坡海拔高度为 2 880~3 720 m,河床的海拔为 2 870 m。此次滑坡成因是长期风化作用和蠕变变形导致上部边坡发生崩塌滑坡。滑坡的物质组成主要为片麻岩和蛇纹岩,岩土体休止角约 34°。滑坡体积约 $3.0×10^7$ m³,面积 $7.7×10^5$ m²,纵向长约 1 300 m(吴昊,2021)。滑坡主要滑

(a) 滑坡及堰塞坝所在区域位置

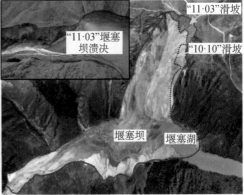

(b) 滑坡及堰塞坝现场照片

图 12-1　白格滑坡及堰塞坝位置(来源:http://cwrh. scu. edu. cn/uploads/myfile/upload/image/20190801/1564 640861493291)

动方向为 90°E,最大运移距离约 1 500 m,堵塞金沙江主流形成"10·10"白格堰塞坝
(图 12-2)。此次白格堰塞坝的坝高 61 m,坝宽 2 000 m,坝长 850 m,坝体体积 $2.5 \times 10^7 \mathrm{m}^3$,
库容 $2.9 \times 10^8 \mathrm{m}^3$,平均入库流量达 1 680 m^3/s(廖鸿志,2018)(图 12-3)。

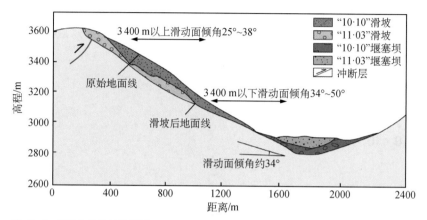

图 12-2　两次白格滑坡横断面

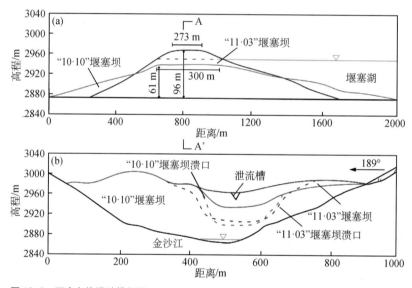

图 12-3　两次白格滑坡横断面

　　"10·10"白格堰塞坝坝体的材料主要由混合的碎屑岩质材料为主。蔡耀军等(2019)将
堰塞坝坝体物质组成划分为 5 个区域(图 12-4)。其中,Ⅰ区高程为 2 998~3 005 m,主要是右
岸失稳体堆积形成,体积约为 $1.2 \times 10^7 \mathrm{m}^3$,坝体材料由碎石土组成,砾石、碎石和块石含量超
过 65%;Ⅱ区位于堰塞坝Ⅰ区下游位置,高程为 2 973~2 977 m,体积约 $5.0 \times 10^6 \mathrm{m}^3$,主要由
残坡积碎石土和斜长角闪片岩组成;Ⅲ区位于Ⅱ区下游,高程为 2 977 m,体积约 $4.5 \times$
$10^6 \mathrm{m}^3$,主要由蛇纹岩、斜长角闪片岩和云母石英片岩组成;Ⅳ区位于Ⅲ区下游,高程约为
2 948 m,体积约 $5.0 \times 10^6 \mathrm{m}^3$,岩性为斜长角闪片岩夹石英片岩、大理岩等;Ⅴ区为滑坡体后

续失稳体堆积形成,垭口高程约 2 932 m,体积约 1.5×10⁶ m³,坝体材料土石比为 8∶2。

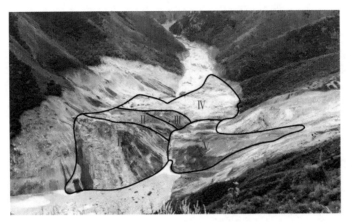

图 12-4　"10·10"白格堰塞坝物质组成分区(蔡耀军 等,2019)

由于入库流量较大,白格堰塞坝形成后堰塞湖水位迅速上升,洪水淹没了坝址上游数个村庄,到 10 月 11 日 16:00 已有超过 1 万人被迫撤离。截至 12 日 0:00,云南省累计疏散人数超过 11 500 人,白格堰塞坝下游梨园、阿海和金安桥水电站累计腾空库容约 3.0×10⁹ m³ 以应对溃坝洪水(蔡耀军 等,2019)。

12 日 17:00(堰塞坝形成后约 43 h),在没有任何人工泄流措施的条件下,堰塞坝发生自然过流,此时上游水位 2 931.00 m,堰塞湖蓄水量为 2.2×10⁸ m³。由于出库流量较小,堰塞湖水位继续上升,到 13 日 0:45,堰塞湖达到最大蓄水量 2.9×10⁸ m³。13 日 1:00 溃口出库流量显著增大,6:00 达到峰值流量,约为 10 000 m³/s;14:30,坝址位置洪水基本退至基流(吴昊,2021)。15 日 10:00,坝体上游水位从 13 日 0:45 的最高水位 2 932.69 m 下降至 2 895.00 m,总计下降 37.69 m,对应库容从 2.9×10⁸ m³ 下降到 5.0×10⁶ m³(Zhang et al.,2019)。此次白格堰塞坝的溃决导致 3.0×10⁶ m³ 坝体材料被冲走,最终形成了深度为 32 m,顶宽为 180 m、底宽为 80 m 的溃口。

在坝址出现洪峰 2 h 后,即 13 日 8:00,距离坝址下游 54 km 的叶巴滩水电站测得该处的峰值流量,达 7 800 m³/s。13 日 16:00,距离坝址下游 158 km 的巴塘水电站达到峰值流量,为 7 060 m³/s。14 日 8:00,洪峰到达云南奔子栏镇(距离坝址 380 km),奔子栏水电站测得的峰值流量为 5 880 m³/s。15 日 2:00,丽江石鼓镇(距离坝址 557 km)测得洪峰流量为 5 250 m³/s。此后,溃坝洪水经过梨园、阿海、金安桥等梯级水电站的调蓄,下游流量恢复正常(朱玲玲 等,2020;钟启明 等,2021)。

12.2.2　"11·03"白格堰塞坝

2018 年 11 月 3 日 17:40(第一次堰塞坝形成 24 d 后),在"10·10"白格滑坡滑源区后部岩土体再次发生崩滑失稳(图 12-1、图 12-2)。此次滑坡主要是由融化的雪水入渗和边坡后缘裂缝的蠕变变形导致,滑坡岩土体中以蛇纹石为主,强度较低,岩石破碎严重。此次滑坡岩土体体积约 $3.0×10^6$ m³,向下运移过程中裹挟坡面残留的碎屑体体积约 $8.0×10^6$ m³,最终堵塞"10·10"白格堰塞坝溃决通道,再次堵江形成"11·03"白格堰塞坝(图 12-3)。此次堰塞坝坝高 96 m,坝宽约 1 500 m,坝长 700 m,坝体体积 $3.0×10^7$ m³,所形成的堰塞湖库容 $7.50×10^8$ m³(Zhang et al.,2019;钟启明 等,2021)。受到上游水电站的调蓄,堰塞湖平均入库流量约 800 m³/s。据蔡耀军等(2019)研究,"11·03"白格堰塞坝坝体材料与"10·10"白格堰塞坝坝体材料相近,由土、碎石和块石组成,结构较为密实。

为降低堰塞坝溃决洪水风险,此次白格堰塞坝下游梨园、阿海和金安桥水电站累计腾空库容约 $8.1×10^9$ m³,可调节库容 $1.3×10^{10}$ m³ 以应对溃决洪水(蔡耀军 等,2019)。同时,此次堰塞坝采取人工开挖泄流槽的干预措施。11月8日至11月11日11:00,开挖了一条长 220 m、深 15 m、顶宽 42 m、底宽 3 m 的泄流槽,堰塞湖库容下降约 $5.0×10^6$ m³。12 日 4:45,泄流槽开始进水;10:50,泄流槽发生过流,初始流量约 1~3 m³/s。13 日 13:40,水位持续上升至 2 956.4 m,堰塞湖蓄水量增长至最大值 $5.78×10^8$ m³。13 日 14:00,溃决流量增加到 245 m³/s;18:00 达到溃坝峰值流量,为 31 000 m³/s;21:30,坝址处流量下降至 7 700 m³/s。14 日 8:00,坝址流量基本恢复到基流,上游水位下降到 2 905.75 m。此次白格堰塞坝最终形成深度为 62.0 m、顶宽为 264.1 m、底宽为 107.8 m 的溃口(朱玲玲 等,2020;钟启明 等,2021)。

在坝址出现洪峰 1.83 h 后,即 13 日 19:50,坝址下游 54 km 处的叶巴滩水电站测得峰值流量 28 300 m³/s;23:15,洪水演进至下游 135 km 处的拉哇水电站,峰值流量为 22 000 m³/s。14 日 1:55,洪峰到达巴塘水电站,峰值流量为 20 900 m³/s;3:50,苏洼龙水电站测得峰值流量为 19 620 m³/s;13:00,奔子栏水电站测得峰值流量为 15 700 m³/s。15 日 8:40,洪峰到达石鼓镇,峰值流量衰减为 7 120 m³/s;12:30,洪峰到达梨园水电站,峰值流量为 7 200 m³/s(朱玲玲 等,2020;钟启明 等,2021)(表 12-1)。此后,洪水经梨园、阿海、金安桥等梯级水电站的调蓄,流量恢复正常。此次堰塞坝导致西藏、西川、云南等地受灾群众达 10 万余人,溃坝洪水损毁金沙江大桥等多座跨江桥梁,淹没多个城镇,并导致提前拆除苏洼龙大坝围堰以防止形成堰塞坝和围堰的级联溃决,经济损失达 150 亿元。

表 12-1 "11·03"白格堰塞坝溃决洪水演进下游实测数据(钟启明 等,2021)

位置	距坝址距离/km	峰值流量/(m³·s⁻¹)	到达时间	历时/h
白格	—	31 000	11.13　18:00	—
叶巴滩	54	28 300	11.13　19:50	1.83
拉哇	135	22 000	11.13　23:15	5.25

（续表）

位置	距坝址距离/km	峰值流量/(m³·s⁻¹)	到达时间	历时/h
巴塘	158	20 900	11.14　01:55	7.92
苏洼龙	224	19 620	11.14　03:50	9.83
奔子栏	380	15 700	11.14　13:00	19
石鼓	557	7 170	11.15　08:40	38.67
梨园	671	7 200	11.15　12:30	42.5

12.3　白格堰塞坝危险性快速评估

12.3.1　稳定性及寿命快速评估

1. 稳定性快速评估

根据稳定性快速评估模型,结合模型计算需要输入的参数开展分析(表 12-2)。"10·10"白格堰塞坝的全参数模型计算值为 -9.42,简化参数模型计算值为 -3.40。"11·03"白格堰塞坝的全参数模型计算值为 -9.61,简化参数模型计算值为 -3.95(表 12-3)。两次堰塞坝的计算结果均小于 0,可判定"10·10"和"11·03"白格堰塞坝为不稳定堰塞坝,实际两次白格堰塞坝分别在形成 1.8 d 和 8.5 d 后发生溃决。由此可见,采用第 4 章提出的稳定性快速评估模型对两次白格堰塞坝的稳定性预测结果准确。

表 12-2　两次白格堰塞坝稳定性及寿命分析输入参数

堰塞坝	坝体材料	诱因	形态参数			水文参数		
			坝高/m	坝宽/m	坝长/m	坝体体积/(×10⁶ m³)	库容/(×10⁶ m³)	年平均流量/(m³·s⁻¹)
"10·10"	堆石	其他	61	2 000	850	25	290	1 680
"11·03"	堆石	其他	96	1 500	700	30	750	1 680

表 12-3　两次白格堰塞坝稳定性分析结果

堰塞坝	稳定性快速评估模型	
	全参数模型	简化参数模型
"10·10"	-9.42	-3.40
"11·03"	-9.61	-3.95

2. 寿命快速评估

在判定两次白格堰塞坝均为非稳定堰塞坝的基础上,进一步根据第 5 章堰塞坝全阶段和三阶段寿命的全参数和简化参数快速评估模型预测其寿命。两次白格堰塞坝的寿命预测结果如表 12-4 所示,可以发现三阶段寿命预测结果与白格堰塞坝真实寿命较为接近,全阶段模型预测结果比真实寿命更长,但二者都可以为白格堰塞坝的寿命预测提供参考。

表 12-4 两次白格堰塞坝寿命预测结果

堰塞坝	寿命参数/d	记录值	全阶段模型		三阶段模型	
			全参数	简化参数	全参数	简化参数
"10·10"	寿命	2.60	7.87	8.84	1.95	3.38
	汇水阶段	1.80	—	—	0.92	2.41
	过流阶段	0.30	—	—	0.56	0.54
	溃决阶段	0.50	—	—	0.47	0.43
"11·03"	寿命	10.60	11.81	15.39	4.03	7.34
	汇水阶段	8.50	—	—	3.18	6.38
	过流阶段	1.30	—	—	0.43	0.50
	溃决阶段	0.80	—	—	0.42	0.46

12.3.2 坝址处溃决参数快速评估

基于第 5 章提出的半经验半物理溃坝模型,结合白格堰塞坝基本信息开展溃决参数预测。构建的白格堰塞坝下游河道模型如图 12-5 所示。在上游建立白格堰塞湖,水位和库容的关系如图 12-6(a)所示,两次堰塞坝的坝体参数及最终溃口如图 12-6(b)所示。

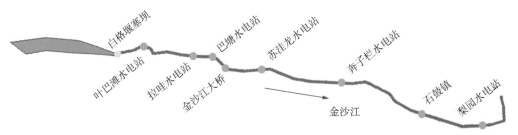

图 12-5 HEC-RAS 溃坝及洪水演进分析河道模型

在坝体参数中需要输入溃口参数和溃口发展曲线。对于"10·10"白格堰塞坝,坝体材料取中等侵蚀度,计算得到的最终溃口深度 30.1 m,溃口底部宽度 78.5 m,溃口顶宽 93.6 m。由于此次白格堰塞坝坝体材料中细粒含量在 1.1%,小于 5.0%(Zhang et al.,2019)。因此,计算溃口发展参数,得到 $a_m = 23.6$,$b_m = 7.1$,和 $k_m = 0.4$。假设在溃决时间内,溃口宽度随时间线性发展,可以计算得到各时间段内的溃口深度。由于 a_m 代表实际溃口能达到的最大深

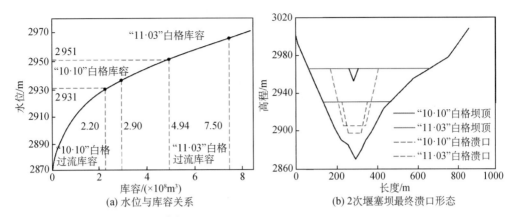

图 12-6　半经验半物理模型输入参数

度,而通过 Peng 和 Zhang 等(2012)公式得到最大溃口深度为 30.1 m,进一步对各个时间段内溃口面积进行修正。得到的最终溃口面积发展过程线如图 12-7(a)所示。对于"11·03"白格堰塞坝,坝体材料取中—高等侵蚀度,细粒含量略高于"10·10"白格堰塞坝。计算得到的最终溃口深度为 42.9 m,溃口底部宽度为 122.5 m,溃口顶宽 156.1 m。计算溃口发展得到,$a_m = 23.7, b_m = 9.5,$ 和 $k_m = 0.5$。修正后得到的溃口面积发展过程线如图 12-7(b)所示。

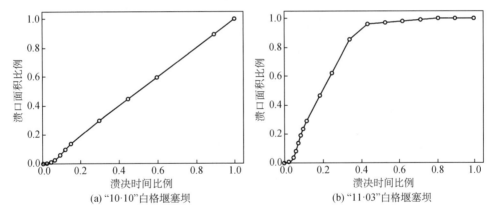

图 12-7　白格堰塞坝溃口发展过程线

将以上计算参数及溃口面积发展过程线输入 HEC-RAS 5.0.4 模型,计算得到的"10·10"白格堰塞坝坝址处的流量过程线如图 12-8 所示。白格堰塞坝在 10 月 12 日 17:00 发生自然过流,13 日 6:30 达到峰值流量,峰值流量为 9 824 m³/s,实际监测峰值流量为 10 000 m³/s,发生在 13 日 6:00(Zhang et al.,2019),峰值流量误差为 1.8%,到达时间误差为 3.8%。计算流量过程线发展略快于实测流量过程线。此后,溃决洪水逐渐下降,到 14:30 基本恢复到正常水位范围,与现场记录中洪水退至基流的时间基本一致。

"11·03"白格堰塞坝坝址处的流量过程线如图 12-9 所示。计算结果显示,堰塞坝在 11 月 12 日 10:50 开始过流,在 12 日 18:00 达到峰值流量,峰值流量为 29 662 m³/s,实际监测

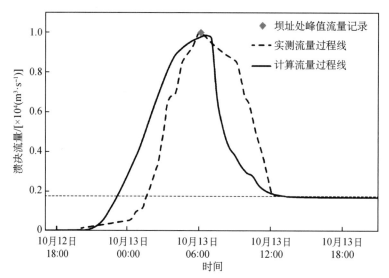

图 12-8 "10·10"白格堰塞坝溃决流量过程线

得到的峰值流量为 31 000 m³/s,发生在 13 日 18:00(钟启明 等,2021)。计算洪峰时间与实测值一致,峰值流量误差为 4.3%。14 日 4:00 基本恢复到正常水位范围,实测值为 14 日 8:00,误差为 18.9%。

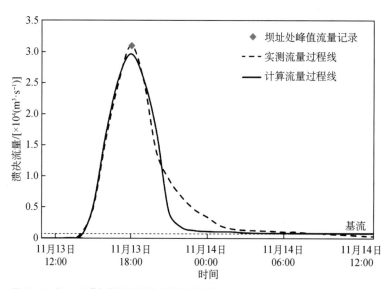

图 12-9 "11·03"白格堰塞坝溃决流量过程线

12.3.3 下游洪水演进快速评估

图 12-10 为计算获得的"10·10"白格堰塞坝下游各典型位置的洪水流量过程线。如表 12-5 所示,10 月 13 日 7:30,计算洪峰到达叶巴滩水电站位置,峰值流量为 8 272 m³/s;计

算洪峰到达时间提前 0.5 h,峰值流量偏大 472 m³/s。13 日 12:00,洪峰到达拉哇水电站位置,峰值流量为 7 466 m³/s。13 日 15:30,洪峰到达巴塘水电站位置,峰值流量为 7 332 m³/s;计算洪峰到达时间提前 0.5 h,峰值流量偏大 272 m³/s。13 日 20:00,洪峰到达苏洼龙水电站位置,峰值流量为 7 056 m³/s。14 日 7:00,洪峰到达奔子栏水电站位置,峰值流量为 6 148 m³/s;计算洪峰到达时间提前 1.0 h,峰值流量偏大 268 m³/s。14 日 23:30,洪峰到达石鼓镇,峰值流量为 4 274 m³/s;计算洪峰到达时间提前 2.5 h,峰值流量偏小 976 m³/s。15 日 2:30 洪峰到达梨园水电站位置,峰值流量为 3 061 m³/s。

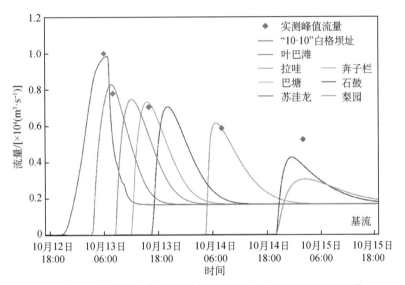

图 12-10　"10·10"白格堰塞坝溃坝洪水演进计算流量过程线及实测峰值流量

表 12-5　两次白格堰塞坝溃决洪水演进计算值与实测值对比

堰塞坝	位置	峰值流量计算值/(m³·s⁻¹)	峰值流量实测值/(m³·s⁻¹)	峰值流量相对误差/%	到达时间计算值/h	到达时间实测值/h	到达时间相对误差/%
"10·10"	叶巴滩	8 272	7 800	6.1	14.5	15	3.3
	拉哇	7 466	—	—	19.0	—	—
	巴塘	7 332	7 060	3.9	22.5	23.0	2.2
	苏洼龙	7 056			27.0		
	奔子栏	6 148	5 880	4.6	38.0	39.0	2.6
	石鼓	4 274	5 250	18.6	54.5	57.0	4.4
	梨园	3 061			57.5		
"11·03"	叶巴滩	25 423	28 300	10.2	9.2	9.0	2.2
	拉哇	21 669	22 000	1.5	12.2	12.4	1.6

（续表）

堰塞坝	位置	峰值流量计算值/(m³·s⁻¹)	峰值流量实测值/(m³·s⁻¹)	峰值流量相对误差/%	到达时间计算值/h	到达时间实测值/h	到达时间相对误差/%
"11·03"	巴塘	20 558	20 900	1.6	15.2	15.1	0.7
	苏洼龙	19 002	19 620	3.1	17.2	17.0	1.2
	奔子栏	14 731	15 700	6.2	26.2	26.2	0.0
	石鼓	7 792	7 170	8.7	46.2	45.8	0.9
	梨园	5 649	7 200	21.5	50.2	49.7	1.0

图 12-11 为"11·03"白格堰塞坝下游各典型位置的洪水流量过程线。根据表 12-5，11 月 13 日 20:00，溃坝洪水到达叶巴滩水电站位置，峰值流量为 25 423 m³/s；计算洪峰到达时间滞后 0.2 h，峰值流量偏小 2 877 m³/s。13 日 23:00，洪峰到达拉哇水电站位置，峰值流量为 21 669 m³/s；计算洪峰到达时间提前 0.2 h，峰值流量偏小 331 m³/s。14 日 2:00，洪峰到达巴塘水电站位置，峰值流量为 20 558 m³/s；计算洪峰到达时间滞后 0.1 h，峰值流量偏小 342 m³/s。14 日 4:00，洪峰到达苏洼龙水电站位置，峰值流量为 19 002 m³/s；计算洪峰到达时间滞后 0.2 h，峰值流量偏小 618 m³/s。14 日 13:00，洪峰到达奔子栏水电站位置，峰值流量为 14 731 m³/s；计算洪峰到达时间与实测值一致，峰值流量偏小 969 m³/s。15 日 9:00，洪峰到达石鼓镇位置，峰值流量为 7 792 m³/s；计算洪峰到达时间滞后 0.4 h，峰值流量偏大 622 m³/s。15 日 13:00，洪峰到达梨园水电站位置，峰值流量为 5 649 m³/s；计算洪峰到达时间滞后 0.5 h，峰值流量偏小 1 551 m³/s。

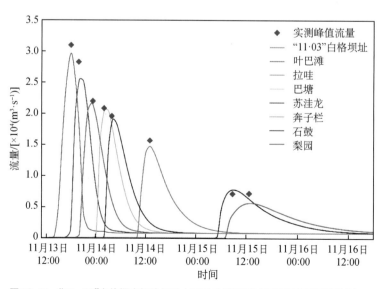

图 12-11 "11·03"白格堰塞坝溃坝洪水演进计算流量过程线及实测峰值流量

12.4　白格堰塞坝泄流槽处置效果快速评估

12.4.1　应急监测准备

长江水利委员会水文局将岗拖、巴塘、奔子栏、塔城、石鼓及上虎跳峡 6 个基本站,以及波罗、叶巴滩 2 个工程专用站纳入应急监测站网。在坝体上游、下游 3 km 处,四川省水文部门设立了 2 个水位站。这些站点共同构成金沙江"11·03"白格堰塞湖水文应急监测站网,站网布局如图 12-12 所示,白格堰塞湖水文应急监测各站点位置关系如表 12-6 所示(熊莹 等,2021)。

图 12-12　"11·03"金沙江白格堰塞湖应急监测站网(熊莹 等,2021)

表 12-6　两次白格堰塞坝溃决洪水演进计算值与实测值对比

站点名称	与堰塞体的位置关系	站点名称	与堰塞体的位置关系
岗拖水文站	上游 90 km	巴塘水文站	下游 190 km
波罗水位站	上游 15 km	奔子栏水文站	下游 382 km
坝上水位站	上游 3 km	塔城水位站	下游 487 km
坝下水位站	下游 3 km	石鼓水文站	下游 574 km
叶巴滩水文站	下游 56 km	上虎跳峡水位站	下游 619 km

2018 年 11 月 12 日 10:50,堰塞体泄流槽开始全线过流,13 日 13:00,堰塞湖达到最高水位,下泄流量迅速增大。坝上站水位开始迅速降低,出现山体垮塌等情况,下游水位快速上涨,流速大、漂浮物多、冲刷力极强,叶巴滩、巴塘、奔子栏等出现超历史特大洪水。水尺人工观测水位和自记水位计相继失效,水位观测主要采用全站仪免棱镜管观测,现场监测人员创新性地提出了基于无协作目标全站仪水位预判监测法,确保了数据的正常监测。流量测验主要采用无人机投掷浮标进行浮标测流、电波流速仪测流、缆道流速仪法等方式。各控制站测验条件及测验方法如表 12-7 和表 12-8 所示(熊莹 等,2021)。

表 12-7 岗托、波罗、叶巴滩、巴塘站点测验条件及测验方法（熊莹 等，2021）

站点	测验条件	涨水历时	涨幅/m	最大涨率	水势情况	应对方法	水位测验方法	流量测验方法	水位观测成果	流量观测成果
岗托	未受影响		—	—	—	—	自记	缆道流速仪	自记记录	控制良好
波罗	溃坝前水位持续快速上涨		60.51	—	溃坝后山体垮塌，道路跨路被毁	5次搬迁观测场地，调整水尺断面	自记、人工	—	观测水位1000余次	—
叶巴滩	水位涨幅大，涨率快，漂浮物多、夜测	2 h 40 min	34.58	8 min涨14.58 m	临时水尺被冲毁，自记水位计跟不上水位变幅	全站仪免棱镜观测水位	全站仪免棱镜观测	—	每5 min观测一次水位，过程完整	—
巴塘	水位涨幅大，涨率快，漂浮物多、夜测	2 h 45 min	17.44	10 min涨3.45 m	站房被淹	转移到高处，制作夜光浮标	人工观测	中泓浮标法	每5～10 min观测一次，过程完整	共施测浮标流量19次，流量过程控制较好

表 12-8　奔子栏、塔城、石鼓、上虎跳峡站点测验条件及测验方法（熊莹 等，2021）

站点	测验条件	涨水历时	涨幅/m	最大涨率	水势情况	应对方法	水位测验方法	流量测验方法	水位观测成果	流量观测成果
奔子栏	水位涨幅大、涨率快、漂浮物多	3h 40 min	20.09	5 min 涨 1.82 m	缆道房机绞被淹、观测井倒塌	转移到高处	人工观测	电波流速仪、浮标	每 5～10 min 观测一次，过程完整	共施测流量 33 次，其中电波流速仪法 27 次，流浮标法 6 次，流量过程控制完整
塔城	水位涨幅大、涨率快、漂浮物多、夜测	4 h 50 min	12.50	30 min 涨 3.50 m	水位测井被淹	提前转移自记仪器	人工观测	—	每 10 min 观测一次，过程完整	—
石鼓	水位涨幅大、涨率快、漂浮物多、夜测	14 h 40 min	8.29	20 min 涨 1.01 m	铅鱼被卡、水位测井被淹	转移到高处	自记、人工	中泓浮流速仪法和中泓浮标法	每 5～10 min 观测一次，过程完整	共施测流量 12 次，流量过程控制较好
上虎跳峡	水位涨幅大、涨率快、漂浮物多、夜测	10 h 50 min	14.60	20 min 涨 1.30 m	—	无人机投放夜光浮标	人工观测	无人机中泓浮标法	每 10 min 观测一次，过程完整	共施测流量 15 次，流量过程控制较好

12.4.2　应急处置措施

1. 工程措施

工程措施的主要目的是在白格堰塞湖湖水上涨过程中,尽最大努力形成引流明渠,从而降低湖内水位,减少湖内水量,一方面减少上有淹没区域,另一方面降低下泄流量,减轻溃决洪水对下游造成的破坏程度。工程措施主要如下(王文科和黄先龙,2018;徐尧 等,2018)。

(1)制定应急处置方案。

考虑堰塞体自然溢流可能造成的严重破坏,前方指挥部及部际联合工作组在多次现场勘查及专家研究论证的基础上,形成《金沙江"11·03"堰塞体应急处置实施方案》(以下简称《方案》),并报四川、西藏人民政府及应急管理部同意,决定尽快采取人工干预措施降低堰塞体堰顶高程,减轻灾害风险。《方案》明确应急处置要坚持"生命至上、安全第一"的原则,人工干预措施要做适度干预、切实可行,以机械开挖为主,降低堰塞体左侧与自然山体基岩之间洼地两端的高程,形成应急过流通道。

(2)抢通施工道路。

考虑大型工程机械进入堰塞体为应急处置的关键难题,探索通过陆路、水路、空中运输方式,齐头并进,争取尽快打通运输通道。调用叶巴滩水电站施工机械设备,在 9 日 8:00 前的 36 h 内全速修通则巴村至金沙江河道沟口(堰体下游约 2 km 左岸位置)的 7 km 临时便道,以便施工机械(共计 14 台挖掘机,5 辆装载车)通过便道到达堰体下游金沙江河道,经断流河道向上游抵达堰体,进行抢险作业。

(3)开挖泄流槽。

在堰塞体上投入人力 73 人,开展泄流槽开挖任务,最终于 11 月 11 日 16:00 完成最大开挖深度 15 m、顶宽 42 m、底宽 3 m、长 220 m 的泄流槽,共计完成土石方工程量 $1.35 \times 10^5 \text{ m}^3$。消防救援队伍紧急调运数十套大功率照明灯组及 4 t 保障物资,先后运送逾 10 t 油料确保施工进行,同时积极探索高压水炮射流消融堰塞坝体测试。

(4)现场施工安全保障。

现场指挥部制定了现场安全防范方案,并分解细化《泄流槽开挖安全施工方案》《应急抢险道路交通运输安全保障方案》《抢险便道施工安全保障方案》,分别落实责任人;特别强化了现场地质风险监测预警,自然资源部门利用地表位移监测设备、地基边坡雷达、裂缝位移计、无人机及人工观测等方式监测,24 h 无间断随时报告并发出预警信息;同时严格审批上坝人员,加强对坝上施工人员安全培训教育,划定安全线、设置紧急撤离路线,确保施工人员安全。

2. 非工程措施

为了在堰塞坝过流时减轻灾害,需要在实施工程措施的同时实施非工程措施,做好转移、加固、保障等工作(刘宁 等,2016)。在此次白格堰塞坝的应急抢险过程中采用的非工程措施包括:①应急管理部推动四川、西藏 2 省(自治区)前方指挥部与部际联合工作组建立应急联动机制,共享地质、水文、勘测等信息,为应急处置决策提供信息保障;②水利部门第一时间开展了水文应急监测,国家能源局提前撤除苏洼龙水电站施工期围堰,并将梨园水电站立即提前腾空库容;③充分利用堰塞体上游 90 km 处的岗拖水文站及堰塞体上游 3 km 处的水位观测站,对入湖流量及堰前水位进行不间断监测,并至少 2 次/d 报送监测数据,作为技术方案拟定及现场决策的基础参考依据。

12.4.3　泄流槽处置效果快速评估

假设泄流槽为梯形,堰塞坝溃决时的峰值流量可以通过式(12-1)计算。

$$Q_p = Q_p(W_b, B_u, G_s, \alpha_0, V) \tag{12-1}$$

式中　W_b、B_u、α_0 和 G_s——分别为泄流槽底部宽度、深度、侧坡和纵向坡度;

V——泄流槽的开挖体积。

为了得到泄流槽的最优设计,对式(12-1)中的 5 个参数进行如下条件假设:泄流槽开挖体积设定为常数(为 44 704 m³),以保证泄流槽无论形状如何,开挖成本相同。参数 α_0 设置为小于 38°,确保边坡的稳定性。坝顶宽度为 79.4 m,W_b、B_u 和 G_s 均大于 0。因此,Q_p 的形式可以改写为:

$$Q_p = Q_p(W_b, B_u, G_s, \alpha_0, V)\big|_{(V44\,704, \alpha_0 38°, W_b>0, B_u>0, G_s>0)} \tag{12-2}$$

在式(12-2)的基础上,利用 Chang 和 Zhang(2010)建立的模拟溃决流量过程线的 DABA 模型,计算出满足式(12-2)条件的泄流槽在不同几何参数下的峰值流量。

泄流槽深度和底部宽度对峰值流量的影响如图 12-14(a)所示,其中 $G_s = 0.006$,可知峰值流量随深度的增加而减小。这是因为随着泄流槽深度的增加,库容显著降低,导致坝址的峰值流量较小。同时,峰值流量随底部宽度的增加而减小,而减少率则相对小得多。这是因为泄流槽底宽较窄,其边坡坡角必然较小,进而导致坝体材料侵蚀率较小,坝址峰值流量较大。结果还表明,断面深且窄的泄流槽在降低峰值流量方面效果较好,且深度是影响峰值流量的主要因素。如果考虑泄流槽纵向坡度的变化,则峰值流量计算结果差异不大[图 12-14(b)]。在相同泄流槽深度下,峰值流量随纵向坡度的增大先减小后增大。这是因为当坝宽较大时,较大的坡度可以显著增加溃坝形成阶段的水流对坝体材料的侵蚀能力,导致流量过程线更平坦,峰值流量相对更小。但是,如果考虑到"11·03"白格堰塞坝(泄流槽宽度较小,深度较大,纵向坡度较大)的情况,坝底易蚀性较低的粗颗粒物质可能会暴露在溃坝洪水中,这部分物质很难被洪水冲走,导致溃决流量过程线更陡,峰值流量相对较大。

根据泄流槽峰值流量与几何参数的关系,当泄流槽尺寸为 $D = 9$ m、$W_b = 3$ m、$S = 38°$、$G_s = 0.129$ 时,峰值流量最小,$Q_p = 19\ 767$ m³/s,与"11·03"白格堰塞坝实际峰值流量相比(19 767 m³/s vs. 33 900 m³/s),峰值流量降低了 41.69%。

下游不同断面洪峰流量的结果如表 12-9 所示。与坝址峰值流量的大幅度下降相比,下游城镇峰值流量的变化不明显。此外,下游城镇最大水位变化较小,差异可以忽略,说明最优导泄流槽条件下下游的淹没面积与未进行泄流槽优化的淹没面积基本相等。

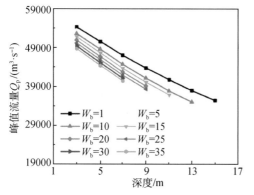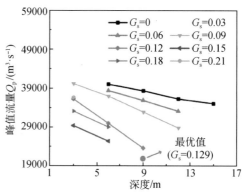

图 12-13 泄流槽几何参数与峰值流量的关系

表 12-9 洪水对玉龙县 5 个镇的影响:S_{OD} 代表最优泄流槽条件,Q_p 和 W_{dm} 分别为峰值流量和最大水深

城镇	S_{OD}		S_2		减小率($S_2 - S_{OD}/S_2$)	
	$Q_p/(m^3 \cdot s^{-1})$	W_{dm}/m	$Q_p/(m^3 \cdot s^{-1})$	W_{dm}/m	Q_p	W_{dm}
塔城	13 218	1.53	13 386	1.52	0.01	-0.01
巨甸	12 078	7.93	11 873	7.47	-0.02	-0.06
黎明	11 879	1.72	11 552	1.49	-0.03	-0.15
石鼓	9 586	5.32	8 844	4.52	-0.08	-0.18
龙盘	7 223	1.25	6 543	0.56	-0.10	-1.23

坝址与下游城镇之间的峰值流量和最大水深的变化是由于沿河道峰值流量的衰减。Lininger 和 Latrubesse(2016)认为峰值流量的衰减受到 4 个参数的影响,包括存储区域、河道和泛洪区的粗糙度、几何特征和水文条件。在 2018 年白格案例中,最优泄流槽情况下的流量过程线更平坦[图 12-14(a)]。由于能量耗散缓慢,这条相对平坦的流量过程线表明,即使峰值流量相对较小,但对于较陡的流量过程线,仍然需要更长的时间和距离才能将峰值流量衰减到相对较小的值(Yang et al., 2020)。两种条件下洪水强度差异不大,下游人员和财产面临的风险没有变化,最优泄流槽的效率与普通条件下的效率几乎相等。然而,在最优泄流槽情况下[图 12-14(b)],较大的溃口深度可以提高河道疏浚的效率。同时,最优泄流槽也降低了未来在现有地点再次发生滑堰塞坝的风险。

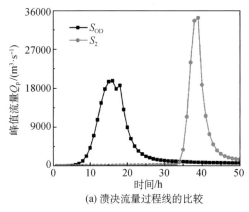

(a) 溃决流量过程线的比较

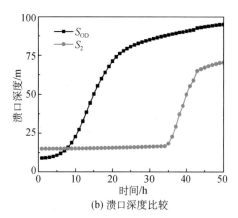

(b) 溃口深度比较

图 12-14　S_2 与 S_{OD} 条件下溃决流量过程线集溃口深度比较

参考文献

蔡耀军,栾约生,杨启贵,等,2019.金沙江白格堰塞体结构形态与溃决特征研究[J].人民长江,50(3):15-22.

何旭东,2020.金沙江白格特大型滑坡失稳机理研究[D].成都:成都理工大学.

廖鸿志,2018.2018 年"两江"堰塞湖应急处置工作回顾[J].中国防汛抗旱,28(12):3-5.

刘宁,杨启贵,陈祖煜,2016.堰塞湖风险处置[M].武汉:长江出版社.

王文科,黄先龙,2018.2018 年"11·3"金沙江白格堰塞湖应急处置与思考[J].中国防汛抗旱,28(12):1-3.

吴昊,2021.滑坡堵江成río过程模拟及危险性预测方法研究[D].大连:大连理工大学.

熊莹,周波,邓山,2021.堰塞湖水文应急监测方案研究与实践——以金沙江白格堰塞湖为例[J].人民长江,52(S1):73-76＋84.

徐尧,陈昊,赵国茂,等,2018.四川省 2018 年"11·3"金沙江白格堰塞湖应急处置[J].中国防汛抗旱,28(12):6-9.

朱玲玲,李圣伟,董炳江,等,2020.白格堰塞湖对金沙江水沙及梯级水库运行的影响[J].湖泊科学,32(4):1165-1176.

钟启明,陈生水,王琳,等,2021.堰塞湖致灾风险评估技术及应用[M].北京:科学出版社.

CHANG D S, ZHANG L M. Simulation of the erosion process of landslide dams to overtopping considering variations in soil erodibility along depth[J]. Natural Hazards and Earth System Science, 10(4): 933-946.

LININGER K B, LATRUBESSE E M, 2016. Flooding hydrology and peak discharge attenuation along the middle Araguaia River in central Brazil[J]. Catena, 143: 90-101.

PENG M, ZHANG L M, 2012. Breaching parameters of landslide dams[J]. Landslides, 9(1): 13-31.

YANG Q, GUAN M, PENG Y, et al, 2020. Numerical investigation of flash flood dynamics due to cascading failures of natural landslide dams[J]. Engineering Geology, 276: 105765.

ZHANG L M, XIAO T, HE J, et al, 2019. Erosion-based analysis of breaching of Baige landslide dams on the Jinsha River, China, in 2018[J]. Landslides, 16(10): 1965-1979.

附录
主要符号说明表

1. 崩滑体参数

α_φ	斜坡坡度
H_L	滑坡体高度
H_l	斜坡高度(即崩滑体高度)
W_L	滑坡体宽度
W_l	入谷前滑动宽度
W_0	崩滑体初始宽度
V_L	滑坡体积
υ	滑坡体滑动速度
ρ_L	滑坡体材料密度
φ	崩滑土体的休止角

2. 堰塞坝形态参数

h_b	初始溃口深度
w_t	初始溃口顶宽
w_b	初始溃口底宽
B_u	泄流槽槽深
G_s	纵坡率
H_d	初始坝高
H_b	溃口深度
H_r	堵塞点到上游顶高差
h_r	残余坝高
H_v	坝底高程
H_t	坝顶高程
H_z	溃口底标高

H_{dw}	堰顶高程
L_d	坝长
L_b	坝底长
L_t	坝顶长
L_c	初始坝顶长
V_d	坝体体积
W	宽度
W_d	坝宽
W_t	溃口顶宽
W_b	溃口底宽
α_0	泄流槽两侧开挖坡度
α_c	溃口侧坡坡度
α_i	临界溃口边坡
β_b	初始溃口底部坡度
β_c	坝体下游坡面临界坡度
β_d	坝体下游坡面坡度

3. 河道及堰塞湖水文参数

a_s	河道断面系数
c_b	底床泥沙浓度
d	水位下降高度
h	水位
m	河床断面指数
n	曼宁系数
u	河道断面最大平均流速
A_c	汇水面积
A_l	湖水的表面积
A_A、A_B、A_D	水流流动区域面积
A_{tA}、A_{tB}、A_{tD}	总流动区域面积,包括无效区域面积
B_z	主河宽度
C_x	谢才系数
C_d	堰流系数

C_L	点源排放浓度
G_b	推移质输沙率
J	河床纵坡
K_a	堰的指数
H	水深
H_j	静止水深
H_0	河道初始水深
H_{dL}	距坝址距离为 L 处的洪水深度
H_{dm}	坝址处最大水深
H_V	河谷深度
H_w	水位
H_{us}	上游的水位
H_{ds}	下游的水位
$\overline{H}_A$、$\overline{H}_B$、$\overline{H}_D$	从水面到河道质心的水深
L_{B-A}、L_{D-A}	沿 x 轴方向两河段之间的到达长度
P	入库峰值流量
P_x、P_y	x、y 方向上的流密度
P_d	沉降概率
Q	河段出流量
Q_1、Q_2；	1 和 2 时段的出流量
Q_A、Q_B、Q_D	各河流的流量
Q_P	重现期为 5 年的水流量
Q_p	峰值流量
Q_{in}	年平均入库流量
Q_{if}	入库流量
Q_{io}、Q_{it}	1 和 2 时段的入库流量
Q_L	单位水平区域内点源排放量
Q_{pL}	距坝址距离为 L 处的峰值流量
Q_z	主河流量
$\overline{Q}_{if}$	上游断面入库流量的时段平均值
R_h	水力半径
S	河道坡度

（续表）

$\bar{S}_{f_{B-A}}$、$\bar{S}_{f_{D-A}}$	两段能坡之间的斜率（摩擦坡度）
$S_{0_{B-A}}$、$S_{0_{D-A}}$	河道坡度
S_s	单位水体含沙量
S_*	水流挟沙力
U_C'	泥沙止动流速
V_0	河段蓄水量
V_1、V_2	1 和 2 时段的河段蓄水量
V_l	库容
V_f	释放库容
V_r	残余库容
W_V	河谷宽度
X、k_s	河段洪水调蓄及传播参数
α_s	泥沙恢复饱和系数
ρ_w	水密度
θ	河床纵坡坡度
λ	流量系数
ε_n	糙率
γ	河谷岸坡角度
γ'	底床泥沙干容重
υ	动量系数
η	冲淤厚度
ω_s	沉降速度

4. 堰塞坝材料参数

a_m、b_m、k_m	坝体材料有关的参数
e_v	坝体材料的孔隙比
k_d	可蚀性系数
i	水力梯度
p	细粒含量（<0.075 mm）
n_e	侵蚀能力
u_f	作用在下游坡面坝体材料颗粒上的瞬时流速
C	坝体结构

C_c、C_u	级配曲线的曲率系数和不均匀系数
C_D	阻力系数
C_L	升力系数
D	等效的球形颗粒的粒径
D_{30}	累积粒径分布
D_{50}	中值粒径
E	土体的侵蚀速率
T	不均匀系数（$T=(d_{75}/d_{25})^{0.5}$）
S_u	不均匀系数
α	坝体材料
α_e	坝体侵蚀度
β_s	渗透压力与水平方向的夹角
ρ	坝体密度
ρ_{dmax}	最大干密度
ρ_s	颗粒密度
φ	坝体材料休止角
τ	土—水界面上的剪切应力
τ_c	颗粒起动的临界剪切应力
ξ	摩擦系数

5. 堰塞坝稳定性指标

BI (Blockage Index)	堆积指标
DBI (Dimensionless Blockage Index)	无量纲堆积指标
$HSDI$ (Hydromorphic Dam Stability Index)	水力形态学指标
K	综合稳定性评价指标
II (Impoundment Index)	蓄水指标
I_s (Backstow Index)	无量纲指标
I_a (Basin Index)	
I_r (Relief Index)	

6. 其他参数

a、b	回归系数
a_1	经验系数

$\bar{c}$	平均浓度
g	重力加速度
Δt	时间间隔
t_p	特征河长的传播时间
BD	堰塞坝的溃坝程度
C_1	地震和滑坡诱发
C_2	降雨和土石流诱发
C_3	地震和土石流诱发
C_4	地震和岩屑崩滑诱发
$D_x D_y$	分散系数
$F_{f_{B-A}}$、$F_{f_{D-A}}$	摩擦力
$G_{x_{B-A}}$、$G_{x_{D-A}}$	x 方向上的重力（基于河段 3 中 A 断面的水流流动方向）
J_n	泥石流沟比降
J_z	主河比降
H_{rh}	单位高度
L	距坝址的距离
M	潜在发生二次滑坡的概率
P	泥石流暴发概率
PE	势能（焦耳）
Q_M、Q_B	主、支槽单宽流量
Q_n	泥石流流量
SF_A、SF_B、SF_D	比力
T_r	单位时间
V_M	主槽水流表面最大流速
V_B	支槽泥石流表面最大流速
α_a	综合修正系数
β	诱因
γ_B、γ_M	支槽泥石流、主槽水流的密度
θ	主支槽夹角
θ_1、θ_2	河段 1、河段 3 水流方向的夹角，以及河段 2、河段 3 水流方向的夹角